농어업유산의 이해

윤원근 · 최식인 · 강승진
박윤호 · 황길식 · 유학열
조영재 · 김진경 · 이영옥
(한국농어촌유산학회)

청목출판사

발간사

농어촌유산의 보전과 활용을 통한 정체성 있는 국토공간의 재창조

2010. 5. 29. 한국다랑이논연구회(2008년 9월 발족) 회원들은 완도읍의 완도항에 모여서 청산농협이 운영하는 청산도 행의 여객선에 승선했다. 다랑이논 연구회의 연례 활동의 하나로써 청산도 다랑이논을 견학하기 위해서이다. 새로운 모습의 다랑이논을 만날 수 있겠구나 하는 기대감과, 한편으로는 다른 섬이나 육지부에서 볼 수 있었던 다랑이 논과 크게 다르지 않을 것이라는 생각을 하면서, 주변의 아름다운 바다와 작은 섬들과 전복양식을 하고 있는 어민들을 바라보면서 50여분 정도의 뱃길을 달려갔다.

청산도의 도동항에는 청산도와 인근의 다른 섬 지역에서 문화유산을 설명하시는 분들 등 많은 분들이 모여 있었다. 왜 오셨느냐고 물어보니, 청산도의 구들장이 어떤 특징이 있는지, 그리고 어떠한 가치를 가지고 있는지를 배워서 제대로 된 해설을 하고 싶다는 말씀을 하셨다.

청산도의 구들장논이 위치하고 있는 마을 이장님과 해설사, 그리고 다랑이논 연구회 회원 수십 명이 청산면 상서리의 구들장이 있는 현장으로 향했다. 마을 입구에서 내려서 논길을 따라서 올라갔다. 논의 하단부가 흙이 아닌 돌로 만들어져 있었고, 논 하단부의 내부를 들여다 볼 수 있고, 돌로 이루어져 있다는 사실을 확인시켜 주는 이른바 통수로가 있는 대표적인 구들장논을 마주한 것이다. 한국다랑이논연구회가 그동안 보아 왔고, 눈에 익숙한 그런 다랑이논이 아닌 것이었다. 어린 시절에는 통수로를 통해서 논의 안쪽(논의 하단부)을 들락날락하는 숨바꼭질을 했다는 이장님의 말씀도 있었다. 또한 위에 있는 논의 물이 아래에 위치한 논으로 유입되거나, 또는 물이 필요치 않을 경우에는 논의 아래로 물을 흘려보낼 수 있는 다시 말하면 물의 선택적인 이용이 가능한 수리시스템을 볼 수 있었던 것이다. 놀라운 구조를 가지고 있는 논을 만나게 된 것이다. 왜, 다랑이 논이면서도 구들장논이라는 별도의 이름을 가지고 있는가 하는 이유를 밝혀주는 대목이다.

상서리 마을입구의 수백년 된 동구나무아래에 자리를 잡고, 현지견학에 동참하신 분들과 대화의 시간을 가졌다. 다음과 같은 취지의 이야기를 한 것으로 기억된다. 다랑이논을 연구하는 연구자의 모임이기는 하지만, 청산도의 구들장과 같은 논을 다른 곳에서 본적이 없고, 구들장논에 대한 선행연구도 접한 적이 없다. 그래서 무엇인가를 알고 싶어서 귀한 시간을 내어서 참석해 주신 해설사 분들에게 확실한 말씀을 해드릴 수 없는 것을 매우 유감으로 생각한다는 말을 했다. 그리고 연구를 해보고 다음 기회에 구들장논에 대한 말씀을 다시 드리겠다는 다짐으로 끝을 맺었다.

청산도에서 완도로 돌아오는 배안에서 회원들과 선상회의를 가졌다. 구들장논이라는 것을 처음 보았고, 연구 경험상 매우 귀중한 연구대상을 만났으며, 가치에 대한 규명은 바로 다랑이 논을 연구하는 우리들의 몫이라는 결론에 도달했다. 그 후 다랑이 논 회원들은 구들장 논을 연구하기 위하여 청산도를 드나들기 시작했다. 연구진 모두가 직장을 가지고 있기 때문에 주말 외에는 달리 시간이 없었다. 연구자체의 취지에 동참하고 스스로 좋아서 하는 일이었기 때문에 어려움 속에서 수차례 청산도를 오고 갈 수 있었다.

그런 과정을 거쳐서 2011년 7월, 한국농촌경제연구원에서 주최하는 제2차 농어촌정책포럼에서 "청산도 구들장논의 분포와 물리적 구조에 관한 연구"를 발표하였다. 아울러 청산도와 같은 농업유산의 보전과 관련된 정책의 도입이 필요하다는 문제제기를 하게 되었다. 2012년 2월에는 한국농촌경제연구원의 농업전망대회에서 "한국 농어업·농어촌 유산발굴과 보전"이라는 주제발표를 한 바 있다. 청산도의 사례에서 한 걸음 더 나아가서 한국 농어업·농어촌의 유산을 발굴하고 보전을 통하여 농촌발전을 모색하여야 한다는 주장과 함께, 당시에는 우리 사회에 잘 알려져 있지 않았던 FAO의 세계중요농업유산제도(GIAHS)를 소개하고, 우리나라 농어업유산을 발굴해서 세계중요농업유산으로 등재하자는 주장을 한 바 있다.

2012년은 농어업유산정책의 도입과 시작이라는 면에서 의미가 있는 해이다.

농림축산식품부도 농어업유산의 보전과 활용이 필요하다는 정책적인 판단을 하고 국가농어업유산제도라는 정책을 도입하였다. 농림축산식품부의 농어업유산심의위원회는 청산도 구들장논과 제주도 밭 돌담을 국가농어업유산 제1호와 제2호로 각각 지정하였으며, 동시에 세계중요농업유산으로 등재신청을 결정하였다. 2013년 구들장논과 밭 돌담에 대한 세계농업유산등재를 위한 제안서가 만들어졌으며, 현재 등재를 위한 심사를 받고 있는 중이다. 연구자와 정책담당자의 협력으로 새로운 가치를 지향하는 보전적인 농촌개발정책을 도입하고, 세계중요농업유산의 등재신청이라는 과정에까지 이르게 된 것이다.

한국다랑이논연구회는 국가농어촌유산제도의 도입이라는 정책적인 환경변화에 대응하고, 많은 전문가, 행정가 및 주민들이 참여할 수 있는 연구의 장을 마련하기 위하여 기존의 연구회를 확대·개편하자는 결정을 하고 2013년 1월 한국농어촌유산학회를 창립하게 되었다. 한국농어촌유산학회는 농어업·농어촌유산을 발굴하고 보전하면서 농촌지역사회의 활성화에 기여할 수 있는 학술연구와 실제의 실천 운동에 적극적으로 참여하고 주도하는 것을 목적으로 하고 있다. 나아가서는 세계농업유산제도가 지향하는 목표적인 가치라고 볼 수 있는 생물다양성, 문화다양성 및 아름다운 경관과 같은 정책지향 가치를 추구하는 새로운 유형의 보전지향적인 정책의 도입과 확산이 매우 필요하다는 점을 널리 알리고, 체계화시키는 데 있어서 앞장서고자 한다.

한국농어촌유산학회는 『농어업유산의 이해』라는 서적의 발간을 시작으로 농어촌유산을 보다 전국적인 차원에서 체계적으로 발굴하고 과학적으로 재조명하는 노력을 계속할 것이다. 또한 현재까지의 보전과 규제중심으로 문화재를 대하는 방식과는 달리 보전과 활용의 균형적인 시각과 지역사회의 발전이라는 관점에서 접근하고자 한다. 나아가서는 농어촌유산은 방향성과 정체성이 없이 다소 혼돈스러운 상태에 있는 농촌공간을 한국적인 특성을 지닌, 다른 나라의 농촌모습과는 차별화된 아름다운 공간으로 재창조하는 데 있어서 핵심적인 자원으로 자리매김할 수 있어야 한다.

농어업유산을 보전하고 활용하는 새로운 보전지향적인 농촌지역개발정책은 지난 반세기 동안의 개발지향적인 정책의 결과로서 나타난 현재의 문제를 해결하고, 나아가서는 새로운 시대의 선진국형의 품격 있는 농촌지역개발정책의 방향성을 열어줄 수 있을 것으로 생각한다. 이제 출발점에 서 있다. 가야할 길이 너무나 멀고, 전인미답의 길이다. 같은 목표를 향해서 함께 해주실 다양한 분야의 연구자와 실천가의 동참을 진심으로 바라는 바이다. 농어업유산의 이해라는 이 책이 한국농어업유산연구와 실천을 시작하고 동참하고자 하는 분들에게 다소 나마 도움이 되고, 정책전환의 변화를 알리는 작은 종소리가 될 수 있기를 진심으로 기원한다.

2014. 1

한국농어촌유산학회장

윤원근

차 례

제1장 농어업유산의 개념

제1절 농어업유산에 대한 기본인식

1. 농업유산의 가치에 대한 전통적 인식

농촌정책의 패러다임이 개발에서 보존으로 전환됨에 따라 유산의 가치에 대한 인식이 높아지고 있다.[1] 시간의 경과와 더불어 유산의 가치가 올라가는 이유는 무엇인가? 일찍이 애덤 스미스(A. Smith)는 분업에 의한 생산 활동에는 인간의 지식이나 숙련 등과 같은 과거의 문화적 요소를 계승하고 발전시킨다고 하는 측면이 들어 있음을 지적하였다. 그의 말대로 사실 오늘날 모든 생산 활동은 하루아침에 이루어진 것이 아니라 오랜 세월에 걸쳐 축적된 지식과 기술의 결정체이다.

특히 현재의 전통적 농업활동은 오랜 세월에 걸쳐 누적되어온 조상들의 지식, 기술, 경험 등의 결정체이다. 제조업의 경우는 제품의 수명

1) 다음은 농어촌연구원(2012), 「농어촌 자원의 농어업유산지정을 위한 기준정립 및 관리시스템 개발연구」 제2장의 내용을 일부 수정 및 보완한 것이다

주기가 몇 년, 또는 길어야 수십 년이지만 전통적 농업활동은 수천 년에 걸쳐 아주 오랜 세월 동안 이어져 온 것이다. 현재까지 존속되어 온 전통적인 농어업생산 활동은 조상들의 수많은 시행착오를 통하여 축적된 지식, 지술, 경험 등이 계승되고 발전되어 온 귀중한 문화적 소산이라고 할 수 있다. 때문에 농업유산은 다른 것과 달리 높은 가치를 갖는 것이다.

유산이 가치를 가지는 이유와 관련하여, 마셜(A. Marshall)은 유형의 유산은 '그 하나하나가 독특한 것으로 실제의 가치보다 높게 평가되고 있으며, 척도도 없고 경쟁상대도 없다.'고 지적하여 유산의 가치를 시장에서 평가될 수 없는 예외적인 것으로 인정하고 있다.[2)]

그의 생각에 따르면 농어업유산으로부터의 산출물에 대한 수요는 도시소비자들의 생활의 질이 향상됨에 따라 당연히 증가하지만, 공급측면의 생산성향상은 기대하기 어려우므로 농어업유산에 대한 가치는 예외적으로 높게 평가되는 측면이 있다는 것이다. 예를 들어 소득의 증가에 따라 전통적 농업시스템에 의한 친환경적인 농산물은 그 수요가 증가하지만 공급은 이에 따르지 못하는 것이 현실이다. 또한 오늘날 비료와 농약 등의 과다사용으로 생물의 종이 멸종되고 있기 때문에 전통적 농법에 의해 유지되는 생물다양성의 가치는 점차 증가하고 있다. 따라서 세월이 갈수록 전통적 농업활동에 대한 가치는 올라갈 수밖에 없는 측면이 있는데 마셜은 농어업유산의 이 같은 특성에 대하여 깊은 인식을 가지고 있었던 것으로 생각된다.

18세기 후반의 중농주의 사조에서는 나라가 부강해지는 바탕이 바로 농업에 있다고 보았다. 다시 말해서 중농주의에서는 본질적 가치가 농업에서만 창출된다고 보았다. 농업에서만 가치가 창출된다는 주장은 오늘날의 시각에서 보면 지나친 비약일지라도 농업에서 창출되는 가치를 다른 산업에서 발생하는 가치보다 중요시하였다는 점은 오늘날 우리에게 많은 시사점을 던져준다.

---

2) 池上淳 외(1999), 『문화경제학』(황현탁 역), p. 26.

러스킨(J. Luskin)은 '고유 가치(intrinsic value)는 농작물, 아름다운 경관을 창출하는 토지와 같은 생산요소'에 있다고 보았다. 다시 말하면 가치란 건강·삶의 보람과 같은 생활의 질을 지원하는 데에 있다는 것이다.[3] 그의 생각은 가치가 농업에서 창출된다고 본 중농주의 사상과 일치한다. 그가 식량생산과 토지 등에 고유 가치를 부여한 것은 농업 생산이 우리의 생명과 건강에 필수적인 가치를 제공하며 우리의 생활과 특히 밀접하게 관련되었다는 점을 인식하였기 때문이다.

이상에서 살펴본 바와 같이 고전주의 학자들 중에서도 농업유산이 특별한 가치를 갖는다는 사실을 일찍이 인식한 이들이 상당수 있었다. 아담 스미스는 생산 활동이 갖는 지식 및 기술체계와 같은 문화의 계승에 주목하였으며, 마셜은 유산의 고유성과 상대적 희소성에서 그 가치를 인식하였다. 특히 러스킨은 고유 가치를 농업·농촌에 있다고 보았는데 그가 말하는 고유 가치는 사용가치에 해당하는 것으로 생각된다. 이러한 사고는 오늘날 농업의 가치를 시장에서 수요와 공급에 의해서 결정되는 교환가치에 의해서만 평가하려는 일단의 학자들에게 큰 시사점을 던져준다.

2. 농업유산의 가치에 대한 FAO의 인식

농어업유산의 가치에 대한 인식의 변화는 2000년대 들어서면서 FAO에 의해서 본격적으로 이루어졌다.[4] FAO는 인류가 직면한 식량위기를 극복하기 위한 대안으로 농어업유산의 보존을 강조하였다. 시장경제가 심화되는 과정에서 선진국을 중심으로 대규모의 획일적인 농업생산이 일반화되었고 또한 식량의 유통 및 공급이 소수의 기업에 의해 독점되는 과정에서 저소득국가의 식량문제는 오히려 더욱 악화되기에 이르렀다. FAO에서는 이와 같은 저소득국가의 식량문제를 극복

3) 池上淳 외, 위의 책, p. 86.

4) 다음은 http://www.giahs.org/giahs/agricultural-heritage-concept/을 참고하였다.

하기 위해서는 지역에서 전통적인 생산방식에 의해 수행되는 농어업활동이 보존되어야 한다는 점을 강조하게 되었고 이에 따라 이러한 활동이 수행되는 지역을 농어업유산지역으로 지정할 것을 제안하기에 이르렀다.

FAO는 세계화, 환경파괴, 세계적 인구증가 등과 같은 현상으로 인하여 오늘날 세계적으로 농업생산 활동이 강한 압박을 받게 되었다고 지적한다. 그리고 그 결과로 세계적으로 중요한 생물다양성이 파괴되었으며, 또한 전통적 가족농업을 영위하고 있는 가난한 지역주민이 생계를 위협받기에 이르렀다는 점을 지적한다. 즉 대농장화와 기계화가 농촌지역으로 확대됨에 따라 가족농업에 기초하여 살아가던 농촌 공동체의 삶의 터전이 사라지게 되었으며, 또한 선진국에서 대량생산으로 생산된 저가의 곡물이 수입됨에 따라 가격경쟁력에 뒤진 한계지역의 농업생산 기반이 붕괴되는 현상이 나타나게 되었다는 것이다.

이러한 현상에 대한 치유책으로서 FAO는 농어업유산의 보전이 필요하게 되었다고 주장한다. 다시 말해서 농어업유산의 보전정책은 지역의 가족농업생산을 촉진하여 농촌지역의 생활을 개선하는 데에 도움이 될 수 있을 것으로 기대하기 때문이다.

또한 FAO는 세계적으로 빈곤의 제거, 식량의 확보와 같은 경제개발의 문제가 아직도 많은 지역에서 해결되지 않은 채 남아 있다는 점과 기후변화가 특히 가난한 한계지역에 막대한 피해를 입히고 있다는 점을 지적하고, 인류는 이제 지속가능하며, 생물다양성이 풍부하며, 위기에 대한 대처능력이 강할 뿐 아니라 사회적인 측면에서 공정한 것으로 받아들여질 수 있는 농업생산모델이 필요하게 되었다고 주장한다. 그리고 FAO는 농어업유산보전정책을 이러한 문제에 대한 해결력을 가진 하나의 모델로 인식한다.

그리고 FAO는 향후 현대의 농업은 부득이 전통적 농업시스템이 가지고 있는 환경 친화적인 요소에 근거를 두고 발전하지 않을 수 없다는 점을 강조한다. 왜냐하면 인류의 미래는 농업이 가지고 있는 이 같은 다양성에서 발견되는 생물다양성과 생태계가 주는 서비스에 의존하지 않고서는 그 존재가능성이 불투명해지기 때문이다.

FAO는 전통적 농업시스템에 기초한 발전만이 가족농업 중심의 식량생산을 증가시키고 이에 따라서 농촌지역의 생활을 개선하는 데에 기여할 것으로 간주하고 있다. 이러한 방향성은 또한 빈곤 및 굶주림과의 전쟁을 선포한 국제개발기구들의 의제와도 일치한다고 할 수 있다.

이상과 같은 농업유산의 중요성은 기후변화, 식량 확보, 지속가능한 발전이라는 세 가지 측면에서 요약될 수 있을 것이다.

먼저 농업유산의 기후변화와의 관련성은 전통적인 영농방식이 갖는 가장 두드러진 특징 중 하나인 높은 수준의 생물다양성에서 찾을 수 있다. 특히 이러한 경향은 복합경작(poly-culture)이나 산림농업(agro-forestry)에서 존재하는 식물다양성과 관련성이 깊다. 다시 말해서 여러 종의 식물을 심게 되면 이는 기후 변화에 대응하여 위험을 최소화하는 전략이 될 수 있다. 여러 작물 중에는 기후변화에 잘 적응하며 질병에 대한 저항성이 높은 것도 있다. 그러므로 하나의 작물을 심었을 때 그것이 질병이나 기후변화에 잘 적응하지 못해 발생하는 막대한 손실을 여러 작물을 복합해서 경작하는 방식으로 위험을 최소할 수 있다. 또한 이러한 전략은 장기적으로는 소출을 안정화시키며 동시에 식품의 다양성도 증진시킴은 물론이고 저수준의 기술과 제한된 자원으로 수익을 극대화시키는 것이기도 하다.

둘째로 농업유산의 중요성은 식량 확보라는 측면에서 찾을 수 있다. 세계적으로는 아직도 적지 않은 지역이 집약적 농업과 다른 가족농업, 소농, 토착 공동체와 같은 농업방식으로 경작되고 있다. 이들 지역민들은 조상 대대로 전해오는 방식으로 그 지역에 고유한 지식과 기술을 적용하여 현대적인 기술, 비료 등 각종 요소의 투입 없이도 다양한 동식물 종을 보존하면서 영농생활을 영위하고 있다. FAO에 의하면 이러한 방식으로 살아가는 사람들이 후진국 식량의 30-50%를 공급하고 있다고 한다. 그러므로 후진국에서는 아직도 전통적인 영농방식이 그 지역의 식량 확보에 대단히 중요한 기여를 하고 있는 것이다.

세 번째로 농업유산은 지속적인 발전이라는 이 시대의 의제와 깊은 연관성을 갖는다는 점에서 조명되고 있다. 시장침투의 가속화, 인구의 증가, 신기술 및 생산요소의 도입으로 농촌지역에서는 급속한 변화가 초래되어 왔다. 그럼에도 불구하고 전통적 시스템 중에는 이 같은 시련의 과정을 견디어 내고 살아남은 것들이 있는데 이들은 내생력을 확보한 것으로서, 지속가능한 모델로서의 가능성을 갖는다고 볼 수 있다. 즉 이것들은 생물다양성을 증진시키며 농화학비료의 도움이 없이도 사회 경제적 변동이나 환경적 변동 속에서 연중 내내 소출을 지속시켜 왔다는 특징이 있다. 사실 향후 인류가 겪게 되는 심각한 기후 및 에너지 위기 시대에 나타날 수 있는 예측불허의 격변에 생존의 해법을 제공할 수 있는 잠재력을 가지고 있는 것이 바로 전통적 농업생태시스템이라는 점에 많은 과학자들이 인식을 같이 하고 있다.

이상에서 보듯이 FAO는 농어업유산의 기능 중에서 특별히 생물다양성의 보존에 높은 가치를 부여하였다는 점에서 특징적이며 이러한 점에서 FAO는 농어업유산의 인식에 있어서 새로운 지평을 열게 되었다.

사실 2000년대 이전에는 농촌의 어메니티 기능에 대해서 많은 논의가 있었다. 그 과정에서 농촌의 경관 및 생물다양성이 중요하다는 점에 대한 논의가 상당히 진척되었다. 그런데 그러한 논의는 주로 학술적인 수준에 머무른 것이었다. FAO는 여기에서 한 걸음 더 나아가 농어업유산을 미래를 위한 유증이라는 관점에서 생물다양성의 보존을 농어업유산의 핵심적 가치로 올려놓게 되었다.

공신력 있는 국제기구로서 FAO가 생물다양성의 중요성을 특별히 강조하고 나선 것은 농업생산이 기계화되고 대규모화되는 과정에서 생물다양성이 훼손되면 자연생태계가 파괴될 수 있다는 위기감에 대한 인식 때문이라고 생각된다. 전통적 농어업유산에 대한 인식이 단순히 식량기지의 보전, 전통적 지식 및 기술체계, 문화적 다양성 등을 강조한 것에서 한 걸음 더 나아가 농어업유산이 생태계의 유지에 기여할 수 있다는 FAO의 생각은 분명히 농업생산의 가치에 대한 인식의 전환으로 볼 수 있다.

제2절 유산관련개념의 검토

역사적 유산은 과거로부터 전승되어 내려온 것으로 미래 세대의 편익을 위하여 물려주어야 하는 자산이다. 유산은 자연유산, 문화유산, 농업유산, 농촌유산 등으로 분류될 수 있다. 문화유산과 자연유산은 유네스코의 세계문화유산과 세계자연유산의 지정에서, 그리고 농촌유산은 EU의 농촌유산 가이드에서, 그리고 농업유산의 개념은 유엔식량농업기구(FAO: food and agriculture organization)의 세계농업유산시스템의 제도에서 그 개념을 찾을 수 있다. 다음에서는 위에서 제시한 세 가지 관점에서 FAO의 농업유산개념을 검토한 후 이를 표준으로 삼아서 다른 제도상의 유산개념들은 어떤 차이점이 있는지를 비교분석한다. 그리하여 FAO의 세계농업유산시스템이 어떤 특징 때문에 유네스코 등 다른 유산제도가 있음에도 불구하고 별도로 운영되고 있는지 그 이유를 구명한다. 여기서 얻은 지식들은 우리나라의 농어업유산의 개념을 정립하는 데에 이용될 수 있을 것이다.[5]

5) 다음은 윤원근・최식인(2012), 한국농어업유산제도의 정립방향(한국농촌지도학회), pp. 468-4와 FAO의 http://www.giahs.org/을 참고하여 작성하였다.

1. FAO의 GIAHS

1) 도입 경위

FAO에서는 2002년에 세계중요농업유산시스템(GIAHS: globally important agricultural heritage systems)의 제도를 창설하였다. 농업유산(agricultural heritage)이란 용어는 이때에 새롭게 조명되기 시작하였다. 다시 말하면 GIAHS의 개념은 2002년에 지속가능한 개발의 정상회의 행사에서 파트너십 사업의 일환으로 FAO에 의해 제안되었다. 이때에 이 개념의 형성에 지구환경기구(GEF)의 사업개발기구(PDF)로부터 도움을 받았다고 알려져 있다.

그 외에도 FAO가 GIAHS의 제도를 마련할 때에 유네스코의 세계유산의 지정에서 얻은 경험이 유용하게 이용되었을 것으로 생각된다. 특히 유네스코의 유산의 개념 중에 다음 절에서 설명할 '문화적 경관(cultural landscapes: organically evolving landscapes)'의 카테고리는 매우 유용한 지침으로 이용되었을 가능성이 있다.[6] GIAHS의 개념에는 유네스코에서 정의한 문화적 경관의 개념에 농업활동으로 형성된 토지이용 시스템과 생물다양성이라는 개념을 추가로 도입되었기 때문이다.[7]

GIAHS 제도는 차세대에 계승해야 할 세계적으로 중요한 농업기술과 생물다양성 등을 가진 농업유산을 보전하며, 이를 통하여 인간의 삶을 풍요롭게 하는 데 목적을 둔 것으로 이해된다. 즉 이 제도는 세계적 농업유산을 발굴하고 보존하여 여기에 존재하는 세계적으로 중요한 농업생물다양성의 관리와 보존을 증진시킴으로써 인류의 삶과 생활

---

6) 유네스코는 제17차 세계유산위원회에서 문화적 경관을 세계문화유산의 일종으로 추가하였다.

7) 그 과정에서 유네스코의 문화적 경관 카테고리 내에 농업유산을 포함시키는 것이 바람직한지, 아니면 새로운 카테고리를 만드는 것이 바람직한지에 대한 검토가 있었을 것으로 생각된다.

을 윤택하게 한다는 목적에서 시작되었다고 할 수 있다.

이 제도의 목적 속에는 농업유산시스템이 자연과 인간사회의 상호작용을 통하여 만들어졌다는 점, 농업유산과 관련된 생물다양성과 문화 및 지식체계 등의 보존이 중요하다는 점, 그리고 이것들을 유용하게 활용하는 방법의 개발이 필요하다는 점이 강조되었다.

2) GIAHS의 정의

GIAHS의 개념은 다음과 같이 정의된다. 즉, GIAHS란 '지역사회의 지속가능한 발전에 대한 열망과, 환경과의 동반적응을 통해 생물다양성이 잘 유지되고 있는 토지이용체계와 경관(Remarkable land use systems and landscapes which are rich in globally significant biological diversity evolving from the co-adaptation of a community with its environment and its needs and aspirations for sustainable development)'으로 정의되었다.

이와 같이 정의된 GIAHS란 다시 말하면 지역공동체가 그 지역의 사회적·문화적·자연적 환경과 관계를 맺고 적응하면서 형성한 농업과 관련된 유산 중에서 특히 생물다양성이 풍부하여 생동감이 넘치며 진화하는 농업시스템을 가진 경관을 말한다. 이 정의 속에는 인간이 환경의 혜택과 제약에 대하여 지속적으로 적응해 왔다는 점, 그리고 그 과정에서 경관과 생물적 환경이 다양한 형태로 형성되었다는 점이 강조되고 있다. 또한 이렇게 창조된 농업유산에는 인류가 여러 세대에 걸쳐 얻은 경험과 지식체계가 축적되어 계승되어 왔기 때문에 이는 진화하는 시스템이라는 특성을 갖는다는 의미가 내포되어 있다.

GIAHS의 개념은 인간의 농업활동으로 진화해온 토지 및 물의 이용과 같은 농업생태시스템과 이것에 의해 이루어진 경관이라는 두 부분으로 크게 구분된다. 즉, GIAHS는 경관이라는 하드웨어적 요소와 경관을 만들어낸 농업시스템 및 생물다양성이라는 소프트웨어적 요소를 동시에 가지고 있다.

FAO의 GIAHAS에 대한 이상과 같은 정의는 우리의 농어업유산의 개념을 정립하는 데 있어서 표준으로 사용될 수 있다는 점에서 유용하다. GIAHS의 정의 속에는 자연유산, 문화유산, 농촌유산 등과 같은 유사한 다른 개념들에서 찾아볼 수 없는 독특한 개념요소들, 그러니까 생물다양성, 농업시스템(토지 및 물 이용체계), 경관이라는 핵심개념요소와 이것들을 설명하는 내용으로서 지역사회의 지속가능한 발전에 대한 열망, 환경과의 동반적응성 등과 같은 개념요소들이 포함되어 있다. 이러한 요소들은 농업유산을 다른 종류의 유산개념과 구별하는 주요한 특징이므로 좀더 자세한 검토가 필요하다.

먼저, 이 정의 속에서 '경관'이란 인공과 자연의 복합체란 의미를 갖는다. 전통적 농업생산은 일반적으로 작물생산지역과 그 인접의 서식지가 하나의 농업생태계로 통합되어 있는 인공 및 자연적 생태계를 동시에 이용하여 이루어진다. 이때에 전통적 농업생산이 이루어지는 인공 및 자연적 생태계의 복합적 공간을 FAO의 경관이라고 할 수 있다.

〈그림 1-1〉 FAO의 경관

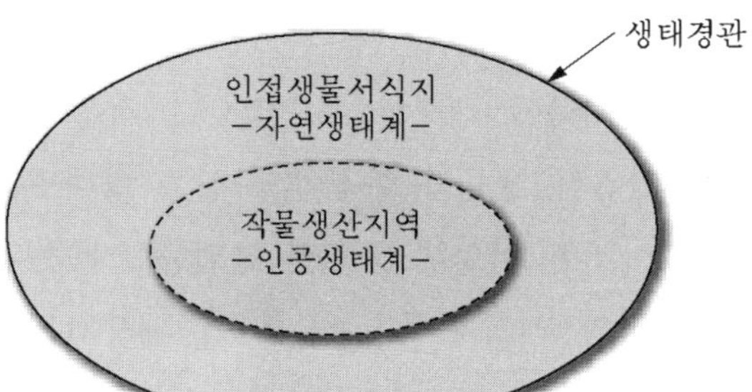

비료, 농약, 기계 등과 같은 현대적 투입요소를 가능한 적게 사용하는 전통적 농업활동은 매우 다양하고 이채로운 경관을 만들어 낸다. 이런 경관은 자연 상태로서의 풍경보다도 오히려 더 이채롭고 아름다울 수 있다. 이때에 농업활동과 관련된 경관이란 인공적으로 형성된 작물생산지역과 인접의 생물서식지를 포함한다. 그러므로 경관이란 작물의 생산지역뿐만 아니라 인접한 서식지를 포함하는 연속성(continuum)을 가진 복합체라는 의미를 갖는다.

다음으로, 이 정의 속에서 '토지이용시스템'이란 개념은 인간의 농업활동으로 진화해온 토지 및 물의 이용과 같은 농업시스템을 통칭한다. 한 지역의 농업시스템은 여러 세대에 걸쳐, 그리고 여러 품종에 대하여 그 지역에 고유한 관리기술을 적용하는 과정에서 형성된다. 농업시스템은 그 지역의 오래된 지식과 실천, 그리고 시행착오적인 수많은 경험에 의해 형성된 것이므로 인류의 진보 및 인간과 자연과의 조화를 반영한다. 이와 같은 농업시스템은 특별한 미적 가치, 생물다양성과 생태계, 그리고 문화유산의 유지를 가능하게 할뿐만 아니라, 다양한 생산물의 제공과 식품 및 생활의 안전성 확보를 통하여 인간의 생활의 질을 높여주는 기능을 한다.

독창적인 토지이용 시스템은 인구밀집지역에서 특히 발견된다. 인류는 여러 가지 이유로, 즉 지리적 불리함, 불리한 환경, 정치적 역경, 부족한 자원, 열악한 기후 등으로 인하여 혁신적이고 독창적인 자원이용 및 관리방식을 확립해 왔다. 그러므로 GIAHS에 등재된 대상지역은 대부분 후진국에 있으며 후진국 중에서도 환경이 특히 불리한 산간지대나 사막지대에 다수 분포되어 있다.

다음으로, '생물다양성'이란 개량된 다수확품종의 획일적 재배 또는 개량된 동물의 획일적 사육과 상치되는 개념으로 수세기에 걸쳐서 전승되어온 다양한 생물의 품종들을 말한다. GIAHS가 다른 제도와 다른 가장 현저한 특징은 바로 이와 같은 높은 수준의 생물다양성을 표방하고 있다는 점이다.

생물다양성이 중시되는 이유로 다음과 같은 예를 생각해 보자. 농부들이 여러 품종들을 나누어 심는 경우를 생각해 보자. 개량된 하나의 품종을 심어서 실패했을 경우에는 엄청난 재앙을 초래할 수 있다. 그러나 다수의 품종을 나누어 심었을 때에는 이러한 재앙을 최소화할 수 있으며 장기에 걸쳐서 수확을 안정화할 시킬 수 있다. 그리고 이러한 방식은 식생활의 다양화를 증진시킬 수 있는 이점이 있다.

한편 토종의 품종을 보존하고 유지하는 경우에 얻을 수 있는 이점을 생각해 보자. 농촌에서 경작되는 원시품종은 수세기에 걸쳐서 대대로 전승되면서 좋은 특성을 갖도록 선별된 것이다. 토종 품종은 유전자 변형품종과 같은 현대의 품종에 비해 유전적으로 고유하고 강하며 유익한 특성을 가지고 있다. 이런 특성을 가진 고유품종의 보존은 현대품종이 초래할 수 있는 건강상의 위험성과 식품의 취약성에 대비하는 방어수단이 될 수 있다. 마찬가지로 한 지역에서 오랫동안 사육되고 개량된 토종의 동물 역시 지역의 환경과 사회적 요구에 대응하여 내성을 키워 왔다는 점에서 인간에게 중요한 의미를 갖는다.

이외에도 생물다양성이 존재하는 농업시스템은 풍부한 영양소를 가진 작물, 해충의 천적, 유익한 곤충 및 박테리아, 그리고 유익한 생태적 기능을 가진 유기체들의 서식처가 된다는 점에서 중요하다. 즉 생물다양성이 풍부한 농업생태계(agro-ecosystem)는 위험에 처해 있는 야생종들의 서식처로서의 기능을 가진다는 점에서 보존되어야 한다는 것이다.

다음으로 GIAHS의 정의에는 토지이용시스템, 생물다양성, 경관이라는 기본개념을 수식하는 부분으로, '지역사회의 지속가능한 발전에 대한 열망'과 '환경과의 동반적응'이란 문구가 포함되어 있다. 이들 개념 속에는 먼저 지역주민들이 열악한 자연의 제약에 직면하여 이를 극복하고 생존하려는 의지와 발전에 대한 노력이 내재되어 있다는 의미를 담고 있다. 예를 들어, 다랑이 논들이 세계농업유산에 지정된 이유는 그 지역 주민들이 산악지대라는 어려운 자연환경에 직면하여 이를 극복하고 살아남으려는 의지가 다른 지역에 비하여 강하였다는 측면이 있었기 때문이다.

또한 지역주민이 발전을 바라지만 그것은 환경을 파괴하는 것이 아니라 환경의 용량 내에서 또는 보다 적극적으로 말하면 환경을 창조하는 형태로의 발전을 바란다는 의미가 포함되어 있다. 즉, '환경과의 동반적응'이란 지역주민이 환경을 파괴하는 것이 아니라 환경과의 조화를 이루면서 이를 삶에 유용하도록 활용하여 생산 활동을 영위한다는 의미를 담고 있다.

이상과 같은 FAO의 농업유산 개념이 다른 유산의 개념과 다른 점은 첫째는 이것은 농업과 관련된 유산을 대상으로 한다는 점, 둘째는 다른 제도들이 하드웨어적 요소를 대상으로 하는데 반하여 FAO는 농업생태시스템이라는 소프트웨어적 요소를 강조한다는 점, 셋째는 농업유산은 특히 생물다양성의 보존을 중시한다는 점으로 정리될 수 있다.8)

8) GIAHS의 정의 속에는 '역사적', '전통적'이라든가 또는 '고유한' 등의 표현은 명시적으로 들어 있지 않다. 그러나 이 개념 속의 대상이 환경과의 동반적응과 지속가능한 발전에 대한 지역민의 열망이 담겨 있는 농업활동의 결과물이라 점에 비추어 볼 때 여기에서 말하는 생산 활동은 전통적 농업활동을 의미한다고 해석된다. 즉 이 정의 속에는 역사성이 명시되어 표현되어 있지 않았더라도 대상이 되는 농업활동이 친환경적인 특성을 가져야 한다는 점이 강조되어 있는데, 환경을 고려하고 생물다양성을 보존시키는 농법은 대량생산을 위주로 하는 현대의 농법과 다른 것으로 예전에 조상들의 생산방식에서 주로 찾아볼 수 있으므로 이는 바로 전통적인 농법을 주로 지칭한다고 해석될 수 있다. 다른 한편, FAO에서는 유산의 전통성을 농업활동의 특성을 가지고 판단하는 것으로 보인다. 때문에 한 지역이 역사적으로 오래 되지 않았더라도 전통적 농업활동을 영위하고 있으며 생물다양성이 잘 보존되어 환경과의 동반적응이 잘 이루어지고 있다면 GIAHS의 대상이 된다고 할 수 있다. 일본의 경우에 특별히 역사성을 가지고 있지 않지만 생태농업이 이루어지고 있는 사토와 노토지역이 GIAHS에 등재된 바 있다. 이로 미루어 볼 때 GIAHS는 과거로부터 전승되어온 역사가 오래된 가치 있는 농업유산은 물론이고 이외에도 현재에 환경과 조화를 이루는 가치 있는 농업시스템이라면 이 역시 미래세대에 전승되어야 한다는 의미에서 농업유산의 대상으로 간주하고 있음을 알 수 있다. 그리고 유용성의 관점에서 평가하자면 GIAHS의 정의 속에 들어 있는 진화하고 있는 생물다양성, 토지이용시스템, 경관 등의 표현 가운데 '진화하고 있는'의 부분으로부터 유산의 유용성의 의미를 엿볼 수 있다. 진화한다는 것은 현재 농업활동이 계속해서 이루어지고 있다는 것이므로 이는 다시 말하면 농업유산이 지역사회에 식량 등의 생산물을 공급하고 있다는 것이며 이러한 활동이 더욱 강화된다는 것을 의미한다. 뒤집어 말하면 농어업유산이 지역사회에 유익함을 제공할 때 그 기능이 계속해서 유지될 수 있기 때문에 이런 의미에서 활동이 멈춘 것과 대비되는 표현으로 '진화하고 있는'이라는 용어를 선택한 것으로 생각된다.

3) 선정기준

FAO에서는 홈페이지를 통하여 2012년 이전까지 GIAHS의 선정기준을 〈표 1-1〉과 같이 제시하였다. 이때까지는 선정기준을 크게 3개의 카테고리로 대분류하고 각각에 대하여 3개씩의 하위 카테고리로 다시 분류하였다.

다시 말해서 FAO의 GIAHS의 기준은 3가지 측면에서 접근하고 있다. 시스템의 고유특성, 정황성, 프로젝트 수행성이라는 3개의 대범주를 설정하고, 각 범주별로 세부기준을 설정하는 방식으로 기준을 정하고 있다.

시스템의 고유성은 〈표 1-1〉에서 보는 바와 같이 유산자체의 현저한 특징과 유산의 역사성, 유산의 대표성을 세부지표로 구성하고 있다. 농업유산의 개념에서 정리된 바와 같이 유산이 토지이용이나 경관 등의 측면에서 얼마나 현저한 특성을 가지고 있는지와 역사적으로 그리고 고유한 특성이 얼마나 지속가능성을 가지고 있는지를 파악하는 것이다.

정황성은 유산이 현재 놓여 있는 상황을 의미한다. 정황성을 구성하는 세부지표는 대표성, 외부의 위협, 정책의 적용가능성으로 구성되어 있다. 대표성은 시스템의 특성이 현재 지리적, 생태적, 제도적인 측면 및 그리고 영향력이라는 측면에서 어느 정도의 위치에 해당되는 지를 판단하는 것이다. 외부의 위협은 현재 잘 보전되고 있는지 아니면 외부의 개발요인 등에 의하여 보전을 하는 데 위협을 받고 있는지 판단하는 것이다. 정책 및 개발적용성은 정책적으로 접근했을 때 유산의 보전 및 활용이라는 측면에서 도움을 줄 수 있는지를 판단하는 것이다.

프로젝트수행은 정부가 실제로 프로젝트를 수행할 경우, 해당 국가의 다양한 기관과 파트너십을 형성할 수 있는지, 공동펀드를 조성할 수 있는 능력을 가지고 있는지, 실제 프로젝트의 수행의 용이성이라는 측면에서 분석하는 것을 말한다.

〈표 1-1〉 FAO의 세계농업유산 지정기준*

구분	기준	내용
Ⅰ. 시스템의 고유특성 (systems criteria)	1. 현저한 특징 (outstanding characteristics)	- 생물다양성과 생태시스템 - 경관, 토지, 수자원의 관리 - 식량안전과 생계유지 - 사회조직과 문화 - 지식체계와 및 농가 단위의 기술 - 기타 시스템에 의해서 형성된 재화와 용역
	2. 지속성의 역사 (proved history of sustainability)	- 경제적 활력 및 지속가능성 - 적응적 능력 - 인간 생태적 지속가능성
	3. 세계적 중요성 (global significance)	- 공공성 - 부가가치
Ⅱ. 정황성 (contextual criteria)	1. 대표성 (representation)	- 지리적, 생태적, 제도적 대표성 및 영향력 - 전시효과 - 현저한 대표성
	2. 외부의 위협 (external threat)	- 외부적 위협의 존재
	3. 정책 및 개발적용성 (policy and development relevance)	- 정책의 적용가능성
Ⅲ. 프로젝트 수행성 (project implementation criteria)	1. 프로젝트 통합성 (project integration)	- 파트너 쉽
	2. 공동 펀드의 능력 (co-finance potential)	- 공동 펀드 가능성
	3. 프로젝트 접근성 (project approach)	- 국제협약 - 프로그램적 접근 - 생태계적 접근 - 지역사회의 권한 - 분권화

* 이 기준은 2012년 10월 이전의 기준임.

이상과 같이 FAO는 시스템의 고유특성, 정황성, 프로젝트 수행성의 3개로 대분류하고 있는데, 이 가운데서 특히 유산의 가치와 관련된 내용은 대부분 첫 번째인 시스템의 고유특성 카테고리에 포함되어 있다. 즉 여기에는 생물다양성, 경관, 토지이용시스템, 식량안전 및 확보, 사회조직과 문화, 지식체계 등과 중요한 가치요소들이 대부분 포함되어 있다. 그에 비하여 나머지 두 개의 카테고리에 속해 있는 기준의 내용들은 유산의 가치를 보조적으로 설명하거나 유산의 가치와 직접 관련된 것이라기보다는 제도의 수행을 위해서 필요한 조건들을 제시한 것으로서 상대적으로 볼 때 중요성이 낮다고 할 수 있다.

그런데 2012년에 FAO의 GIAHS 홈페이지가 일부 개편되게 되었다. 새로운 개편에서 FAO는 GIAHS의 선정기준을 간략하게 요약하여 다시 제시하였다. 새로운 선정기준이 이전의 것과 전혀 다른 것은 아니다. 다만 전의 것 중에서 첫 번째 카테고리인 시스템의 고유특성에 포함된 내용들을 더욱 강조하였다. 그러므로 2012년에 GIAHS의 선정기준 자체가 변경되었다고 보기보다는 선정기준이 유산의 가치 중심으로 방향이 전환되었다고 볼 수 있다.

FAO에 의해서 이렇게 다시 정리된 선정기준은 다음과 같다. 먼저 기준은 크게 세계적 중요성, 역사적 타당성, 현재의 적용가능성의 관점에서 설명될 수 있다. 이중에서 특히 세계적 중요성의 기준은 복합지표로서 농업유산이 인류의 유산으로서 갖는 전통성에 대한 전반적인 가치를 대표한다. 이 지표는 다시 다음과 같은 5개의 하위지표로 나누어진다.[9)]

(1) 식량과 생활의 안전한 확보

GIAHS는 무엇보다도 지역 공동체의 안전한 생활과 식량의 확보에 기여해야 한다는 점이다. 지구상에는 가난한 소농 위주의 지역 공동체에 살고 있는 약 20억이 인구가 전통적 농업 시스템에 의해서 식량과 생활의 안전을 확보하고 있다고 한다.

통상적으로는 전통적 농업은 원시적이고 비생산적이라고 인식되고 있지만 다수의 학자들의 연구에 의하면 단위 작물의 산출물이 아니라

9) 다음은 2012년 10월 이후에 http://www.fao.org/giahs/giahs/features-and-criteria/en/에서 제시한 기준을 참고하였다.

총산출물로 따지면 전통적 소농이 현대적 대규모 농업보다 더 생산적이라고 한다.

전통적 소농은 일용할 양식과 생활을 충족시키기 위하여 단일 종이 아니라 다수의 종자를 심음으로써 공간의 이용을 극대화하고 해당 시즌의 시간을 최대로 이용한다. 그리고 화학비료나 농약의 투입을 자제하고 지역에서 이용 가능한 자원을 활용하여 농사를 짓는다. 이와 같이 제한된 토지, 자원, 시간의 활용을 극대화하는 전통적 소농 활동은 식량의 확보와 안전한 생활의 확보라는 측면에서 보면 현대적 농법보다 생산적일 수 있다.

(2) 생물다양성과 생태계

GIAHS는 동식물의 고유품종과 같은 유전자원, 그리고 농업시스템 및 경관과 관련된 야생동식물, 곤충 등의 생물다양성을 가지는 것을 특징으로 한다.

다수의 학자들의 연구결과에서는 전통적인 고유한 농업시스템은 식량생산에 도움이 되는 높은 수준의 동·식물유전자원을 갖는 것으로 보고하고 있다. 농업유산은 경작과정에서 매우 높은 수준의 생물다양성을 보존하는 기능을 갖는다.

한 지역에서 농부들에 의해서 선택되고 재배되는 고유의 품종은 수세대에 걸쳐서 전승된 것이므로 그 지역에 가장 적합한 종자로서 이것은 기후변화, 질병 등과 같은 위험성에 대하여 이미 상당한 내성을 갖게 되었다는 특성이 있다.

따라서 이 같은 농업 생물다양성의 보전은 향후 기후 및 에너지 위기의 시대에 인류가 직면할 수 있는 변화에 대처할 수 있는 가능성을 제공할 수도 있기 때문에 중요하다. 즉 농업유산의 보전은 인류의 미래에 결정적으로 중요한 역할을 할 수 있다는 점에서 중시되어야 한다.

(3) 지식 및 기술 체계

GIAHS는 지식체계, 제도와 기술, 전통, 지역 공동체와 관련된 신념 및 가치의 집합체이다. 따라서 농업유산은 중요한 지식 및 고유한 기술과 생물군, 토지, 물과 같은 자연자원의 관리시스템, 그리고 농업적 생태관리를 위한 조직 및 기구, 자원이용 및 이익의 분배를 위한 규약 등을 유지시키는 기능을 갖는다.

GIAHS에서 말하는 전통적이며 고유한 지식 체계란 다름 아닌 농업생태시스템의 관리를 위한 기초에 해당한다. 농업시스템은 인간 공동체와 더불어 진화된 것이며 이것은 수 세대에 걸쳐서 형성된 것으로 세월을 거치면서 안전한 인간생활의 보장이라는 필요에 따라서 자연환경의 변화에 적합하도록 조정을 거친 것이다.

세계적으로 존재하는 많은 농업유산은 각기 독특한 나름대로의 경관을 지닌 중요한 생태계로서 수많은 작은 동식물들의 서식처를 제공하는 기능을 가진다. 특히 세계적으로 보아 조건 불리지역에 사는 소농, 유목인, 산악지대 주민들에 의하여 계승되고 발전되어 온 전통적 지식과 경험에 기초하여 유지되는 농업 생태시스템과 경관들이 여전히 상당수 존재하고 있다.

이와 같은 농업유산은 다양한 지식체계와 관리기술의 보고로서 이것들은 그 지역민의 식량 확보와 삶의 질을 개선하는 데 기여하며 나아가 오늘이나 내일 닥칠지도 모르는 지구적 차원의 경제적 위기에 대처하는 데에 결정적 중요한 도움을 줄 수 있다.

GIAHS는 식량의 공급이라는 목적 이외도 많은 중요한 가치를 갖는다. 다시 말해서 농업유산의 진화하고 생동하는 시스템은 국가, 가족, 지역 공동체에 대한 소속감과 같은 가치를 통합함으로써 지역민이 살고 있는 공동체의 정체성을 확립하는 데에도 기여한다. 이와 같은 농업유산은 지역사회와 관련된 제도, 전통, 신념 등을 유지하는 데에도 도움이 된다.

(4) 문화, 가치체계와 사회적 조직

GIAHS는 문화적 가치와 농업생태시스템의 관리, 자원의 이용을 위한 규약, 이익의 공유, 전통의식을 위한 전통적 기구들을 포함하는 사회적 조직에 의해서 규정된다. 농경문화로서의 농업시스템은 우주적 가치 체계, 그리고 농사일정과 관련된 각종농업행사, 예컨대 축제, 제례 의식 등을 포함한다.

한 지역의 생태시스템이 재화 및 서비스를 공급할 수 있는 잠재력은 그 지역사회가 가지고 있는 다양한 형태의 사회조직(친족, 지역텃세, 정착지, 그룹, 정치조직 등), 문화(세계관, 언어, 가치, 권리, 지식, 심미관 등), 생산양식, 노동배분, 기술 및 경험 등에 크게 의존한다.

지역사회의 각종 조직들은 환경적, 사회·경제적 목표의 균형을 잡아주고 농업시스템의 원활한 작동에 매우 중요한 여러 요소들을 재생산하고 복원해 내는 데에 있어서 매우 결정적인 역할을 수행한다. 지역의 어떤 조직은 천연자원의 이용에 있어서 남용을 막고 균형을 유지하여 보존을 가능하게 하며, 어떤 것들은 생물다양성의 관리를 증진시키는 지식체계와 중요한 가치들을 전수하며, 어떤 것들은 계획, 협력, 혁신과 적용을 가능하게 한다.

지역의 여러 조직들 중에서 어떤 것은 타부, 제래 의식, 축제와 같은 종교적 믿음의 형태를 띤 것이 있으며, 자원의 소유권에 대한 관습법, 친족, 결혼, 유증관련 제도, 의사결정과 협력, 게임, 교육, 역할의 분배, 노동의 분배, 성별 역할 등에 관한 성문화, 또는 구전으로 된 전통들과 관련된 것들이 있다. 이러한 체계와 조직들은 그 지역의 생태시스템으로서의 농업유산의 생산력에 영향을 미친다.

(5) 훌륭한 경관, 토지 및 수자원의 관리

경관은 인간의 자연에 대한 관리의 결과로 형성된 것이다. 즉 한 지역의 경관은 지역민이 직면한 환경적, 사회적 제약에 직면하여 이에 대처하기 위하여 고안한 고유한 관리기술의 결과를 반영한다. 예를 들어 토지이용의 결과로 형성된 논·밭의 모습, 관개시스템, 다랑이 논, 생태적으로 적합한 구조물의 조성과 같은 것이 경관에 포함된다. 이러한 것들은 가치 있는 생물들의 서식처가 되며, 그 외에도 여가를 위한 예컨대 심미적, 예술적, 교육적, 정신적, 학술적 가치를 갖는다.

(6) 옵션: 농업시스템의 관리에 따른 그 밖의 편익

이상에서 열거한 5가지 특징 및 기준 외에도 농어시스템에 의해서 제공되는 각종 편익을 GIAHS의 특징과 기준에 포함시킬 수 있다. 예컨대 농업시스템의 관리가 기후변화에 대한 대응력을 증진시킬 수 있는 편익을 준다거나 지역의 애향심, 정체성 확립 등을 통하여 지역의 정치적 안정에 기여할 수 있는 편익 등이 그것이다.

FAO는 농업시스템이 주는 세계적으로 중요성이 있는 편익에 관한 것을 6번째 기준으로 추가하고 있으며 이것을 다시 7가지 하위지표로 세분하여 제시하고 있다.[10)]

이상에서 설명한 농업유산의 세계적 중요성의 기준은 역사적 타당성과 현재에 대한 적용성의 관점에서 설명되어야 한다. 농업유산의 역사적 타당성(historic relevance)이란 농업유산이 세대를 걸쳐 가면서 농업생물다양성의 증진, 가치 있는 경관의 창조, 농업 지식 및 기술의 발전, 그리고 사회적, 문화적 발전에 기여해 왔는가를 평가하는 관점이다. 같은 맥락에서 유산의 역사적 타당성을 달리 말하면 세월의 경과와 더불어 환경적, 사회경제적 변화에 직면하여 유산이 지속가능한 내성을 보여주었는가를 말한다.

한편 현재에 대한 적용가능성(contemporary relevance)이란 유산이 식량공급과 생활의 안전이라는 기능을 통하여 인간의 복지에 기여하고 삶의 질을 개선하며 지역사회에 경제적·환경적 편익을 제공하는 데에 기여하고 있는가이다. 농업유산이 이러한 기준을 충족시킨다고 하는 것은 달리 말하면 농업유산이 세계적으로 제기되고 있는 지속가능한 발전 아젠다에 적용될 수 있다는 것이며 이를 통하여 식량 확보,

---

10) 세부지표를 요약하면 다음과 같다. 1) 경제, 사회, 생활, 환경적으로 중요한 편익, 2) 사회적 통합, 소속감과 정체성, 식생활 문화, 축제, 예술 등의 증진, 3) 세계적 이익이 되는 현저한 자원 부존(특히 생물다양성관련)과 지식체계, 4) 관리에 대한 다양한 사회, 문화, 제도, 경제적인 접근, 5) 공공재적 중요성, 6) 경관, 유전자원, 인간문화, 사회조직에 관한 귀중한 지식과 기술, 7) 토지와 관련된 것으로 인류의 생존과 생활을 위한 경관, 농업생태계의 가치 등이다.

인류 복지, 기후변화에 대한 대응, 이산화타소의 감축, 토지·수자원 및 생물다양성의 보존 등과 같은 환경적 목표를 달성하는 데에도 적용가능하다는 것을 의미한다.

4) GIAHS의 유형

GIAHS의 선정에는 이상과 같은 여러 가지 기준이 복합적으로 적용되지만 그 중에서 특히 생물다양성, 고유한 지식 및 관리방식에 의한 농업시스템, 그리고 지역의 식량의 확보에 대한 기여라는 측면이 중시된다.

사실, 인류가 가지고 있는 생물적, 경제적, 사회·문화적 자원들은 특수한 생태적 제약과 사회·문화적 제약 하에서 진화되어 왔으며 그 과정에서 독창적이며 고유한 기술체계와 경관을 창출해 내었다. 이와 같은 농업시스템의 예는 수많은 문화, 언어, 사회조직을 가지고 있는 토착적인 지역공동체, 종족들에서 주로 발견되는 경향이 있다. 그 이유는 아마도 이들 지역에서 이상에서 말한 제약들이 더욱 컸기 때문으로 생각된다.

FAO에 의해 2002년 이래 선정되어온 GIAHS 지역을 유형별로 구분하면 다음과 같다. 이러한 유형은 고정된 것은 아닌 것 같고 시간의 경과와 더불어 필요에 따라 추가될 수 있는 것으로 생각된다.[11]

(1) 산악지대 토지이용시스템

이 시스템의 유형에는 세계적으로 주목할 만한 농업과 산림의 통합된 형태로 형성된 산악지대 논·밭이 포함된다. 주로 다랑이 논들이 GIAHS에 지정되어 있다. 이들 농업시스템은 농업과 다른 요소를 함께 포함한다는 것이 특징인데, 예를 들면 쌀에 물고기를, 쌀에 오리, 또는 쌀에 산림과 독특한 수자원이용 시스템이 결합되어 있다.

대표적인 예로 필리핀의 다랑이논(Ifugao), 중국의 다랑이논과 물

11) 다음은 http://www.fao.org/giahs/giahs/agricultural-heritage-systems/en/을 참고하였다.

고기 농업 등이 있다.

(2) 복합경작 시스템

세계적으로 여러 작물을 결합해서 재배하는 뛰어난 시스템들이 많이 있다. 이들 시스템은 주로 지역적으로 고유한 기후, 물 및 토양의 관리시스템과 기후변화에 대처하기 위하여 선택된 작물에 의해서 그 특징이 지어진다.

이들 지역의 농경은 이 지역이 가지고 있는 토착적이고 고유한 지식과 이들과 관련된 문화유산에 크게 의존한다.

대표적인 예로는 멕시코의 Chinampas, 페루와 볼리비아에 있는 Waru-waru 시스템 또는 Suka collos 등이 있다.

(3) 층별(상층, 하층) 영농시스템

산림, 과수, 작물이 상층과 하층으로 나누어 결합된 형태로 이루어지는 영농시스템이 이 유형에 해당한다. 주로 하층에는 조기 수확용 작물이 재배되는 등 생산을 다양화할 수 있으며 토지와 노동의 이용을 최대한 효율적으로 할 수 있다는 특징이 있다. 이 같은 영농방식은 열대지방에서 일반적이다. 예를 들자면 근채 작물을 다른 작물과 함께 심는 방식이 이 같은 시스템에 해당된다.

대표적인 지역으로는 파푸아뉴기니, 솔로몬 군도, 그리고 태평양의 작은 군도 등이 있다.

(4) 유목생활 시스템

초원, 방목지, 물, 소금, 산림 자원 등을 찾아서 무리를 지어서 이동하면서 행하는 목축 시스템이 이 유형에 속한다. 이들 지역은 동물유전자원이 풍부하고 뛰어난 문화적 경관을 지니며 멸종위기에 처한 야생종의 서식처를 제공한다.

이들 지역은 주로 고원, 열대 건조지대, 북극 지방에 위치하며, 대표적인 예로 티베트 공원, 몽고와 예멘의 방목지, 동아프리카 지역의 마사이 시스템, 툰드라의 순록관리 시스템 등이 있다.

(5) 고대의 토지 및 수자원 관리(관개) 시스템

주로 건조지대에서 발견되는 고대의 토지 및 물이용 시스템이 이 유형에 속한다. 건조 지역에 적합한 작물과 동물을 생산할 수 있게 하는 독창적이고 매우 정교한 토지와 물 관리, 관개 시스템이 GIAHS에 등록되어 있다.

대표적인 것으로 이란, 아프가니스탄 등에서 발견되는 작물재배를 위한 Qanat라 불리는 고대의 관개용 지하수로 시스템, 중앙아시아 지역에 있는 홈 가든과 이곳의 지하수로에 살고 있는 지역 고유종인 장님 물고기를 들 수 있다.

그리고 아프리카 중북부에 위치한 차드 공화국의 계곡과 습지관리 시스템, 나이제르 강 분지와 델타 강 유역의 부유 논 시스템(floating and flooded rice system) 등이 여기에 속한다.

우리나라의 구들장논도 이 유형에 속할 수 있다.

(6) 복합형(Multi-layered) 홈가든 시스템

이 유형은 야생종과 재배된 나무와 숲이 공존하며, 식량, 약재, 장식용 등의 생산을 위한 작물재배가 함께 이루어지며, 산림농업, 화전(swidden field), 수렵채취가 함께 이루어지는 농업시스템이다. 대표적으로 중국, 인도, 아마존, 인도네시아 등에 있다.

(7) 간척 · 개간 농업시스템

이 시스템은 바다나 삼각주 늪지대의 물을 배수함으로써 수면 아래의 땅을 경작 가능한 농지로 만들어 내는 토지 및 수자원관리시스템이다. 이러게 형성된 토지는 농업, 여가, 관광 등으로 사용된다.

네덜란드의 간척지와 제방 등이 대표적인 예이다.

(8) 부족의 특수한 농업유산 시스템

부족마다 고유한 토지 및 수자원 이용 기술 및 지식이 있으며 이것들 역시 GIAHS의 대상이 된다.

(9) 고부가가치의 작물 재배시스템

이 시스템은 고부가가치를 가져오는 특종작물의 재배 및 종자 관리 기술로서, 특수한 윤작기술, 수확기술 등이 포함된다. 대표적인 예로 인도의 사프란(약재)재배 시스템 등이 있다. 우리나라의 인삼 재배 및 관리기술 역시 이 부류에 속한다.

(10) 수렵채취 시스템

이 시스템은 대표적으로 차트 공화국의 야생 벼 수확기술, 중앙 또는 동 아프리카에서 숲 속에 사는 사람들의 꿀 채취 기술과 같은 농업시스템을 말한다.

2. UNESCO의 세계유산제도

유네스코 총회는 1972년에 세계의 자연유산과 문화유산의 보호에 관한 협약(convention concerning the protection of the world cultural and natural heritage)을 체결하였다. 이 협약의 서문에는 이 제도의 도입취지가 잘 나타나 있다.

이 협약의 서문을 보면 이 협약은 세계적으로 중요한 유산이 국내적 차원에서 충분히 보호받지 못하고 있다는 인식에 기초하여 국제적 차원에서 국가 간의 협력을 통하여 유산보호를 위한 지식의 공유, 증진, 보급을 통하여 유산을 보호할 것으로 목적으로 하고 있다는 점을 천명하였다. 이 협약의 내용 속에는 자연유산과 문화유산의 정의가 포함되게 되었다.

그 후 1992년에 유네스코 세계유산협약 회의에서 세계문화유산의 일종으로 문화적 경관의 개념을 새롭게 도입하게 되었는데, 여기서 문화적 경관의 개념은 기존의 문화유산개념에 자연의 개념요소를 가미하는 방식으로 만들어졌다.

이외에도 유네스코는 기록유산과 무형유산을 추가하였다. 따라서 유네스코의 세계유산은 크게는 세계자연유산, 세계문화유산, 세계복합유산[12]으로 분류되지만, 이외에 인류의 무형유산(2003), 세계의 기록유산(1997)이 추가되게 되었다.

1) 자연유산

자연유산(natural heritage)이란 UNESCO의 정의에 의하면 '무기적 또는 생물학적 생성물들로부터 이룩된 자연의 기념물로서 관상상 또는 과학상 현저한 보편적 가치를 갖는 것, 지질학적 및 지문학적 생성물과 이와 함께 위협에 처해 있는 동물 및 생물의 종의 생식지 및 자생지로서 특히 특정 구역에서 과학상, 보존상, 자연 미관상 현저한 보편적 가치를 갖는 것, 그리고 과학, 보존, 자연미의 시각에서 볼 때 뛰어난 보편적 가치를 주는 정확히 드러난 자연지역이나 자연유적지'를 말하는 것으로 정의되어 있다.

이와 같은 UNESCO의 정의에 따르면 자연유산은 자연적으로 형성된 것으로서 전승할 만한 보편적 가치를 지니는 자연의 기념물, 생물의 종의 생식지 및 자생지, 자연지역이나 자연유적지 등을 말한다.

자연유산의 정의에서 보면 그 대상은 자연지역이거나 자연유적지이다. 이와 같은 대상은 자연적으로 형성된 것으로 오랜 세월에 걸쳐서 만들어지게 되며, 또한 그것이 만들어진 시대의 특성을 나타낼 때 유적으로서의 가치를 갖게 되는 것은 당연하다. 특히 이 정의에서는 유산의 과학적, 미관적인 가치를 명시함으로써 유산의 인류에 대한 유익성을 일부 반영하고 있다고 볼 수 있다.

UNESCO의 자연유산에 대한 정의에는 특히 '동물 및 생물의 종의 생식지 및 자생지'로서의 지역을 포함하고 있다. 이 부분은 FAO에서 정의한 GIAHS의 개념요소 중에 생물다양성과 연관지어 생각해 볼

12) 복합유산은 자연유산의 등재조건과 문화유산의 등재조건을 동시에 하나씩 만족시키는 유산이다.

수 있다. 그러나 FAO에서 말하는 생물다양성은 자연 상태로 존재하는 생물다양성이 아니라 농업활동에 의해 형성된 토지이용체계 속에 존재하는 생물다양성을 의미한다는 점에서 구별된다. 즉 유네스코의 자연유산에서는 생물다양성이 존재하는 동물 및 생물의 종의 생식지 및 자생지는 자연 상태의 것이라면 FAO에서 말하는 생물다양성은 인간의 농업활동이 이루어지는 농업시스템 속에서 보존되고 유지되는 것이라는 점에서 차이를 찾을 수 있다.

2) 문화유산

Wikipedia(2011)에 의하면 문화유산이란 사람들이 세상에 처음 나타났을 때 그때의 자연 상태에 머무르지 않고 살아가면서 서서히 문명의 이기를 발전시키며 그 발전된 모든 것이 지금까지 존재해 왔고 또 후대에 계승·상속될 만한 가치를 지닌 예전시대의 문화적 소산 전부를 문화유산이라 정의하고 있다. 따라서 사람들의 의식주에 관련된 유물 및 식량이나 산업제품생산에 관한 유물 또는 민속신앙·윤리·예술·학술·정치 등에 걸친 생활형성의 양식과 내용이 모두 문화유산의 대상이 된다.

UNESCO는 이상과 같은 문화유산의 개념을 구체화하여 기념물, 건조물군, 유적지로 세분화하여 정의하였다. 기념물에는 건축물, 기념적인 의의를 갖는 조각 및 회화, 고고학적 성격을 띠고 있는 유물 및 구조물, 금석문, 혈거 유적지 및 혼합유적지 중 역사, 예술 및 학문적으로 현저하게 세계적 가치를 갖는 유산이 포함된다. 건조물군에는 독립된 또는 연속된 구조물들, 그것의 건축성, 균질성, 입지성으로부터 역사적, 미술적으로 현저한 보편적 가치를 갖는 유산이 포함된다. 그리고 유적지에는 인공의 소산 또는 인공과 자연의 결합의 소산 및 고고학적 유적을 포함한 구역에서 역사상, 관상상, 민족학상 또는 인류학상 현저한 보편적 가치를 갖고 있는 유산들이 포함된다.[13] 이상과

13) Wikipedia에 의하면 문화유산의 유형을 식량유산(food heritage), 산업유

같은 UNESCO의 정의에서 보면 문화유산 속에는 인간의 문화생활과 관련된 가치 있는 것들은 거의 대부분이 포함된다.

그런데 문화유산이 자연유산과 다른 점은 자연유산이 자연의 소산이라면 문화유산은 인공의 소산이거나, 인공과 자연의 결합의 소산이라는 점이다. 특히 문화유산을 인공과 자연의 결합의 소산이라는 측면에서 보면, 문화유산의 정의 속에 농업과 관련된 구조물, 유적지 등을 포함시킬 수 있는 여지가 있다. 이 때문에 농업유산제도를 별도로 운영할 것이 아니라 세계문화유산제도의 틀 안에서 운영하면 되지 않느냐 하는 의문을 제기할 수 있다.

그런데 문화유산에서 말하는 인공과 자연의 결합의 소산이란 유적지로서 FAO에서 말하는 경관과는 다른 의미이다. 유적지란 조상이 남긴 주거지 같은 건축물이나 무덤 따위가 있거나 역사적 사건이 일어났던 장소를 의미한다. 이와 달리 FAO의 경관이란 인간의 농업활동이 이루어지고 있는 작물생산지역과 주변의 자연생태지역을 아울러 의미한다는 점에서 차이가 있다. 따라서 문화유산의 개념으로는 FAO의 농업유산을 커버하지 못하는 부분이 존재한다. 따라서 두 개의 제도를 별도로 운영할 필요성이 있게 되었다.

다시 말하면 FAO의 농업유산은 농업과 관련된 인공과 자연의 결합으로 초래된 결과로서의 유적지 자체만을 의미하는 것이 아니다. 예컨대 문화유산제도에서는 농업과 관련된 고정된 농업 구조물, 또는 농업유적지로서의 개체를 지정대상으로 할 수 있다. 그러나 FAO에서의 농업유산은 이 같은 유적지에 현재 농업활동이 이루어지고 있는 농업시스템이 존재하고 이에 따라 생물다양성이 보존되고 있으며, 지역사회에 대하여 식량을 제공하는 기능 등 지역사회를 유지하는 기능을

산, 그리고 전통·관습 등으로 분류하고 있다. 마지막 둘을 논외로 하면 이 중에서 식량유산은 동식물의 기원과 관련된 것으로 그들의 분포, 사람이 처음으로 경작하고 동물을 길들었던 장소, 그리고 사람들이 식량을 가공하고, 저장하며 소비했던 최초의 장소 등이 포함된다. 장소의 예로는 농장, 제분·정미소, 방앗간, 낙농장, 과수원, 포도밭, 양조장, 식당, 시장, 여관 등을 말한다.

가지고 있어야만 한다. 즉 단순한 농업유적지는 문화유산의 지정대상은 될지언정 FAO에서 말하는 농업유산은 될 수 없다. 따라서 문화유산의 개념으로는 FAO의 농업유산을 포괄할 수 없는 부분이 존재한다. 이러한 차별성 때문에 문화유산제도와 GIAHS는 별개로 운영되고 있다.

유네스코에서는 이러한 논점을 고려하여 1994년에 문화유산의 개념 속에 들어 있는 '인공과 자연의 결합의 소산' 이라는 부분을 더욱 강조하여 문화유산의 카테고리에 문화적 경관(cultural landscape)이라는 개념을 새로 만들어 넣었다. 이 개념은 FAO의 농업유산과 더욱 근사하다.

3) 복합유산

문화와 자연의 가치를 함께 담고 있는 유산을 복합유산이라고 한다. 세계유산 중 복합유산은 하나의 공간 안에 문화유산과 자연유산의 등재조건을 적어도 한가지씩은 부합하는 유산을 말한다. 세계유산에는 등재조건이 총 10개 항목[14]이 있는데, 이 중 1번~6번은 문화유산의

14) (1) 인간의 창조적 천재성이 만들어낸 걸작을 대표해야 한다. (2) 오랜 시간 동안 또는 세계의 일정 문화지역 내에서 일어난 건축, 기술, 기념비적 예술, 도시 계획 또는 조경 디자인의 발전에 있어 인간 가치의 중요한 교류를 보여주어야 한다. (3) 문화적 전통 또는 현존하거나 이미 사라진 문명의 독보적이거나 적어도 특출한 증거가 되어야 한다. (4) 인류 역사의 중요한 단계(들)를 예증하는 건조물의 유형, 건축적 또는 기술적 총체, 경관의 탁월한 사례여야 한다. (5) 문화(복수의 문화)를 대표하는 전통적 정주지(定住地)나 토지 이용, 해양 이용을 예증하거나, 인간과 환경의 상호작용, 특히 돌이킬 수 없는 변화의 영향으로 환경이 취약해졌을 때의 상호작용의 대표적 사례여야 한다. (6) 사건이나 살아있는 전통, 사상이나 신조, 뛰어난 보편성이 탁월한 예술 및 문학 작품과 직접 또는 가시적으로 연관되어야 한다. (7) 최상의 자연 현상이나 뛰어난 자연미와 미학적 중요성을 지닌 지역을 포함해야 한다. (8) 생명의 기록이나 지형 발전에 있어 중요한 지질학적 진행 과정, 또는 지형학이나 자연지리학적 측면의 중요 특징을 포함해 지구 역사상의 주요 단계를 입증하는 대표적 사례여야 한다. (9) 육상, 담수, 해안 및 해양 생태계와 동식물 군락의 진화 및 발전에 있어 생태학적, 생물학적 주요 진행 과정을 입증하는 대표적 사례여야 한다. (10) 생물학적 다양성의 현장 보존을 위해 가장 중요하고 의미가 큰 자연 서식지를 포괄하여야 하며 과학이나 보존 관점에서 볼 때 보편적 가치가 탁월하

조건이고 7번~10번은 자연유산의 조건이다. 10가지 중 한 가지만 충족하면 세계유산이 되지만 복합유산의 경우는 1번~6번 중 1가지 이상, 그리고 7번~10번 중 1가지 이상을 충족시켜야 한다.15)

4) 문화적 경관

1972년에 세계 문화 및 자연유산에 관한 협약이 체결된 이래 세계문화유산에 등록된 문화유산은 대부분 인류가 쌓아온 기념적인 건조물이 대부분을 차지하였으며 자연유산은 인간의 관리에서 벗어난 자연지역이 대부분이었다. 세계유산목록이 이와 같이 문화유산과 자연유산의 양극에 치우치는 경향이 있다는 지적에 대하여 그 중간에 위치하는 개념으로 문화적 경관이라는 개념을 고안하였다.16)

즉 문화적 경관은 문화유산의 지정이 점(點)적인 보존에 치우쳤다는 점에 대한 반성으로 면(面)적인 보존을 목적으로 도입된 개념으로, 인간이 자연에 대해 가한 물리적이고 정신적인 관계가 다양하게 나타난 지역을 의미하며, 종래의 문화유산과 자연유산의 사이를 메우는 개념으로 등장하였다.17)

지만 현재 멸종 위기에 처한 종을 포함한다.
(http://www.cha.go.kr/korea/heritage/world__heritage/world__culture__02.jsp)

15) 복합유산은 우리나라에는 아직 등재된 건이 없고 전 세계적으로도 아직 29건밖에 없다. 2012년 현재 우리나라에서 복합유산으로 등재를 검토하고 있는 유산은 지리산이나 염전 등이 있다. 하지만 아직 관련 자료의 검토가 본격적으로 진행되지 않아서 복합유산이 아닌 문화유산, 또는 자연유산만으로 등재를 추진할 가능성도 있다[문화재청의 질의에 대한 응답(2012. 7. 12)].

16) 유네스코는 문화적 경관을 다음과 같이 규정하고 있다. '문화적 경관은 문화적 자산이고, 조약 제1조에서 말하는 〈자연과 인간의 공동작품〉에 상당하는 것이다. 인간사회 또는 인간의 거주지가 지연환경에 의한 물리적인 제약 가운데, 사회적, 문화적, 경제적인 내외적 힘에 의해 계속적인 영향을 받으면서 어떠한 진화를 해 왔는지를 예증하는 것이다.'(金田章裕, 『문화적 경관』, 2012, p. 25)

17) 문화적 경관은 복합유산과 유사하나 다른 종류의 유산이다. 복합유산은 위에서 언급하였듯이 문화, 자연 모두를 충족시키는 유산인 반면에 문화적 경관은 문화유산의 한 종류이다. 다시 말해서 가장 대표적으로 자연과 인간의 상호작용을 보여주는 다양한 유산을 문화적 경관이라고 한다. 문화경관은 말하자면 유산의 형태를 규명하는 분류이다. 마치 문화유산 내에 고고학적

1992년에 개최된 유네스코 세계유산협약의 회의는 결과물로서 'cultural landscapes of universal value'라는 보고서를 출간하였는데, 이 보고서를 바탕으로 1994에 문화적 경관의 개념이 구체화되기에 이르렀다. 그리고 1995년에는 필리핀의 콜디레라(Cordilleras)산맥의 계단식 논이 세계의 문화적 경관으로 처음 등록되었다.[18]

문화적 경관이란 인간의 행위와 자연과의 결합의 소산으로 정의할 수 있다. 유네스코는 문화적 경관을 다음과 같이 세 가지 영역으로 구분하여 정의하고 있다. 첫째는 정원 및 공원 등과 같이 인간의 설계의도에 의하여 창조된 경관으로 이를 의장된 경관(designed landscape)이라고 한다. 둘째는 현재까지 남아 있으면서 유적 등의 기념물과 일체가 되어 유기적으로 진화하는 경관(organically evolved landscape)으로, 여기에는 농림수산업 등의 산업과 관련하여 계속되는 경관, 유적 등의 기념물과 일체가 되어 중요한 요소를 이루는 경관이 포함된다. 이 영역에 우리가 말하는 농업유산이 포함될 수 있는 여지가 있다. 셋째는 관련된 경관(associative landscape)으로 여기에는 신앙 및 종교, 문학 등 예술 활동과 관련된 경관이 포함된다.[19]

유적이 있을 수 있고 건축물이 있을 수 있고 오벨리스크와 같은 기념물이 있을 수 있듯이 이와 같은 선상에서 건축물, 유적, 기념물, 문화적 경관 이와 같이 구분해 놓은 것이라고 보면 된다. 문화적 경관은 문화유산일수도 있고 복합유산일수도 있다. 즉 문화적 경관은 세계유산의 등재조건 중 문화유산의 조건인 1번~6번 중에서 최소한 하나(특히 4번)만 충족시켜도 등재 가능하다. 그러나 문화적 경관이면서 복합유산이기 위해서는 여기에다 7번~10의 조건 중 최소한 하나를 더 충족시켜야 한다. 우리나라는 문화적 경관으로 등재된 것은 아직 없다[문화재청의 질의에 대한 답변(2012, 7. 12)에 기초함]

18) 김란기(2005), 「문화유산보호에 있어서 문화적 경관의 새로운 전개」, 건축역사연구, pp. 14-4.
오민근(2005), 「문화적 경관개념의 도입과 보호체제」, 국토논단.

19) 오민근, 위의 글, pp. 98-99.

〈표 1-2〉 유네스코의 문화적 경관 영역

영역	내용
제1영역 의장(意匠)된 경관 (designed landscape)	정원 및 공원 등과 같이 인간의 설계의도로 창조된 경관
제2영역 유기적으로 진화하는 경관 (organically evolved landscape)	(1)농림수산업 등의 산업과 관련하여 계속되는 경관 (2)유적 등의 기념물과 일체가 되어 중요한 요소를 이루는 경관(유적주위의 화석경관 등)
제3영역 관련된 경관 (associative landscape)	인간의 제 활동 특히 신앙 및 종교, 문학 등 예술 활동과 직접 관련된 경관

자료: 오민근(2005), 「문화적 경관개념의 도입과 보호체제」, 국토논단. p. 98.

이상의 정의에서 보듯이 문화적 경관의 제2영역인 '유기적으로 진화하는 경관' 속에는 농림수산업 등의 산업과 관련하여 계속되는 경관이 포함되어 있다.[20] 이와 같이 유네스코가 문화유산의 개념을 보완하여 면적인 요소로서의 경관으로까지 지정대상을 확대함에 따라 이 개념 속에 FAO의 농업유산 개념이 포함될 수 있는 개연성이 증가하였다.

그러나 문화적 경관 역시 FAO의 농업유산 개념 중 소프트웨어에 해당하는 농업시스템을 고려하지 않고 있다는 점에서 이 개념으로 농업유산의 개념을 포괄할 수 없다. 이 때문에 두 개의 국제적 제도가 별도로 운영된 것으로 생각된다.

다시 말해서 FAO의 농업유산 개념은 농업과 관련된 인공과 자연의 결합으로 만들어진 단순한 경관만을 의미하는 것이 아니다. FAO의 농업유산은 농업활동이 이루어지는 농업시스템에 의하여 생물다양성이 보존되며, 이에 의해 식량의 안전한 공급이 확보되며, 지역사회를 유지하는 등의 기능을 가져야 한다. 이러한 차별성 때문에 FAO의 농업유산제도가 유네스코의 세계유산제도와 별도로 운영되고 있다고

20) 문화적 경관의 제2영역은 대상의 범주라는 측면에서 보면 농업유산보다 넓다. 즉 대상의 범주에서 문화적 경관의 외연이 농업유산보다 넓다. 여기에는 농림수산업 관련 경관은 물론이고 그 외에 다른 산업도 포함되기 때문이다.

생각된다.

〈그림 1-2〉 유네스코 세계유산의 유형별 관계

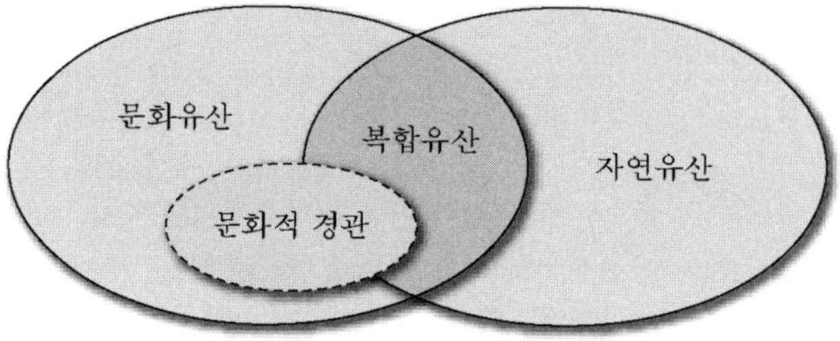

- 문화유산: 등재조건 1-6에서 1 이상
- 자연유산: 등재조건 7-10에서 1 이상
- 복합유산: 1-6과 7-10 중 각각 1 이상
- 문화적 경관: 1-6에서 1 이상

3. 일본의 문화적 경관

유네스코의 문화적 경관제도에 영향을 받아 일본 역시 국내적으로 기존에 건축물 위주로 이루어지던 문화재지정에서 탈피하여 넓은 의미에서 문화유산을 다루자는 주장이 대두되었고 이에 따라 문화적 경관제도가 도입되게 되었다.

일본은 2000년에 '농림수산업에 관련하는 문화적 경관의 보존・정비・활용에 관한 검토 위원회'를 설치하였으며 이 위원회는 2003년 3월까지 활동하고 보고서를 발간하였는데 여기에서 180건의 중요지역을 선정한 바 있다.[21] 이 보고서에서 일본의 문화적 경관에 대한 정의가 처음으로 이루어졌다. 그리고 2004년에는 문화재보호법을 개정하여 문화재의 새로운 유형으로서 농산어촌을 대상으로 하는 문화적 경관제도를 도입하기에 이르렀다.

일본의 문화적 경관에 대한 개념은 2003년도 발간한 위의 보고서에

21) 김란기, 위의 글, p. 291.

서 정의되었고 2004년에 개정한 문화재보호법에서 보다 구체화하여 나타내었다.[22] 다음에서는 이들 각각에 대하여 알아본다.

먼저 2003년에 발간한 위의 보고서의 문화적 경관이란 '농산어촌지역의 자연, 역사, 문화를 배경으로 전통적 산업 및 생활에 밀접하게 관련하며, 그 지역을 대표하는 독특한 토지이용 형태 및 고유의 풍토를 나타내는 경관으로 가치가 높은 것'으로 정의하였다.

이 보고서에서 정의된 일본의 문화적 경관 개념의 구성요소를 살펴보면 여기에는 '전통적 산업 및 생활과 관련하여', 그리고 '토지이용 형태 및 경관'이라는 두 가지 개념요소가 들어있다. 전자는 대상의 범위를, 그리고 후자는 대상을 정의한 것으로 해석할 수 있다.

첫째로 '전통적 산업 및 생활과 관련하여'라고 규정한 것은 일본의 문화적 경관이 대상의 범위를 농어업뿐만 아니라 그 외에 광업, 제조업과 같은 산업도 전통적이며 농산어촌에 위치하고 있는 것이면 모두 포함한다는 의미이다. 그리고 전통적 산업 이외에 전통적 생활에 관련된 도로, 광장, 담장과 같은 것도 역시 포함하도록 하였다.

둘째로 일본의 문화적 경관은 그 대상을 '토지이용형태 및 경관'이라고 구체적으로 정의하여 유형적인 것으로 한정하여 무형적인 것을 제외하였다. 이 점은 FAO의 농업유산이 그 대상을 'land use systems and landscapes'라고 정의한 것과 거의 동일하다.

다음으로 일본의 문화재보호법에 의한 일본의 중요 문화적 경관[23]이란 경관계획지구 또는 경관지구 내에 있는 문화적 경관으로 도도부현 또는 시정촌이 보존조치를 취하고 있는 것 가운데 특히 중요한 것으로 인정되는 것으로서 문화재보호법의 규정에 의해 국가(문부과학성

22) 일본은 이렇게 개정된 문화재보호법(2004년 공포, 2005년 시행)에서 문화재의 종별에 '문화적 경관'을 추가하였다(金田章裕, 『문화적 경관』, 2012, p. 28). 도도부현 및 시정촌의 신청을 토대로 하여 국가가 '중요 문화적 경관'을 선정한다(문화재 보호법 제8장)

23) 일본의 문화재 보호법에서 규정하고 있는 문화적 경관의 개념은 '지역 사람들의 생활과 생업, 그리고 해당지역의 풍토에 의해 형성된 경관지로서 우리 국민의 생활과 생업을 이해하는 데 있어서 빼놓을 수 없는 것'을 말한다(金田章裕, 『문화적 경관』, 2012, p. 29).

대신)가 선정한 문화재를 말한다.[24)]

일본 문화재보호법에 의한 선정기준은 첫째, 지역주민들의 일상적 생활, 생업 및 해당지역의 고유한 풍토에 의해 형성된 것으로 〈표 1-3〉의 경관지 가운데 전형적 또는 독특한 일본 국민의 기반적인 생활 및 생업의 특색을 나타내는 것이다. 둘째, 상기의 제시한 경관지가 복합적으로 이루어진 것으로 전형적 또는 독특한 일본 국민의 기반적 생활 및 생업의 특색을 나타내는 것을 말한다. 이 두 기준에서 일본의 문화적 경관은 경관을 문화재로 파악함과 동시에 생활의 장으로서 파악하고 있음을 알 수 있다.

일본은 문화적 경관제도의 도입에 따라 농촌에 있는 농어업관련 유산들을 이 제도로 관리하는 것이 가능하게 되었다. 그런데 문화적 경관제도는 문부과학성에서 그 관리를 주관함에 따라 농촌의 농어업관련 유산들 역시 문부과학성의 관리소관으로 되었다.

〈표 1-3〉 일본의 문화적 경관분류

구분	내용
농어업 관련 경관	논, 밭 등의 농경에 관한 경관지
	목축지, 초지 등의 採草(채초), 방목에 관한 경관지
	用材(용재)림, 방재림 등의 산림의 이용에 관한 경관지
	양식장, 김 채취장 등 물고기 잡는 것에 관한 경관지
	저수지, 수로 항구 등 물의 이용에 관한 경관지
기타산업 관련 경관	광산, 채석장, 공장지대 등의 채굴, 제조에 관한 경관지
생활 관련 경관	도로, 광장, 등의 유통, 왕래에 관한 경관지
	담, 정원, 울타리, 뒷숲 등의 주거에 관한 경관지

24) 일본은 이와 같이 문화재 보호법이 개정되고 문화적 경관을 문화재로서 파악하려는 검토가 이루어지는 한편, 뒤이어 국토교통성을 중심으로 새롭게 경관법을 재정하기 위한 검토가 이루어졌다. 그 결과로 2004.6.18에 경관법이 공포되고, 개정된 문화재 보호법과 함께 2005년부터 '경관지구'가 전면적으로 시행되었다. 개정된 문화재보호법에서는 '이러한 경관법에서 규정하는 경관계획지구' 또는 경관지구 내에 있는 문화적 경관'에 있어서 '해당 도도부현 및 시정촌이 그 보존을 위하여 필요한 조치를 강구하는 가운데 특별히 중요하다고 생각되는 것은 중요문화적 경관으로서 선정할 수 있다'라고 규정하고 있다.

그러나 일본의 경우도 FAO의 GIAHS에 등재되는 농업유산은 농림어업성에서 관리를 주관한다. 따라서 동일대상에 대하여 관리주체가 이원화되는 현상이 발생하였다. 이것은 어떤 의미를 갖는가? 일본의 경우와 같이 농어업관련유산들을 문화적 경관제도에 의해 문부성이 관리를 주관하게 되면 이들을 다른 문화재와 함께 관리하게 되므로 관리상의 통일성을 기할 수 있다는 점에서 장점이 있을 수 있다.[25] 반면에 동일한 대상을 국내·외적으로 서로 다른 부서가 담당한다는 점은 관리나 운영상의 면에서 불합리한 측면이 있다.

2003년의 보고서에서 정의한 일본의 문화적 경관 개념은 FAO의 농업유산과 매우 유사하게 만들어졌다. 둘 다 토지이용제도와 경관을 대상으로 정의하고 있다는 점에서 그렇다. 그러나 일본의 문화적 경관은 FAO의 농업유산보다 대상범위가 넓다는 점에서 차이가 있다. FAO의 농업유산은 전통적 농업생산 활동이 현재까지 이루어지고 있는 경관을 대상으로 국한하는 데 반하여 일본의 문화적 경관은 농업 이외에 다른 산업도 포함하며 또한 현재 생산 활동이 멈춘 유적지를 포함한 경관도 대상으로 포함한다는 점에서 대상의 범위가 더 넓다.

그리고 유네스코의 문화적 경관과 FAO의 농업유산과의 관계에서 보았듯이 일본의 문화적 경관 역시 FAO의 농업유산에서 강조하는 부분을 포괄하지 못하는 부분이 존재한다. 재차 말하면 FAO의 농업유산에서는 농업활동에 따른 생물다양성, 유산의 지역사회에 대한 산출물 공급 및 지역사회의 유지기능 등을 매우 중시하지만 일본의 문화적 경관에는 이에 대한 고려가 없다. 즉 FAO의 농업유산에서는 경관지역에서 이루어지는 농어업활동과 이에 관련된 생물다양성을 중시한다는 점에서 문화적 경관 개념으로 다룰 수 없는 부분이 존재한다.

25) 우리의 경우도 문화재청이 문화재보호법에 의해 일부 농업관련유산(다랑이논, 물레방아, 너와집 등)을 명승이나 지정문화재로 지정하는 것과 유사하다.

4. 유럽의 농촌유산

유럽농촌유산가이드(European rural heritage guide, 2003)[26]의 서문에는 농촌의 중요성에 대한 인식과 더불어 농촌유산제도의 도입 필요성과 배경에 대한 설명이 들어 있다. 이 가이드는 현대인들이 진정성을 회복하기 위하여 농촌을 찾으며 농촌에서 자신의 정체성을 찾으려 한다는 점, 그리고 농촌은 각종 유산의 보고라는 점을 지적하였다. 그리고 이 가이드에서는 농촌에 존재하는 유산들을 발전의 동력으로 보아야 한다고 강조하고 이런 인식 하에 농촌유산을 농촌발전의 인자로 활용할 것과 이를 기본 원리로 하는 농촌계획을 마련할 것을 강조하면서 농촌유산제도도입의 필요성을 주장하였다.

유럽농촌유산가이드에서는 농촌유산(rural heritage)의 개념이 지금까지는 농업활동과 연관된 구조물을 의미하는 제한적 의미로 정의되어 왔다는 점을 지적하고 유산의 개념을 보다 넓게 정의하고자 하였다. 즉 이 가이드에서는 농촌유산이란 인간사회가 오랜 시간에 걸쳐 한 지역과 관계를 맺으면서 확립한 특정관계를 나타내는 유형적 요소는 물론 무형적 요소를 모두 포함하는 것으로 정의하였다. 농촌유산의 대상범위를 이와 같이 무형적인 것까지로 확대하게 되면 FAO의 농업유산에서 고려하지 못하였던 무형유산들을 발굴할 수 있게 된다.

이 가이드에 따르면 유형적 유산은 크게 경관, 자산, 산출물로 구분한다. 첫째, 경관(landscapes)이란 환경에 대하여 수세기에 걸쳐 인간의 활동이 작용한 결과로 얻어진 결과물을 말한다. 다시 말해 경관이란 오랜 세월에 걸쳐 토지에 살아온 사람들에 의해서 자연자원의 이용을 통하여 형성된 것이다. 이러한 정의는 유네스코의 문화적 경관과 다르지 않다.

둘째, 자산(property)이란 농업을 비롯한 각종 생산 활동을 위한

26) CEMAT(2003), European Rural Heritage Obervation Guide.

건축물로서의 고정자산과 가내용도, 종교용도, 각종 행사 용도로 사용되는 목적물과 같은 이동 가능한 모든 유동자산을 포함한다.

셋째, 산출물(products)이란 지역적 여건, 경작, 재배, 가공, 조리 등의 지역적 전통에 적응된 결과로서 얻어진 생산물을 말하며 식물품종(식물, 과일, 채소 등), 그리고 지역의 가축품종 및 가공품을 포함한다.

그리고 이 가이드에서는 무형적 유산은 유형유산과 별개의 것이 아니라 불가분의 관계를 가지고 있다는 점을 강조하였다. 그리고 여기에는 기술과 기능을 첫 번째 카테고리로 포함시켰다. 즉 경관이 만들어지는 것을 가능하게 한 기술·기능, 가옥이나 가구를 만드는 기술과 기능, 그리고 지방 산물이 개발되도록 한 기술과 기능을 말한다. 그리고 둘째 카테고리로 방언, 음악, 구전 문학을 포함시켰다. 표현의 수단으로서 방언, 음악, 문학 등은 한 공동체가 그 지역에 대해 미치는 영향력의 증거물이며 또한 더불어 살아가는 삶의 방식으로서의 증거물이다. 여기에는 지역역사, 특별한 의미를 갖는 지역 명, 그리고 여기에 나타난 인물, 또는 장소를 설명하는 이야기나 전설 등이 포함된다. 그리고 셋째 카테고리로 관습이나 페스티벌 등을 포함시켰다. 이는 사회생활을 조직하는 방식과 사회조직의 특수 형태 등을 말한다.

이 가이드는 농촌유산의 분류 중에 경관을 중요한 요소로 포함하고 있다. 농촌유산에서 경관(landscapes)이란 단순한 자연경치와 달리 인간이 환경에 작용한 결과로 만들어진 소산이라는 점에서 문화적 경관과 매우 유사하다. 그러나 FAO의 농업유산과는 역시 차이가 있다. 다시 말해서 농촌유산에서 경관은 단지 공간적으로 농촌에 존재하는 가치 있는 인공물, 또는 유적지 등과 이들을 포함한 공간으로서의 경관을 말한다. 이 경우 경관은 농업과 직접적으로 관련이 있는 것은 물론이고 관련이 없는 것도 포함한다. 이런 점에서 보면 농촌유산의 외연적 범위는 FAO의 농업유산보다 넓다.

그러나 농촌유산에서의 경관 역시 농업시스템과 생물다양성이라는 소프트웨어적 요소를 포함하고 있지 않다는 점에서 FAO의 농업유산과 구별된다. 예를 들어, 농촌에 있는 아름다운 돌담이 있는 장소는 농촌경관에 속한다. 그런데 이 돌담이 FAO의 농업유산에 속하기 위해서는 농업활동과 직접적 관련이 있어야 한다. 즉 돌담이 농지를 구획하는 기준으로 활용되는 경우에 이 돌담에 관련된 농지와 인근의 생태지역이 함께 농업유산의 지정대상이 될 수 있다.

농촌유산에는 경관이외에 분리된 개체로서의 자산, 각종 지역 생산물 등을 유산에 포함시키며 이외에도 관습, 방언, 문학 등 무형적인 요소 역시 유산에 포함시키고 있다. 따라서 농촌유산은 FAO의 농업유산보다 대상 영역이 더 넓다.

5. 농촌 어메니티

1990년대 중반부터 서유럽 국가들을 중심으로 농촌 어메니티 운동 또는 농촌 어메니티 정책이 유행하면서 의미가 확대되었다. 윌리엄 홀포드(William Holford)에 따르면 어메니티는 단순히 하나의 성질을 말하는 것이 아니라 복수의 가치를 지닌 총체적인 카탈로그라고 보았고, '있어야 할 것이 있어야 할 곳에 있는 것(The right thing in the right place.)' 또는 '전체로서 쾌적한 상태'를 말한다.'라고 정의하였다.

일반적으로 어메니티(amenity)란 인간이 생태적·문화적·역사적 가치를 지닌 환경과 접하면서 느끼는 매력·쾌적함·즐거움이나 이러한 감정을 불러일으키는 장소를 의미하는 것으로 정의된다.

따라서 농촌 어메니티(rural amenities)이란 농촌 특유의 자연환경과 전원풍경, 지역 공동체 문화, 지역특유의 수공예품, 문화유적 등 다양한 차원에서 사람들에게 만족감과 쾌적성을 주는 요소를 통틀어 말하는 것으로 정의할 수 있다. 즉 농촌 어메니티는 야생지, 경작지, 경관, 역사적 기념물, 문화적 전통을 포함하여 자연적이든 인위적이든 농촌지역에 광범위하게 존재하는 모습들(features)을 가리킨다.[27] 여기에는 맑은 강이나 산 등 자연환경, 특산품·토속음식, 지방 고유의 축제나 문화, 야생 동식물 등을 포함시킬 수 있다. 그러므로 농촌 어메니티 자원 속에는 유네스코의 자연유산, 문화유산, 문화적 경관, 그리고 유럽 가이드의 농촌유산에 의해 분류된 자원들이 모두 포함될 수 있다.

그러나 농촌 어메니티 자원과 FAO의 농업유산의 개념은 접근방식에서 구별된다. 첫째, 농촌 어메니티는 인간에게 쾌적함·즐거움을 제공하여 효용을 증대시킨다는 점을 강조한다. 반면에 FAO의 농업유산은 전통적 농업활동으로 형성된 농업시스템과 기술 및 지식의 보존, 그리고 이러한 것들의 미래의 가치를 중시한다. 둘째, 두 제도 모두 야생 동식물의 요소를 포함하나 FAO의 농업유산에서는 특히 생물다양성의 보존·유지 및 미래의 가치를 중시한다. 셋째, 농촌 어메니티에서는 농촌의 쾌적함을 강조하여 이를 관광자원으로 활용하는 것을 강조하는 데 반하여, FAO의 농업유산에서는 농업활동을 중시하고 이로부터 식량의 안전성 확보, 동식물종의 보전, 공동체의 문화형성 등을 강조한다.

6. 제 개념간의 관계분석

우리의 농어업유산의 개념을 정립하기 위하여 위에서 살펴본 제 개념들의 관계를 지정 대상의 포괄범위를 기준으로 비교해 보았다(<표 1-4>). 이 표에서 보면 각 유산의 관계를 파악할 수 있다. 자연유산의 개념을 별개로 하면 나머지 것들은 인공의 소산이라는 면에서 공통점이 있으므로 상호 간의 포괄 관계를 비교할 수 있다. 지정대상의 포괄범위를 기준으로 할 때 많은 대상을 포괄하는 유산을 광의의 개념으로 구분한다면 농촌 어메니티와 농촌유산이 가장 넓은 개념에 해당한다. 그리고 농업유산이 가장 좁은 개념이다.

27) 오현석 외(2002), 『OECD 어메니티와 지역개발』, 서울: 새뭍결출판사

이 중에서 먼저 문화유산과 FAO의 농업유산의 관계를 비교해 보면 문화유산은 농업과 관련하여 고정된 농업 구조물, 또는 농업유적지라는 개체로서의 건조물이 주 대상으로 지정된다면, FAO의 농업유산은 농업과 관련된 구조물 또는 유적지를 포함하는 생태경관을 지정대상으로 한다는 점에서 차이가 있다. 즉 문화유산의 개념에는 현재의 농업활동과 생물다양성이 풍부한 생태경관이란 요소가 구체적으로 정의되어 있지 못하므로 이 개념으로는 FAO의 농업유산 개념을 포괄하는 데에는 한계가 있다.

〈표 1-4〉 유산의 지정 대상구분

대상 / 구분	하드웨어적 요소							소프트웨어적 요소
	자연	농업		산업		생활		
		건조물	경관	건조물	경관	건조물	경관	
자연 유산	○	-	-	-	-	-	-	-
문화 유산	-	○	-	○	-	○	-	-
복합 유산	○	○	-	○	-	○	-	-
문화적 경관	△	△	○	△	○	△	○	-
농업 유산	△	△	○	-	-	-	-	○ (농업시스템+ 생물다양성)
농촌 유산	△	○	○	○	○	○	○	무형유산
농촌 어메니티	○	○	○	○	○	○	○	-

주: 1) 건조물은 기념물·유적지·건축물을, 경관은 인공건조물과 자연의 복합체를 나타냄.
2) ○:주 대상으로 지정됨, △: 주 대상의 구성요소로 포함됨.

문화유산의 이러한 한계를 보완한 개념인 문화적 경관은 농업유산의 개념을 포함할 개연성을 증가시켰다.[28] 〈표 1-4〉에서 보듯이 지정

대상의 하드웨어적 요소의 범위에서 보면 문화적 경관이 FAO의 농업유산을 포괄한다. 문화적 경관은 FAO의 농업유산이 대상으로 하는 경관을 구성요소로 포함하고 있기 때문이다. 즉 문화적 경관에서도 경관(landscapes)이란 단순한 자연경치를 말하는 것이 아니라 인간이 환경에 작용한 결과로 만들어진 자연과 인공물의 결합체를 의미한다. 그러나 경관을 구성하는 소프트웨어적 요소에서 보면 두 개념은 차이가 있다. 즉 FAO의 농업유산은 전통적이거나 친환경적 농업활동으로 형성된 농업시스템으로서의 토지 및 물의 이용시스템과 이로 인한 생물다양성의 유지를 중요한 개념요소로 포함하지만 문화적 경관에는 이에 대한 고려가 없다. 이런 점에서 문화적 경관은 농업유산의 개념을 포괄하지 못한다.

다음으로 EU의 농촌유산은 경관뿐만 아니라 개체로서의 인공물까지 포함하므로 문화적 경관보다도 포괄범위가 더 넓은 개념이며 따라서 지정대상의 하드웨어적 측면에서만 보면 FAO의 농업유산을 포괄한다. 하지만 농촌유산에서의 경관 역시 문화적 경관과 마찬가지로 경관을 구성하는 소프트웨어적 요소로서 농업시스템과 생물다양성을 포함하고 있지 않다는 점에서 FAO의 농업유산과 차이가 있다. 즉 FAO의 농업유산은 농업활동으로 형성된 농업시스템과 생물다양성의 유지를 중요한 개념요소로 포함하는 데 반하여 농촌유산에는 이에 대한 고려가 명시되어 있지 않다.

요약하면 문화유산이나 자연유산의 개념으로는 농업유산을 포괄할 수 없다는 것이 분명하다. 이에 대한 반성으로 문화유산과 자연유산의 중간에 위치하는 개념, 즉 혼합유산의 개념으로 등장한 것이 문화적 경관이다. EU의 농촌유산 역시 이와 유사한 개념이다. 이 두 개념은 지정대상의 하드웨어적 측면에서 보면 FAO의 농업유산을 포괄하는, 농업유산의 개념보다 넓은 개념이다. 그러나 이 두 개념은 지정대상의

28) 특히 유네스코의 문화적 경관 중 제2영역인 '유기적으로 진화하는 경관(organically evolved landscapes)에는 농림수산업 등의 산업과 관련하여 계속되는 경관이 포함되어 있다

내용인 소프트웨어적 측면을 고려하고 있지 않다는 점에서 FAO의 농업유산과 차별성이 존재한다. 즉 FAO의 농업유산은 농업활동이 이루어지는 토지이용시스템과 생물다양성을 강조한다는 점에서 두 개념과 분명한 차이가 있다. 따라서 다른 개념들과 별도로 농업유산의 개념을 정립할 필요성이 있는 것이다.

〈그림 1-3〉 제 개념간의 관계

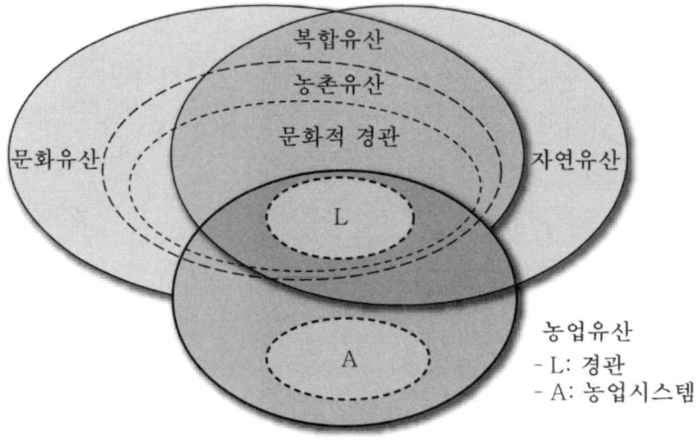

이상과 같은 분석에서 얻은 시사점은 유산정책의 패러다임이 바뀌고 있다는 것이다. 즉 기존에 유산정책이 보호지역을 설정하여 원형을 보존하는 패러다임이라면 오늘날은 유산보존이 지역개발정책의 일환으로서 주민의 참여가 반영되며, 생물다양성의 보존과 인간에게 편익을 제공하는 경관을 보존하고 활용하는 방향으로 패러다임이 전환되고 있다. 유네스코의 세계유산이 전자라면 FAO의 농업유산은 후자에 해당한다.

제3절 한국농어업유산의 개념

1. 한국농어업유산에 대한 인식

지금까지 살펴본 바와 같이 FAO에서는 2002년에 세계적인 기후변화에의 대응, 식량 확보, 지속가능한 개발이라는 국제적 현안에 대응하기 위한 대책의 일환으로서 GIAHS를 창설하여 시행하게 되었다.

우리나라에서는 2012년에 이르러 청산도의 구들장논에 대한 학술적 연구가 진행되었고 그 과정에서 이의 보전을 위한 제도적 장치의 마련이 필요하다는 주장이 제기되었다. 그리고 이 같은 주장이 도화선이 되어 2012년 말에 농식품부는 국가농어업유산제도를 도입되게 되었다. 국가농어업유산제도는 FAO의 GIAHS 제도의 도입취지에 부응하도록 만들어졌다. 2012년에는 제도도입과 더불어 유산지정을 위한 준비작업이 진행되었고 실제로 국가농어업유산으로의 지정은 다음 해인 2013년부터 시작되었다.[29)]

국가농어업유산제도의 도입에 앞서서 이 제도도입의 모태가 된 몇 편의 의미 있는 연구가 발표된 바 있다. 이들 연구에서는 농촌에 있는 중요한 농업유산 가운데 일부는 문화재보호법에 의해 관리되고 있지만 그 외에 많은 유산들이 관리의 사각지대에서 방치되거나 훼손되고 있는 실정이라는 점을 지적하고 이들을 보호하기 위하여 농어업 유산제도를 도입하여야 한다는 점을 제안하였다.

29) 2012년에 농식품부의 연구비 지원으로 '농어촌 자원의 농어업유산 지정을 위한 기준정립 및 관리시스템 개발연구'가 수행되었고 이에 기초하여 2012년에 '국가농어업유산제도'가 농식품부 고시로서 마련되었으며, 2013년에 2개 지역(완도 청산도, 제주도 밭 돌담)이 국가농어업유산으로 지정되기에 이르렀다. 또한 2013년에는 한국농어촌유산학회가 창립되어 활동을 전개 중에 있다.

이들 연구에서는 농어업유산제도도입의 필요성, 개념, 관리제도 및 방향 등에 대한 논의가 진행된 한편, 청산도의 구들장논, 지리산 일원의 다랑이논, 신안군의 갯벌 및 염전 등을 비롯한 국내의 많은 유산들이 국가농어업유산의 대상으로 지정되어 보호되어야 할 필요성과 가능성을 검토하였다. 그리고 실제로 청산도에 있는 구들장논의 분포를 조사하여 그 물리적 구조에 관한 연구를 수행하였으며 그 결과를 학계에 보고한 바 있다.[30)]

이상과 같은 과정을 거치면서 한국농어업유산의 개념이 정립되게 되었으며, 이 개념은 그 후에 국가농어업유산제도를 마련하는 데에 초석이 되었다.

2012년 말에 이르러 국가농어업유산제도의 도입이 이루어짐에 따라 전국에 있는 농업유산들에 대한 일차적 조사가 이루어지게 되었다. 그리고 이때를 계기로 전국에 잠재해 있던 중요한 농어업유산들이 새롭게 모습을 드러내고 학계의 주목을 받기 시작하였다.

한국농어업유산제도에서의 큰 특징은 농어업유산을 활용을 통하여 보전한다는 인식의 전환을 이루었다는 점이다. 국가농어업유산제도의 도입 이전에는 농어업유산을 문화재로서 인식하고 보존의 대상으로만 생각하는 측면이 강하였다. 그러나 국가농어업유산제도의 도입을 계기로 농어업유산을 보전과 함께 이를 지역발전의 동력으로 활용하자는 방향으로 무게의 중심이 이동하게 되었다.

2. 농어업유산의 가치인식을 위한 기본관점

국가농어업유산제도가 도입되는 과정에서 한국농어업유산의 개념이 정립되게 되었다. 그런데 한국농어업유산의 개념을 정립하기 위해서는 농어업유산의 가치를 어떤 시각에서 인식해야 할 것인지에 대한 기본

30) 윤원근, 최식인(2012), 한국 농어업·농어촌 유산발굴과 보전, 농업전망.
조영재·유학열·윤원근·최식인·이영옥(2012), 청산도 구들장논의 분포와 물리적 구조에 관한 연구, 한국농촌계획학회.

관점을 지니는 것이 필요하다. 사실 이런 연유에서 제1절에서는 아담 스미스부터 현재에 이르기까지 유산의 가치에 대한 인식이 어떻게 전개되었는지 그 과정을 살펴보았다.[31)]

다음은 이상과 같은 과정에서 얻은 정보에 기초하여 한국농어업유산의 가치인식을 위하여 선정한 몇 가지 기본관점들이다. 이것들은 특히 FAO의 GIAHS의 특성과 선정의 기준을 참고하였다.

첫째는 전통성의 관점이다. 전통성의 개념은 역사성과 시대적 고유성, 그리고 희소성의 의미를 포함한다. 흔히 유산을 말할 때 그 앞에 '역사적'이라는 수식어를 붙여서 '역사적 유산'이라고 부른다. 아마도 그 이유는 유산이 가치를 갖는 밑바탕에는 역사성이 가장 큰 부분을 차지하고 있기 때문이라고 생각된다. 그러므로 역사성은 유산의 가치를 구성하는 가장 중요한 요소라고 할 수 있다.

역사성은 상대적 개념으로 한 현상이나 형상이 현재 또는 한 시점의 이전에 발생할 경우 역사성을 가지며 그 길이의 정도에 따라 역사성이 길다 또는 짧다고 말한다. 유산의 가치는 당연히 역사성이 길수록 크다고 할 수 있다. 시간이 경과할수록 역사는 길어지므로 유산의 역사적 가치는 일반적으로 올라가게 된다. 이렇게 역사성은 유산의 가치를 구성하는 필수적인 요소이긴 하지만 역사성이 있다고 해서 모두 가치를 갖는 것은 아니다. 예를 들어 길모퉁이에서 발견된 돌조각이 오래되었다고 해서 가치를 갖는 것은 아니다. 하나의 돌조각이 전통적인 유산으로서의 가치를 갖기 위해서는 역사성 이외에 시대적 고유성을 함께 갖추어야 한다.

일반적으로 역사성은 고유성과 함께 사용될 수 있다. 유산이라는 의미를 보다 쉽게 말하자면 '역사적 고유성을 가진 유산'이라고 풀어서 쓸 수 있을 것이다. 고유성이란 한 시대의 특징이라는 의미를 가지므로 '역사적 고유성을 가진 유산'이라고 말할 때는 역사가 오래되고 시대적

31) 이러한 관점들은 농어업유산의 개념을 구성하는 기본개념요소를 설명하는 수식어에 해당할 것이며, 또한 기본개념요소들의 가치평가를 하는 척도로서 이 역할을 할 것이다.

특징을 잘 간직한 유산이라는 의미로 해석할 수 있다. 이와 같이 역사가 오래되고 시대적 특징을 가진 유산은 현재의 입장에서 볼 때는 일반적으로 희소하다. 따라서 전통성의 개념 속에서는 역사성, 고유성과 함께 희소성이란 개념이 함께 포함된다. 위의 예에서 돌조각이 유산으로서의 가치를 갖기 위해서는 그것이 한 시대를 대표하는 구조물의 구성요소로 사용되었다고 하는 시대적 고유성이 인정되어야 한다. 그러고 그것이 희소성을 가질 때 유산의 가치는 더욱 올라갈 것이다.

둘째는 지역성의 관점이다. 유산의 가치는 지역성 또는 풍토성을 가질 때 올라간다. 예를 들어 우리의 유산이 다른 나라에 가 있다면 유산의 가치는 상당부분 저감될 것이다. 길거리 돌조각이라도 달나라에서 온 것은 가치를 더 가진다. 다른 예로 역사적 가치를 갖는 유산을 박물관으로 이전하여 전시할 경우나 농촌지역에 있는 논을 도시로 옮겨 놓았을 때는 그것이 원래의 자리에 있을 때에 비하여 가치는 크게 떨어질 것이다. 그러므로 유산의 가치는 그것이 처해 있는 지역적 토착성 및 풍토성에 의해서 크게 영향을 받게 된다.

셋째는 유익성의 관점이다. 유산의 가치는 그것이 인간의 삶에 얼마나 도움이 되느냐 하는 유익성의 관점에서 접근될 수 있다. 예컨대 다랑이 논의 경우와 같이 인간에게 식량의 공급, 자연생태계의 유지, 생물다양성의 증진, 아름다운 경관의 창출 등을 통하여 유산은 생활의 안전, 정신적 위안, 기쁨, 자부심, 휴식 등을 가능하게 한다. 유산이 이 같은 기능을 가질 때 유산은 그 가치를 더하게 된다. 이 때문에 오늘날 우리의 생활 안에서 유산을 살려나가고 이용하는, 즉 유산의 활용이 중시되는 것이다.

넷째는 공공성의 관점이다. 농어업유산의 전승은 사회 문화적 측면에서도 중요한 의미를 갖는다. 즉 농어업유산을 전승한다는 것은 농촌사회의 문화, 정체성, 소속감을 공유하는 것을 의미한다. 농어업유산이 다른 산업유산과 다른 점은 농촌 공동체의 문화를 형성하고, 지역민들의 정체성(identity)을 확립하여 동질감과 소속감을 느끼게 한다는 측면에 있다. 따라서 농어업유산은 그것이 비록 개인에 의해 소유되고 있더라도 공공재적 성격을 갖게 된다.

농어업유산의 공유자산(common property)으로서의 관점 때문에 이것의 관리는 모든 사람의 책임 하에 놓여져야 한다. 농어업유산은 특정 지역에 있는 사람들만의 것이 아니다. 한 지역의 농어업유산은 국가의 자산으로서 모든 사람에 의해 인식되고 모든 사람에 의해 이용되며 모든 사람의 책임으로 관리되어야 하는 공공재이다.

3. 한국농어업유산 개념의 정의

제1절에서는 FAO의 농업유산개념을 검토한 후 이와 유사한 유산의 개념들을 선정하여 서로 비교분석한 바 있다. 그 결과로 FAO의 농업유산의 개념은 다른 유산의 개념들 속에 포함시킬 수 없는 부분이 존재한다는 사실을 알게 되었다. 그러므로 우리의 농어업유산개념을 정립할 때는 이러한 사실을 반영하는 것이 필요하다. 다시 말해서 FAO의 농업유산의 개념에 상응하는 한국농어업유산의 개념은 각종 문화재관련 제도에 의해서 정의되는 유산의 개념과 달리 정립되어야 한다. 따라서 우리의 농어업유산의 개념을 정립할 때에는 위에서 검토한 FAO의 농업유산의 개념을 표준으로 사용하기로 한다.

한국농어업유산의 개념정의를 위해서는 다음과 같은 두 단계의 절차를 따른다. 먼저 한국농어업유산의 개념에 포함되어야 할 기본적 개념요소를 선정한다. 그 다음에는 위에서 설정한 유산의 기치인식에 대한 기본관점에 비추어서 기본적 개념요소에 가치를 부여한다.

위와 같은 절차에 따라 먼저 한국농어업유산의 개념에 포함되어야 할 기본적 개념요소를 선정한다. 이것은 FAO의 GIAHS의 개념에서 추출할 수 있다. FAO의 농업유산의 개념은 농업시스템, 경관이라는 두 가지 요소를 핵심적 요소로 포함하고 있다. 한국농어업유산의 개념 역시 FAO의 정신을 반영하여 FAO의 농업유산개념 속에 포함된 농어업시스템과 경관을 기본개념요소로 포함하도록 한다.

다음 단계는 이상에서 선정된 기본개념요소인 농어업시스템과 경관을 가치인식을 위한 기본관점, 즉 전통성, 지역성, 유익성 등의 관점에서 설명하는 것이다.

〈그림 1-4〉 농어업 유산 개념도

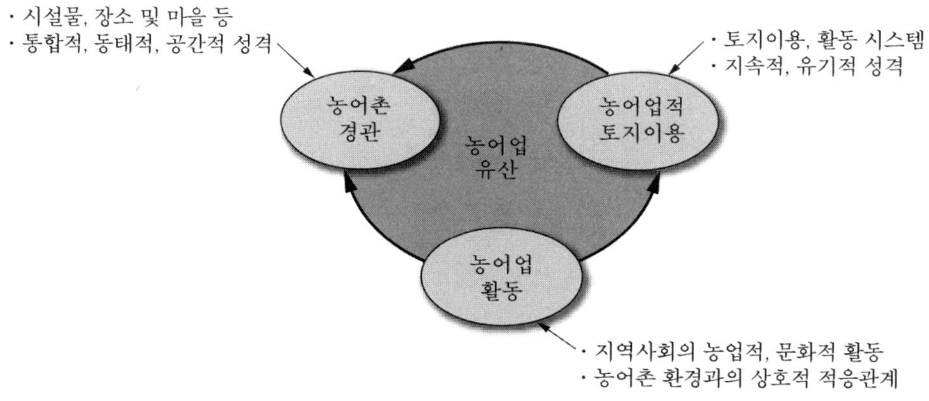

이와 같은 방식에 의해서 한국농어업유산이 갖추어야 할 조건을 규정하면 다음과 같다.

첫째는 한국농어업유산은 전통적이며 친환경적 생산 활동이 이루어지고 있는 농어업(활동)시스템이 있어야 한다. 여기에서 전통적 농어업시스템이란 전통적 토지이용시스템 및 수자원이용시스템과 이와 관련된 농어업기술체계 등을 말하며, 그 외에 농업 활동과 관련된 축제, 풍습 등의 무형적 요소를 모두 포함한다.

그리고 전통적 농어업시스템에서 '전통적'이란 역사성과 시대적 고유성을 가짐으로써 현재의 것과 다른 차별성을 갖는다는 의미이다. 역사성은 상대적 개념이다. 예를 들자면, 우리나라 농촌 사회가 근대화 과정에서 예전의 농·어법이 현대적 농·어법으로 전환되는 시점을 기준으로 설정하여 그 이전의 농업시스템을 역사성이 있는 것으로 간주할 수 있다. 역사성이 오래된 농어업시스템은 대체로 그 시대의 고유한 특징, 예컨대 시대적 배경 및 환경, 풍습을 가짐으로써 현재의 것과 다른 차별성을 갖는다고 볼 수 있다.[32] 즉 전통적 농어업시스템은 현 시대를 앞서 살아간 조상들이 그들이 처한 열악한 자연조건에 직면하여 이를 극복하고 삶을 영위하는 과정에서 형성된 것이므로 여기에는 조상의 지혜, 지식, 풍습 등과 같은 시대적 고유성이 역사성과 함께 반영되어 있다고 볼 수 있다.

그리고 농어업시스템은 전통적인 동시에 친환경적으로 이루어져야 한다는 것을 전제로 한다. 전통적인 생산 활동이란 대부분 친환경적으로 이루어지므로 이러한 전제는 동어반복에 해당할 수 있다. 하여튼 FAO에서는 친환경적 생산 활동을 매우 중시하고 있다. 최근에 FAO에서는 역사성은 비록 떨어지더라도 친환경적 요소만 잘 작동하는 경우에 이 같은 지역을 GIAHS로 선정하는 경향이 있다는 점에 비추어 볼 때 한국농어업유산에서도 친환경성을 강조할 필요성이 있다.

또한 한국농어업유산의 대상이 되기 위해서는 현재 농어업활동이 이루어지고 있어야 한다. 다시 말해서 한국농어업유산의 대상이 되기 위해서는 현재에 농업생산 활동이 진행되고 있어야 된다는 것이며 이 같은 활동과 기능이 멈추었을 경우는 대상에서 제외된다는 것이다. 이와 같은 전통적 농어업시스템의 현재에 대한 적용성은 농어업유산을 자연유산, 문화유산, 문화적 경관, 그리고 농촌유산과 구별짓는 기준으로서의 역할을 한다. 농어촌에 있는 자연·문화적인 요소들이 모두 농어업유산의 대상이 되는 것이 아니다. 예컨대 농어업과 관련된 것이지만 유적지만 남아 있고 이것이 현재 생산 활동과 관련이 없으면 농어업유산의 대상에서 제외된다.

이상과 같이 규정되는 첫째 조건은 농어업유산이 지역사회에 대하여 생산물의 공급, 지역사회의 유지, 생물다양성의 보존, 지역사회의 문화형성 등의 기능을 가지고 있으며 이를 통하여 지역사회에 유익함

32) 역사성의 기준으로 60년 또는 100년 등으로 정할 수 있겠으나 역사성의 절대적 기준을 설정하여 역사성이 있다, 없다고 판단하기보다는 역사성이 어느 정도 깊은가에 따라 상대적으로 판단해야 할 문제로 생각된다.

을 제공한다는 것을 의미한다.[33)]

둘째는 한국농어업유산은 고유하고 뛰어나며 생물다양성이 풍부한 경관을 지녀야 한다. 이 조건은 한국농어업유산의 지정이 유형의 장소를 대상으로 하며, 이때의 경관이란 농림어업인이 자연에 대하여 작용한 결과로서 만들어진 연속체(continuum)로서, 농어업생산지역과 인근의 생물서식지를 포함하는 생태지역을 의미한다. 이러한 경관은 작물생산지역과 인근의 자연생태지역이 연결되었다는 의미에서 연속체이다.

경관이 고유하고 뛰어나다는 것은 다른 유산과 달리 전통적이고 친환경적인 토지 및 수자원이용 시스템에 의해 형성된 농어업생산지역과 인접한 인근생태지역이 서로 잘 어울려져서 전체의 모습이 일반적인 농어촌의 모습과 다른 고유한 특징을 지니며 또한 미적으로 현저히 뛰어나다는 것을 의미한다.

특히 농어업유산지역은 전통적이라서 친환경적인 생산시스템이 작동하기 때문에 생물다양성이 풍부하다는 특성을 지닌다.

이상과 같은 조건에서 알 수 있듯이 첫째 조건은 무형의 소프트웨어적 요소에 대한 설명이며, 둘째 조건은 유형의 하드웨어적 요소에 대한 설명이다.

농어업유산은 유형의 하드웨어적 요소와 무형의 소프트웨어적 요소를 동시에 가지고 있다. 즉 농어업유산은 대상이 유형의 장소이지만 이와 관련된 무형적 요소들이 그 속에 체화되어 있다. 이런 의미에서 농어업유산은 복합체이다.

그러므로 무형적 요소는 단독으로 농어업유산으로 지정될 수 없다. 무형적 요소는 유형의 경관에 복합된 형태로 포함된다. 다시 말해서 농어업유산은 유형의 경관지역을 대상으로 하지만 무형의 문화적 유산이 유형의 유산과 불가분의 관계를 맺으면서 유형의 유산과 함께 농어업

33) 국가농어업유산을 정의함에 있어서 생물다양성의 개념은 기본적 개념요소(필요조건)가 아니라 충분조건으로 간주한다. 그러나 농업유산의 지정에 있어서는 첫번째 조건인 전통적 농업시스템의 계승과 관련하여 이에 수반되는 생물다양성이 풍부한 생태시스템이 매우 중요한 요소로 고려되어야 한다.

유산의 구성요소가 된다. 예컨대 농업관련 지식 및 기술체계, 축제, 풍습, 또는 장소에 얽힌 이야기 등이 농어업유산의 중요한 구성요소이다. 이러한 무형적 요소는 농업유산에 가치를 부여하고 유산에 생명력을 불어 넣는 작용을 한다. 그러므로 무형적 요소가 없는 유형적 요소로서의 경관만도 당연히 농어업유산이 될 수 없다. 요약해서 말하면 무형문화재의 지정과 달리 농어업유산의 지정에서는 무형의 요소만을 지정할 수 없으며, 무형적 요소가 없는 경관도 역시 농어업유산으로 지정될 수 없다. 그것은 단지 문화재 지정 중 명승에 해당할 뿐이다.

이상과 같은 절차를 거치면 우리나라의 농어업유산의 개념을 정의하는 것이 가능해진다. 한국농어업유산의 개념은 이상의 두 조건을 충족시키도록 정의하면 다음과 같다.

'한국의 농어업유산이란 농림어업인[34]이 지역사회의 문화적, 농업적, 또는 생물학적 환경과 깊은 관계를 맺으면서 적응과정을 통해서 진화해온 보전·유지 및 전승할만한 가치가 있는 전통적 농어업(활동) 시스템과 이의 결과로서 나타난 농어촌의 경관'을 말한다.

이해를 돕기 위하여 예를 하나 들어보자. 청산도의 구들장논을 생각해 보자. 구들장논의 경우 돌과 흙으로 구성된 구들장논이라는 시설물 자체나 구들장방식의 농사기법은 각각을 별개로 농어업유산으로 지정할 수 없다. 이들 각각은 유네스코의 유형 또는 무형의 문화유산이나 EU의 농촌유산의 대상이 될 수는 있겠으나 이것들 각각이 FAO가 말하는 농어업유산의 대상이 될 수는 없다. 농어업유산의 대상이 되기 위해서는 현재 구들장논에서 전통적 농업기술에 의해 농업 활동이 이루어지고 있어야 한다. 그리고 이에 따라서 지역사회에 식량의 공급기능이 작동하며, 동식물의 다양성이 보전되는 기능이 유지되고 있어야 한다. 즉 구들장논이 우리의 농어업유산으로 지정되기 위해서는 현재

34) '농림어업인'의 용어 대신 '농어촌주민'을 생각해 볼 수 있겠으나 여기에서는 농어촌유산이 아니라 농어업유산의 개념에 대한 정의이니 만큼 농어업유산과 직접적인 관계가 분명한 '농림어업인'의 용어가 보다 적합할 것으로 생각된다.

구들장 농법이라는 농어업시스템이 작동하고 있으며 이에 의해서 형성된 경관이 미적으로 빼어나야 하며, 여기에서 식량의 공급, 생물다양성 등 인간에게 편익을 제공하는 기능이 작동되고 있어야 한다.

4. 한국농어업유산 개념의 범위

이상에서 보았듯이 한국농어업유산의 개념은 농어업활동이 이루어지는 전통적 농어업시스템이라는 소프트웨어적 요소와 이에 의해서 형성된 하드웨어로서의 경관이라는 두 가지 개념요소가 복합되어 구성되었다.

다시 말해서 농어업유산은 무형적 요소로서의 시스템과 유형적 요소로서의 경관의 복합체로 정의되므로 이들을 구성하는 각각의 구성요소를 하나씩 별개로 지정하는 것이 아니라 전체를 하나로 묶어서 일체로 지정한다. 이러한 점이 무형요소와 유형요소를 별개로 지정할 수 있는 문화유산이나 농촌유산의 개념과 다르다.

무형적인 소프트웨어적 요소로는 토지이용시스템, 수자원이용시스템, 생태시스템, 그리고 공동체의 농어업관련지식 및 기술체계 등과 지역공동체의 농어업 생활과 관련된 풍습, 문화 등의 요소가 모두 포함된다.

〈표 1-5〉 농어업유산개념의 구성요소

시스템(소프트웨어)	경관 및 시설물(하드웨어)
- 생태시스템 - 토지, 수자원의 이용 및 관리 체계 - 공동체의 지식 및 기술 체계 축제, 풍습 등 문화체계	- 농·임업관련 경관 - 축산관련 경관 - 어업관련 경관 - 수자원관련 경관

유형적 요소로서의 경관은 크게 작물생산지역과 인근주변지역으로 나눌 수 있다. 작물생산지역은 다시 농업관련, 축산관련, 어업관련, 임

업관련지역 등으로 구분될 수 있다.

농업의 경우는 논, 밭 등으로 다시 구분될 수 있다. 논에는 다랑이 논, 구들장논, 각종 생물다양성의 풍부한 친환경 논 등이 포함된다. 논 농사와 관련된 시설물인 둠벙, 어도, 수로, 저수지, 저장시설 등이 구성요소로소 포함되며, 밭에는 친환경 밭, 계단식 밭, 특종작물재배 밭과 이와 관련된 시설물 예컨대 돌담, 담배재배지와 담배건조장 등이 구성요소로서 포함된다.

축산의 경우는 방목지, 채초지, 토종가축사육지 등이 포함되며, 임업에는 생산림, 방풍림, 마을림 등이 포함된다.

그리고 어업의 경우는 대표적인 것으로 어장, 독살, 갯벌, 염전, 죽방염 등을 들 수 있다.

이상의 서로 다른 요소들은 각각이 농어업유산의 구성요소로 될 수도 있지만 여러 개의 요소들이 한 지역에 분포되어 있는 경우는 이들을 함께 묶어서 하나의 농어업유산지역으로 지정할 수 있다. 그러니까 해안가에 있는 다랑이논과 염전, 갯벌, 마을로 구성된 경관은 하나의 농어업유산지역으로 지정될 수 있다. 다른 예로 저수지는 이와 연계된 수원지, 친환경 논, 마을 등을 함께 묶어서 농어업유산으로 지정될 수 있다.

〈표 1-6〉 농어업유산의 지정대상 분류(예시)

대상의 분류		내 용
농업	논	- 전통적 농업활동 및 기술과 관련(다랑이논, 구들장논, 친환경논, 둠병 논 등)
	밭	- 전통적인 농업활동 및 기술과 관련(계단식 밭, 담배건조장 등) - 특정의 작물 및 독특한 경작방법과 관련(작목별 시목지 등)
축산		- 전통적 축산활동 및 기술과 관련(방목지, 채초지 등)
임업		- 전통적 임업활동 및 기술과 관련(생산림 등)
어업		- 전통적 어업활동 및 기술과 관련(독살, 염전, 갯벌, 죽방염 등), 어항

〈그림 1-5〉 지정영역의 분류(예시)

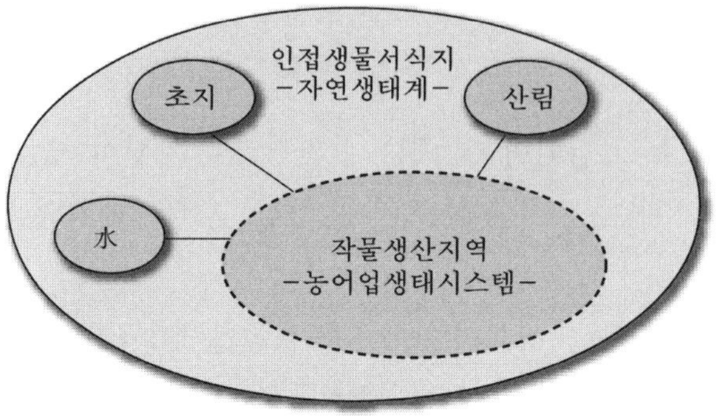

5. 한국농어업유산의 지정기준

한국 농어업유산의 지정기준은 국제적 기준인 FAO의 GIAHS의 기준을 한국적인 정책으로 재탄생하는 과정에서 한국이라는 현실적합성과 국내적인 유산의 파악과 기준정립이라는 정책적 상황에 적합하게 일부 기준을 조정하여 새로운 기준을 형성한다.

다시 말해서 FAO의 지정기준에 바탕을 두되, 한국의 농어업유산의 제도 운용이라는 관점에서 세계농업유산의 일부 기준을 조정하고, 한국적인 정책적인 상황에서 필요한 내용을 첨부하여 〈표 1-7〉과 같은 새로운 농업유산의 기준을 재정립한다.

유산의 가치성에 대한 판단기준은 세계농업유산의 내용을 받아들이는 방향으로 하되, 정황성에 포함되어 있는 대표성을 유산의 가치성에 포함한다.

그리고 한국의 농어업유산제도의 도입은 세계농업유산제도에 우리나라의 유산을 등재하는 것만을 목적으로 하는 것이 아니라, 세계적인 농업유산이 아니라고 하더라도 국내적인 관점에서 유산으로서 적합하고 보전·활용할 만한 가치를 지니고 있는지에 대한 것을 판단하는 것이 일차적인 목적이기 때문에, 세계적인 중요성은 별도의 대범주에서 제외한다. 즉 세계적인 중요성이라는 세부기준은 대표성이라는 항목에 포함한다.

정황성에 대한 내용은 국내적인 제도의 운용의 측면에서는 크게 중요하지 않다고 판단하고, 정책의 수행을 위한 파트너십과 효과성을 새로운 기준으로 제시한다. 한국적인 상황에서 파트너십은 지방자치단체와 주민, 해당 지역의 NPO 등의 단체의 중요성을 기준으로 삼는다.

효과성을 새로운 기준의 항목으로 설정한 이유는 기존의 유사관련 제도가 보전에 중심을 두고 있기 때문에 농어업유산이 지역사회에서 지역의 발전을 위한 하나의 자산으로 활용되고 있지 못하고 있다는 점을 인식하고, 농어업유산이 농촌발전을 위한 새로운 성장 동력원이 될 수 있고, 새로운 농촌개발의 방향성인 생물다양성이라는 가치를 받아들이는 측면에서 새로운 농촌개발의 방향성을 열어줄 수도 있다는 판단에서 하나의 새로운 항목으로 설정한다.

그리고 여기서 문제가 되는 몇 년이 지나야 과연 역사성이라는 의미를 담을 수 있는가 하는 역사성에 대한 항목에서 최소 단위를 60년 이상으로 한다. 왜냐하면 60년 전인 1950년대는 우리나라가 농업국가이었으며, 빈곤국에 속했다는 측면에서 산업화이전을 의미하고, 그 당시의 유산은 과거의 전통성을 그대로 간직하고 있다고 판단해도 무리가 되지 않는다고 보았기 때문이다. 다만 역사성이라는 항목이 유산을 결정하는 데 결정적인 요인은 아니라는 점은 지적해 두어야 한다. 왜냐하면 비록 역사성은 60년에 미치지 못한다고 해도 미래의 유산이 될 수 있는 중요한 사안이 있다면, 이 역시 충분히 고려해 볼 필요가 있다. 특히 일본 농업유산인 노토반도와 사도섬의 경우 역사성보다는 생물다양성이라는 항목에 무게를 두고 세계농업유산으로 지정되었다는 측면에서 FAO도 역사성이라는 항목을 절대 기준으로 생각하고 있지 않은 것으로 판단된다.

〈표 1-7〉 농어업유산 지정기준

구 분	기 준	내 용
1. 유산의 가치성	1-1 현저한 특징	◦고유의 전통적 농림어업과 밀접한 관계를 가질 것 ◦토지이용 및 수자원 관리 등 아래의 분야에 있어 독특한 특징을 현저하게 나타낼 것 - 생물다양성과 생태시스템 - 토지 및 수자원이용 - 농어업 활동을 통한 식량 등 산출물 - 공동체의 농림어업 지식체계와 기술 - 문화, 가치 체계 및 사회조직*
	1-2 역사성	◦과거로부터 농어촌주민의 농림어업활동에 의해서 유지되고 전승되어 오고 있는 것 ◦미래의 존속 가능하고 존속할 만한 가치가 있을 것
	1-3 대표성	◦지역별·분야별로 대표성이 있을 것 - 국제적, 국가적, 지역적 수준의 대표성 - 농업, 임업, 어업, 축산 등의 분야별 대표성
2. 파트너십	2-1 협력가능성	◦지방자치단체의 추진의지와 사업비분담 등의 유지 관리계획이 있을 것
	2-2 주민참여성	◦보전, 유지, 전승을 위한 지역사회주민(NGO 포함)의 자발적 활동이 있을 것
3. 효과성	3-1 지역브랜드 가치향상	◦농업유산의 지정에 따라 지역주민의 자긍심을 고취하고, 지역이미지와 지역의 경쟁력 증진에 기여
	3-2 주민의 소득 향상	◦농업유산의 지정에 따라 도농교류활동 및 관광객 증가로 지역경제의 활성화에 기여할 수 있을 것
	3-3 생물다양성 향상	◦지역의 전통적인 농법의 결과로 생물다양성이 다른 지역에 비하여 높거나, 친환경농업의 시행에 따라 생물다양성이 현저하게 개선되고 있을 곳

* 2012, 10월 이후 FAO에서 문화, 가치체계 및 사회조직을 강조하는 경향을 보임에 따라 한국도 이 같은 내용을 추가하기로 하였음

6. 한국농어업유산개념의 유효성과 한계

2012년에 도입된 한국농어업유산제도는 FAO의 세계농업유산제도에 대응하여 만들었다. 제2절에서 본 바와 같이 FAO의 농업유산은 현재 전통적 농업 활동이 이루지고 있으며 생물다양성이 풍부한 경

관으로 정의되었다. 한국농어업유산제도에서도 농어업유산의 개념을 FAO의 농업유산개념을 따라서 전통적 농어업시스템이 작동고하 있는 빼어난 경관으로 정의되었다.

그런데 이렇게 정의된 한국농어업유산의 개념은 현재 농업활동이 이루어지고 있는 것만을 대상으로 한다는 규정과 농어업시스템에 의해 형성된 경관이라는 규정 때문에 지정 대상의 범위가 매우 제약적이다.

다시 말해서 '현재 농업활동이 이루어지고 있는' 것만을 대상으로 한다는 규정은 농촌에 있으면서 현재 농업활동이 이루어지지 못하고 있는 농업과 관련된 많은 유적들을 그 대상에서 배제시킨다는 제약성을 갖는다.

다음으로 한국농어업유산의 정의에서 보면 그 대상을 전통적 농업시스템으로 형성된 빼어난 경관이라고 정의하고 있는데 이 부분이 또한 제약으로 작용한다. 이 규정은 유산의 대상을 유형과 무형의 복합체로 규정함으로써 지정 대상을 매우 제약한다. 이 정의에서 보면 한국농어업유산은 농업시스템이라는 무형의 소프트웨어적 요소와 경관이라는 유형의 하드웨어적 요소로 구성된 복합체의 일체를 의미한다. 그러므로 무형의 유산은 단독으로 지정대상이 될 수 없다. 예를 들어 농경축제와 같은 무형의 유산이 단독으로 한국농어업유산으로 지정되는 것이 아니라 이 같은 활동을 포함하여 농어업활동이 이루어지는 지역 전체를 한국농어업유산으로 지정한다는 것이다. 마찬가지 이유에서 경관을 구성하는 하나의 단일요소도 한국농어업유산으로 지정될 수 없다. 예컨대 경관을 구성하는 돌담은 단일체로서 한국농어업유산의 지정대상이 될 수 없다. 다만 돌담이 한국농어업유산으로 지정되기 위해서는 먼저 이것이 농경지를 구분한다든가, 또는 바람을 막아 준다든가 하는 농업시스템의 한 구성요소로서의 기능을 가지고 있어야 하며, 이럴 경우에 이것을 포함한 농어업시스템이 이루어지는 지역 전체를 한국농어업유산으로 지정하게 된다는 것이다. 이 예에서 보듯이 농어업유산의 조건은 다른 유산제도와 비교할 때 제약성이 강한 측면이 있다. 이와 같이 지정조건의 제약성이 강할 경우에는 제도의 유효성을 높일 수 있는 장점이 있으나 반면에 적용대상을 제한할 수 있다는 단점이 있다.

다시 말해서 한국농어업유산제도의 지정조건은 농어촌에 있는 많은 유산 가운데 아주 특별한 것만을 선별해 내는 기능을 가지게 된다. 이 조건을 통과하는 유산은 농촌에 있는 유산 중에서 극히 일부에 불과하다. 2012년에 수행된 1차 조사에 의하면 이상의 두 조건을 만족시키는 유산이 100개 이내로 추정된다. 물론 이렇게 선별된 한정된 유산만을 잘 관리해 나갈 경우에 이 제도가 다른 제도와 분명하게 차별되는 장점을 가지게 될 것이다. 즉 한국농어업유산제도가 이와 같은 정의에 부합되는 유산들을 선별하여 순차적으로 지정하고 이들을 잘 관리하여 나갈 때 이 제도가 다른 제도와 확실히 구분되는 차별성을 지닌 유효한 제도로서 정착될 수 있을 것으로 생각된다.

그러나 이와 같이 유효성을 높이는 강한 제약성은 부득이 제도의 적용가능성을 떨어뜨리는 한계를 가진다. 농어촌에는 이상의 두 조건을 충족시키지 못하지만 귀중한 유산이 상당수 많다. 사실 우리의 농촌에는 한국농어업유산으로 선정되지 못하지만 보존되어야 할 귀중한 유산들이 수적인 면에서 훨씬 더 많을 수 있다. 농어촌의 중요한 유산들이 한국농어업유산제도에 의해 보호될 수 없다면 이 제도의 유용성에 대하여 의문을 제기할 수 있을 것이다.

따라서 한국농어업유상제도의 도입 이후에 이 제도의 이러한 한계를 보완할 수 있는 새로운 제도를 마련하는 것이 향후 해결해야 할 또 다른 과제로 보인다.

사실 이러한 문제를 고려하여 도입된 제도가 제2절에서 설명한 바 있는 EU의 농촌유산제도와 일본의 문화적 경관제도이다. 우리도 이러한 의도를 가진 제도적 장치의 마련이 필요하다.[35] 우리의 경우는

35) 이와 관련하여 새로운 제도를 만드는 것보다는 한국농어업유산제도의 포괄범위를 확대하여 운영하면 되지 않느냐 하는 주장을 할 수 있다. 그러나 앞서 말했듯이 포괄범위를 확대할 경우 이 제도의 유효성을 떨어뜨리게 되는

EU의 농촌유산제도를 벤치마킹하는 것이 좋을 것으로 생각된다. 왜냐하면 EU의 농촌유산제도가 일본의 문화적 경관제도보다는 농어촌에 있는 농어업관련 유산들을 포괄적으로 포함하는 데 적합할 것으로 생각되기 때문이다.

이상과 같은 이유로 도입할 새로운 제도를 가칭 '한국농어촌유산제도'라고 명명할 경우, 먼저 할 일은 '한국농어촌유산'의 개념을 정립하는 것이 될 것이다. 이 경우에 한국농어촌유산의 개념은 EU의 농촌유산 개념과 같이 농어촌의 생산 및 생활관련 유산은 물론이고 이외에 무형유산까지도 포함하도록 넓게 정의하는 것이 바람직할 것으로 생각된다.36)

이러한 의도를 가진 한국농어촌유산의 개념은 일단 잠정적으로 다음과 같이 정의하기로 한다. 한국농어촌유산이란 '농어촌주민의 전통적 농림어업활동 및 일상생활과 밀접한 관련을 맺으면서 오랜 시간에 걸쳐 형성되어 온 지역사회의 차별적이고 독특한 유형·무형의 자원'으로 정의한다.

이렇게 정의된 한국농어촌유산제도에는 농어촌지역주민의 모든 생산활동뿐만 아니라 일상생활과 관련된 것도 포함되므로 포괄범위에서 농어촌유산의 개념이 농어업유산의 개념보다 당연히 더 넓다. 따라서 이 제도에는 한국농어업유산제도에 포함되지 못하였던 농어촌의 많은 유산들이 포함될 수 있다.

예를 들어 이렇게 정의된 농어촌유산제도에는 농어업유산제도의 조건을 충족시키지 못하는 시베지, 시목지, 초지 등이 단독으로 포함될 수 있으며, 생활과 관련된 것으로 한옥마을, 마을 숲 등이 역시 포함될 수 있다.

문제가 있을 수 있다.

36) EU의 농촌유산개념 속에는 농촌에 있는 것이면 농업생산과 관련된 것은 물론이고 그 외의 산업생산과 관련된 것도 포함될 뿐 아니라, 농촌의 문화 및 생활에 관련된 것들도 모두 포함된다. 그리고 여기에는 유형요소뿐만 아니라 무형적인 요소도 독립적으로 포함된다.

그리고 농촌에 있는 점적 및 선적 요소로서 예컨대 전통의 담장, 우물, 성황당, 제당, 장승, 철로 등과 같은 고정자산이 포함될 수 있다. 이런 것들은 생활과 관련된 것으로 그 자체만으로는 단독으로 농어업유산에 포함되지 못하였던 것들이다. 유형 자산 중 종교용 제기나 농사용 기구와 같은 유동 자산 역시 농어촌유산에 포함될 수 있다.

이외에도 농어촌유산에는 지역적 전통에 적응된 결과로서 얻어진 것으로서 식물, 과일, 채소 등의 재래종자, 고유축산품종, 전통공예품 등이 포함될 수 있고 더 넓게는 무형요소로서 생산기술, 농악, 농무, 농요, 축제 등이 포함될 수 있을 것이다.

요약하면 2012년에 도입된 한국농어업유산제도는 농촌의 귀중한 농어업유산을 보호하는 데 기여할 것으로 기대된다. 그러나 농어촌에는 이 제도로 커버하지 못하는 보존할 가치가 있는 귀중한 유산들이 많이 남아 방치될 수 있으므로 이들을 보존하기 위한 제도적 장치의 마련이 필요하다.

일차적으로는 2012년에 도입된 한국농어업유산제도를 활용하여 농어촌의 중요한 유산을 순차적으로 지정함으로써 이들을 보존해 나가는 것이 중요하며, 다음 단계로는 이 중에서 특별히 중요한 것을 해당 지자체, NPO, 관련학회 등과 협력하여 세계농업유산에 지속적으로 등재시키는 것이 필요하다. 그렇게 함으로써 이 제도의 효과를 극대화할 수 있을 것이다. 그리고 장기적으로는 이 제도에 포함되지 못한 나머지 유산들을 보호하기 위하여 가칭 '한국농어촌유산제도'를 도입하는 것이 바람직할 것으로 생각된다.

제 2 장 농어업 유산자원의 실태조사 분석

제 1 절 관련정책 및 제도 분석

1. 개요

농어업유산과 관련된 정책을 시행하는 중앙부처로는 문화재청, 환경부, 국토해양부, 농식품부 등이 있다. 문화재청에서는 문화적 가치가 있다고 인정되는 인류 문화활동의 소산인 문화재[1]에 대하여 보호 및 관리・활용 등의 업무를 담당하고 있으며, 농어업・농어촌 유산도 일부 문화재로 포함하여 관리하고 있다. 환경부에서는 지속 가능한 녹색 국가 건설을 위한 발전 기반을 마련하기 위해 노력하고 있으며, 일부 농어촌 지역의 환경자원에 대한 관리를 포함하고 있다. 국토해양부에서는 국토의 효율적인 활용을 위한 각종 계획 및 관

1) 문화재란 인위적이거나 자연적으로 형성된 국가적・민족적 또는 세계적 유산으로서 역사적・예술적・학술적 또는 경관적 가치가 큰 유형, 무형, 기념물, 민속문화재 등을 말한다(문화재법 제2조).

리방법에 대한 업무를 추진하고 있으며, 농어촌 지역의 경우에도 국토 및 도, 시·군·구의 기본계획 및 발전계획 등에 포함하여 관리하고 있다. 농림수산식품부는 농어업·농어촌의 문화보전·계승 및 지역정체성 확보 등을 위해 '농어업 유산제도' 도입하여 추진하고 있다.

각 부처별 농어업유산 관련 정책의 근거법 및 주요시책을 중심으로 살펴보고, 특히 각 부처별 관리유산의 지정범위, 지정기준, 지정절차 등의 지정과정과 지원 및 규제 중심의 관리방안을 살펴보고자 한다. 문화재청은 「문화재 보호법」에 문화재 관리를 위한 사항을 규정하고 있고, '생생문화재 사업' 등과 같은 문화재 활용을 위한 세부시책을 추진하고 있다. 환경부는 「자연환경보전법」 및 「습지보전법」에 생태경관 및 습지지역 보전을 위한 필요한 사항을 규정하고 있으며, 관리계약 및 국제협약 등을 통한 관리시책을 추진하고 있다. 국토해양부는 유산 관련지역의 용도지역 및 지구 지정을 통한 관리방안을 시행하고 있다. 농식품부는 정책사업 추진 지침을 통해 농어업유산의 관리방향을 제시하고 있고, '농어업 유산제도' 관련시책을 추진하고 있다.

2. 문화재청

1) 법·제도

농어업·농어촌 역사문화자원을 포함한 문화재의 지정 및 관리, 활용 등과 관련한 법률은 「문화재보호법」, 「고도 보존에 관한 특별법[2)]」, 「문화유산과 자연환경자산에 관한 국민신탁법[3)]」 등이 있다. 「문화재보호법」은 문화재 보호 기반 마련을 목적으로 제정되었으며 문화재의

2) 「고도 보존에 관한 특별법」은 우리 민족의 문화적 자산인 고도(古都)의 역사적 문화환경을 효율적으로 보존하는 데 필요한 사항을 규정하고 있다.

3) 「문화유산과 자연환경자산에 관한 국민신탁법」은 문화유산 및 자연환경자산에 대한 민간의 자발적인 보전·관리 활동의 촉진을 목적으로 문화유산국민신탁 및 자연환경국민신탁의 설립 및 운영 등에 관한 사항과 이에 대한 국가 및 지방자치단체의 지원에 관한 사항을 규정하고 있다.

지정, 관리, 관리 주체 및 주체별 역할, 문화재 지정에 관한 요건 및 지정에 따른 지원 및 규제 방안 등의 내용을 포함하고 있다. 또한, 문화재를 정의하고 문화재의 성격 및 보존가치 등을 고려하여 문화재를 분류하고 있다. 문화재의 성격에 따라 분류하면 유형문화재, 무형문화재, 기념물, 민속문화재로 구분되며, 문화재 지정자에 따라 분류하면 국가지정문화재, 시 · 도지정문화재, 문화재 자료로 구분된다.

문화재 지정은 문화재청장이 문화재위원회의 심의를 거쳐 문화재 중 중요한 것을 보물 및 국보, 주요무형문화재, 사적, 명승, 천연기념물 등으로 지정[4]할 수 있다.

문화재 관리 및 보호는 문화재기본계획 수립과 보존지역의 지정, 문화재 보호 및 교류 활동 지원 등을 통해 이루어진다. 문화재의 보존 · 관리 및 활용은 원형유지를 기본원칙으로 한다. 문화재청장은 매 5년마다 문화재 기본계획을 수립하고, 시 · 도지사는 문화재기본계획에 대한 시행계획을 수립하여 문화재의 보존 · 관리 및 활용토록 하고 있다. 또한 시 · 도지사는 지정문화재의 역사문화환경 보호를 위하여 역사문화환경보존지역을 지정하여 문화재 외곽경계지역의 주변 환경을 관리하도록 하고, 화재 및 재난방지 등을 위한 시책을 마련해야 한다. 그 밖에 문화재 보호재단의 설치(제9조), 문화재 보호활동 관련단체 지원(제15조), 문화재 국제교류협력의 촉진(제17조), 세계유산 등의 등재 및 보호(제17조) 등의 규정을 두고 있다.

2) 관련 정책

문화재청은 문화재 보존관리 및 활용에 관하여 매 10년마다의 기본계획을 수립하여 문화재 정책의 방향을 제시하고 있다. 문화재 보존관리 및 활용에 관한 기본계획(2002~2011년)에 따르면, 문화재 보존관리 정책과제는 ① 원형보존, ② 체계적 관리, ③ 효율적 활용 이며 각

4) 국가지정 및 등록문화재는 2011년 11월 기준 3,847건으로 지정되었으며, 그 중 국보 313건, 보물 1,690건, 사적 481건, 명승 82건, 천연기념물 422건, 중요무형문화재 114종목, 중요민속문화재 264건, 등록문화재 481건 등이다.

각의 목표에 따른 세부 정책과제가 제시되었다. 특히, 문화재 활용자원 확대·고품격화를 위하여 '선택과 집중을 통한 대표 브랜드 육성' 정책을 추진하면서 '생생문화재' 사업과 '문화유산 스토리텔링 활성화 사업'을 세부사업으로 추진하고 있다.

'생생문화재 사업'은 활용을 통한 문화재 보존 및 지자체 중심의 다양한 지역문화축제와 연계된 문화재 활용 사례 발굴을 목적으로 추진하고 있는 지역문화유산 활용 프로그램이다. 2008~2010년까지 총 61건, 11.5억원의 사업비가 지원되었고, 농어업 유산과 관련하여 신안 염전, 제주 돌담, 김제 벽골제, 남해 죽방렴 등이 사업대상지로 선정되었다.

또한, 문화유산을 통한 국가 품격 제고를 위하여 우리 문화재 유네스코 등재를 지속적으로 확대해 나가고자 한다. 농어업 유산과 관련하여 서남해안 갯벌을 유네스코 세계유산 등재신청을 위한 지원대상으로 삼고 있다.

〈표 2-1〉 2010년 문화재청 생생문화재 사업 대상 현황

구 분	사업명	세부프로그램	주관단체
신안 태평염전 ('10년)	바다의 기억이 지워지면 소금이 온다	소금밭체험, 염전전시회(회화), 소금찰흙공예	소금박물관
제주 돌담 ('10년)	제주 돌담 문화재적 시각으로 바라보기	문화재 생생사업 홍보, 돌담 기능 보유자 자료발간, 제주 돌담 문화재 바로알기, 돌담 쌓기 체험 및 코스별 과제 해결	제주문화재 지킴이
김제 벽골제 ('10년)	쌍룡의 울부짖음으로 벽골제를 깨우다! 김제벽골제 생생체험	해설사와 함께하는 벽골제 역사탐방, 장생거 수문모형 만들기, 벽골제 제방 연날리기, 설화속 쌍룡만들기, 박물관속 벽골제 보기, 방문객과 함께하는 쌍룡놀이 공연, 한옥테마마을에서 함께하는 1박2일	김제문화원

[사진 2-1] 신안 태평염전 사례

[사진 2-2] 하동 소나무배우기 사례

3) 지정과정

(1) 지정범위

문화재청에서 지정하는 문화재는 내용상 4개 범주, 8개 유형으로 구분할 수 있다. 4개 범주는 유형문화재, 무형문화재, 기념물, 민속문화재 등이며, 8개 유형은 국보, 보물, 사적, 사적 및 명승, 명승, 천연기념물, 중요무형문화재, 중요민속자료 등이다.

공간단위로는 점・선・면적인 대상으로 구분 가능하며, 면적대상에 점적・선적 대상물이 포함되기도 하지만 이들 간의 유기적인 상관성은 적다. 예컨대 명승 제15호인 「남해 가천마을 다랑이 논」은 작물, 농법, 마을 등을 제외한 다랑이논만 지정대상이며, 명승 제16호인 「예천 회룡포」는 주변 하천만 문화재 보호 대상이다.

〈표 2-2〉 문화재 지정범위

구 분	점적대상 ←→ 면적대상				
유형문화재	국보 보물				
무형문화재	중요무형문화재				
기념물		천연기념물	사적	사적 및 명승	명승
민속문화재	중요민속자료(민속마을 포함)				
	⇩ 농어업 유산의 주요 대상				

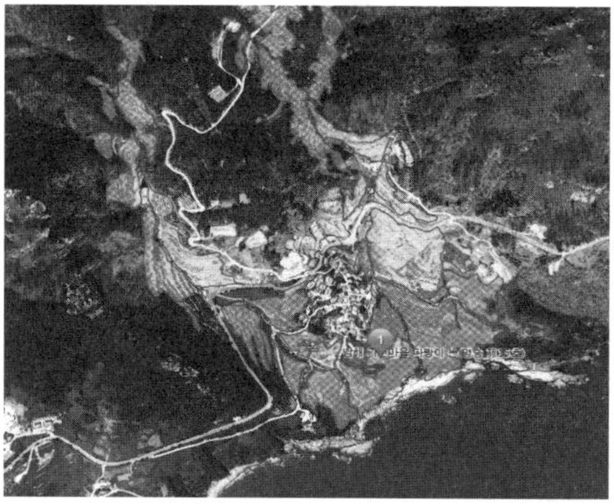

[사진 2-3] 남해가천마을 다랑이논 문화재 지정범위

[사진 2-4] 예천 회룡포 문화재 지정범위

(2) 지정기준

농어업 유산과의 관련성이 높은 명승, 사적의 지정기준은 다음과 같다. 명승은 유적보다는 자연의 기념물적 요소의 비중이 더 큰 것을 말한다. 「문화재보호법시행규칙」 '국가지정문화재의 지정기준'에 의거, 지정기준은 ① 저명한 건물이 있는 경승지(景勝地) 또는 원지(苑地), ② 화수(花樹)·화초(花草)·단풍 또는 조수(鳥獸)·어충류(魚蟲類)의 서식지, ③ 저명한 협곡·해협·곶·급류·심연(深淵)·폭포·호소(湖沼) 등, ④ 저명한 해안·하안(河岸)·도서, 기타 경승지, ⑤ 저명한 풍경의 전망지점, ⑥ 특색있는 산악·구릉·고원·평원·하천·화산·온천지·냉광천지 등이다.

사적은 기념물 가운데 역사적·학술적·관상적(觀賞的)·예술적 가치가 큰 것을 말한다. 지정 대상은 ① 선사 시대 유적으로 패총·집터·지석묘·입석(立石)·고분·혈거지, ② 제사 신앙에 관한 유적으로 제단·절터·사고지(史庫址)·향교터·사우지(祠宇址), ③ 정치·국방에 관한 유적으로 성곽·성터·관문터·봉수대·옛 전쟁터·궁터·도읍터·고도(古都)·고궁(古宮)·수영터, ④ 산업 교통에 관한 유적으로 옛 길·뚝·제방·요지(窯址)·시장터·교지(橋址)·식물 재배지·석표, ⑤ 교육 사회 사업에 관한 유적으로 서원·사숙·자선 시설 등, ⑥ 기타 유적으로 원지(苑池)·옛 집터·분묘·정천(井泉)·비(碑)·전설지 등이 있다.

기본적으로 농어업 유산의 대상을 되는 범위를 포함하고 있으나, 농어업 유산의 지정 기준은 식량생산기능을 갖춘 경작행위, 경작지(공간), 농법(기술)을 포함하는 것을 대상으로 한다는 점에서 기존 문화재의 지정기준과 차별성을 지닌다.

문화재 지정시 평가기준은 따로 정해져 있지 않다. 국가지정 문화재의 경우 문화재지정 신청 시 해당 문화재의 담당자에 의해 관련 심의위원회를 개최 후 문화재 지정에 대한 가부를 결정한다. 문화재 지정에 대한 추가적인 판단이 필요한 경우 해당 (예정)문화재에 대한 별도의 용역을 발주하여 이를 근거로 판단한다. 판단의 주요 근거는 유산의 가치성이며, 가치성은 보존상태의 양호 여부보다 우선된다.

(3) 지정절차

국가지정문화재(명승, 사적, 천연기념물)의 지정은 「문화재보호법시행령」 제3조(지정에 관한 자료 제출)에 의거하여 다음과 같다.

첫째, 소유자, 보유자 또는 관리자가 관계 전문가의 1차 조사를 거쳐 문화재 지정을 신청한다. 신청권자는 통상 특별시장·광역시장 또는 도지사 등이 해당하며 명승의 경우 시·군의 지정 신청보다 문화재청을 통한 국가 수준에서 지정을 권고한다(시·군 단위).

둘째, 지정신청 시 관계 전문가의 1차 조사를 거쳐 지정할 가치가 있는 문화재의 ① 문화재실태조사서 및 지방자치단체장의 의견서 ② 사진대장 ③ 위성사진 ④ 토지이용계획확인서 ⑤ 토지대장 ⑥ 토지등기부등본 ⑦ 기타 참고자료 각 1부씩을 제출한다(시·군 단위).

셋째, 도 문화재위원회 심의를 통한 가부 결정 후 해당 문화재 지정 대상의 추가자료 제출한다(도 단위).

넷째, 문화관광부에 제출(문화재청에 제출)한다(중앙정부 단위).

다섯째, 문화재청은 약 30명의 전문위원 중 3명의 위원(전공자)을 통한 조사 및 대상지 선정을 실시한다(중앙정부 단위).

여섯째, 해당 시·군에 선정된 대상지를 보내면 해당 시·군은 「문화재 현상변경 기준안」을 마련하여 다시 제출한다(시·군 단위).

일곱째, 문화재청은 해당 문화재위원회를 통해 심의하기 전 30일 이상 관보에 지정예고를 하여 이해 당사자의 의견을 수렴한다(중앙정부 단위).

여덟째, 이후 문화재위원회에서 심의·의결한다(가결, 보류, 재심의)(중앙정부 단위).

지정효력은 관보에 고시한 날로부터 효력이 발생한다. 가지정 효력기간은 6개월로서 그 기간 내 문화재위원회의 심의를 거쳐 본지정이 되지 않았을 경우 6개월 이후는 해제된 것으로 간주한다(중앙정부 단위).

〈표 2-3〉 문화재 지정절차

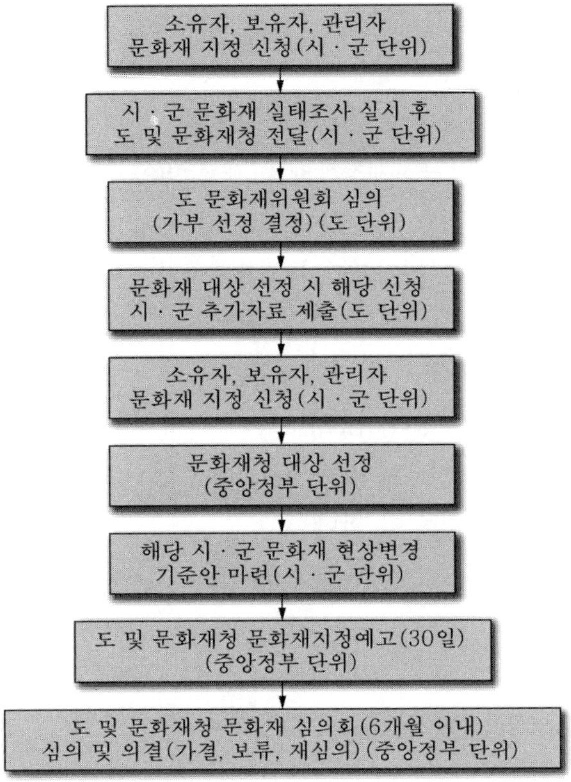

4) 관리(지원 및 규제)

국가지정문화재에 대한 지원은 원형보존 및 유지·관리를 위한 지원이다. 문화재 보호법 51조 보조금 항목에 의거, 문화재(보호물, 보호구역 포함)의 토지매입과 보수 정비를 지원한다. 지원 비율은 국가지정문화재의 경우 국가와 도 및 기초자치단체가 7:3 수준이다. 토지매입은 소유주가 관할 기초자치단체를 통해 매입을 요청하면 타당성을 검토하여 예산범위 내에서 지원한다. 보수정비는 당해 문화재가 훼손되었거나 훼손위험이 있을 때 기초자치단체를 통해 보수 또는 주변정비(배수로 정비 등)를 요청하면 타당성을 검토하여 예산 범위 내에서 지원한다. 그 밖에 문화재 보호법 제41조, 50조, 51조에 근거하여, 무형문화재 보호·육성을 위해 전승지원금 지급, 기·예능 공개행사 비용 보조, 민간단체 행사 국고보조 등을 지원한다.

국가지정문화재에 대한 규제는 문화재(보호물, 보호구역 포함) 및 문화재 외곽 경계로부터 500m 이내 현상변경시 문화재 보호법 제35조에 의거, 문화재청장의 허가를 받아야한다. 현상변경 허용기준이 고시된 문화재의 경우 허용기준 범위 안에서 행하여지는 건설공사에 대해서는 관할 지자체에서 검토, 처리한다. 허용기준의 범위를 초과하여 행하여지는 건설공사에 대해서는 문화재청장의 허가를 받아야 한다. 현상변경 허용기준이 미고시된 문화재의 경우 관찰 지자체에서 관계전문가 3인 이상의 검토를 받아 검토, 처리한다. 단 1/2 이상이 문화재 보존에 영향을 미칠 우려가 있는 행위로 결정한 경우에는 문화재청장의 허가를 받아야 한다.

3. 환경부

1) 법·제도

농산어촌의 자연유산은 「환경정책기본법」[5] 및 「자연환경보전법」[6], 「습지보전법」[7], 「문화유산과 자연환경자산에 관한 국민신탁법」[8] 등에

5) 「환경정책기본법」은 국민의 권리·의무와 국가의 책무를 명확히 하고 환경정책의 기본이 되는 사항을 정하여 환경오염과 환경훼손을 예방하고 환경을 적정하고 지속가능하게 관리·보전함으로써 모든 국민이 건강하고 쾌적한 삶을 누릴 수 있도록 하는 것을 목적으로 한다.

6) 「자연환경보전법」은 자연환경을 인위적 훼손으로부터 보호하고, 생태계와 자연경관을 보전하는 등 자연환경을 체계적으로 보전·관리함으로써 자연환경의 지속가능한 이용을 도모하고, 국민이 쾌적한 자연환경에서 여유있고 건강한 생활을 할 수 있도록 한다.

7) 「습지보전법」 습지의 효율적 보전·관리에 필요한 사항을 규정하여 습지와 그 생물다양성의 보전을 도모하고, 습지에 관한 국제협약의 취지를 반영함으로써 국제협력의 증진에 이바지함을 목적으로 한다.

8) 「문화유산과 자연환경자산에 관한 국민신탁법」은 문화유산 및 자연환경자산에 대한 민간의 자발적인 보전·관리 활동의 촉진을 목적으로 문화유산국민신탁 및 자연환경국민신탁의 설립 및 운영 등에 관한 사항과 이에 대한 국가 및 지방자치단체의 지원에 관한 사항을 규정하고 있다.

의해 보호 관리된다. 특히, 「자연환경보전법」에 생태·경관보전지역의 지정 및 계획 등의 내용을 포함하고 있어 농산어촌 지역의 주요 생태경관에 대한 지정 및 보전·관리를 하도록 하고 있다. 생태·경관보전지역의 지정은 환경부장관이 자연생태·자연경관을 특별히 보전할 필요가 있는 지역을 생태·경관보전지역으로 지정할 수 있다(법 제12조). 보전지역은 생물다양성, 지형 및 지질의 특이성, 생태계의 표본지역 등의 특성에 따라 지정할 수 있으며, 보전의 중요도에 따라 핵심구역, 완충구역, 전이구역으로 구분하여 지정할 수 있다.

생태·경관보전지역의 관리 및 보호는 자연환경보전기본계획, 보전지역 내에서의 행위제한 및 금지행위, 보전지역내 토지매수, 보전지역의 주민지원 등을 통해 이루어진다.

2) 관련 정책

환경부에서는 「자연환경보전기본계획(2006~2015)」을 통해 국토의 자연환경보전에 대한 정책방향 및 추진과제를 제시하고 있다. 환경부의 국토전반에 대한 자연보전의 정책방향 속에 농산어촌의 환경자원에 대한 관리 방향이 포함되어 있다. 자연보전과 관련하여 자연환경정책, 자연자원, 국토환경관리, 환경영향평가 등 4가지 분류에 대한 정책을 제시하고 있으며, 농어촌 환경 및 생태 자원과 관련하여 자연환경보전정책, 생태우수지역관리, 생태관광 사업 등이 추진되고 있다. '자연생태우수마을' 사업(자연환경보전법 제42조 및 동법 시행규칙 제26조의 규정)은 지역주민의 자연환경 보전 의식을 함양하고 자연자산을 자율적으로 보전·관리해 나가기 위해 2001~2010년까지 자연생태우수마을 및 자연생태복원우수마을을 선정하였다.

또한 환경부의 주요 정책목표 중 하나인 '환경가치가 높은 국토와 생태'에 따라 '생태 및 경관에 대한 국민수요 충족'과 '생물자원 보존 및 이용 확대'를 위한 사업을 추진하고 있다. '생태 및 경관에 대한 국민수요 충족'을 위해 보호지역 지정을 확대(생태보호지역 6개소, 람사르습지 1개소 추가, 국립습지센터 개원 예정)하고 생태관광 활성화(생태관광지 지정 및 순천만, 우포늪 숙박형 생태체험시설 에코촌 조성)를 추진하고 있다.

〈표 2-4〉 환경부 생물자원 보존 및 이용 확대 관련 지원사업(2012년 기준)

사업명	사업대상	사업내용	사업비지원
생물다양성 관리계약 지원사업	· 자연환경보전을 위한 각종 보호지역 및 인근지역(특히 철새 도래지 등)	· 생태계 보호·관리에 대한 계약 체결 · 생태계우수지역관리계약, 경작관리계약(보리), 보호활동 관리계약(담수 조성 등)	· 계약대상지역 및 인근 토지 임대료 범위 내 · 면적당 단가(원/ha) · 국고 30% 수준
서식지외 보전기관 사업	· 한국황새복원 연구센터 외 20개소	· 조사연구, 인공증식 기술개발, 복원에 필요한 여비, 인건비, 장비 구입비(소모성 부품) 등을 지원	· 2010년 기준 2,383 백만원 지원 · 국고 30% 수준
자연환경 보전 이용시설 사업	· 환경보전을 위해 지정된 법적행위규제지역 · 자연환경보전·이용시설 설치가 필요한 지역 · 기타 생태체험·관찰 및 생태학습 등이 가능한 지역	· 자연환경을 보전하거나 훼손을 방지하기 위한 시설 · 자연환경보전에 관한 안내시설, 생태관찰을 위한 시설 · 자연보전관·자연학습원 등 교육·홍보 또는 관리시설 · 기타 자연자산을 보호하기 위한 시설	· Matching Fund 부담 · 국고보조(소요사업비의 50%)

'생물자원 보존 및 이용 확대'를 위해서는 생물다양성 증진 및 생물자원 관리 강화를 위한 생물다양성 관리계약 지원사업, 서식지외 보전기관 사업, 자연환경 보전 이용시설 사업 등을 추진하고 있다. 생물다양성 관리계약 지원사업은 자연환경보전법(제27조 생물다양성관리계약, 제54조 국고보조)에 근거하여 생태계보전지역의 지정 등 행위규제 위주의 직접규제 방식에서 지역주민의 참여에 따른 경제적 인센티브

제공을 통한 생태계 보전을 목적으로 한다. 서식지 외 보전기관 사업은 서식지외보전기관으로 지정된 기관에서 보전대상 야생동식물의 보전, 증식, 복원, 방사하기 위한 중장기 계획을 수립, 체계적인 종의 보전 및 복원(야생동·식물보호법 제7조 서식지 외 보전기관 지정)을 추진한다. 자연환경 보전이용시설 사업은 생태계 우수지역에 대한 체계적이고 효율적인 관리체계 구축, 고유 생물종 보전 및 생물다양성이 풍부한 국토 환경조성, 국민들의 생태체험·관찰 및 자연학습 등 기회제공으로 자연환경보전 중요성 인식을 목적으로 한다(자연환경보전법 제38조).

3) 지정과정

(1) 지정범위 및 기준

자연환경보전법에 의거 생태·경관보전지역9)이란 자연경관이 수려하여 특별히 보전할 필요가 있다고 추천하는 지역으로 환경부 장관에 의해 지정된 곳을 말하며, 다음과 같이 세부적으로 구분하여 지정한다.

생태·경관핵심보전구역(핵심구역)은 생태계의 구조와 기능의 훼손방지를 위하여 특별한 보호가 필요하거나 자연경관이 수려하여 특별히 보호하고자 하는 지역을 말한다. 생태·경관완충보전구역(완충구역)은 핵심구역의 연접지역으로서 핵심구역의 보호를 위하여 필요한 지역을 말한다. 생태·경관전이(轉移)보전구역(전이구역)은 핵심구역 또는 완충구역에 둘러싸인 취락지역으로서 지속가능한 보전과 이용을 위하여 필요한 지역을 말한다. 생태·경관보전지역 지정은 2011년 현재 35개 지역, 362.525km^{2}에 이른다.

습지보전법에 의거 환경부장관·국토해양부장관 또는 시·도지사는, 자연상태가 원시성을 유지하고 있거나 생물다양성이 풍부한 지역, 희귀하거나 멸종위기에 처한 야생 동·식물이 서식·도래하는 지역, 특

9) 2011년 기준 생태·경관보전지역 지정현황은 35개 지역, 362.525km^{2}이다(환경부 지정 9개소, 241.613km^2, 해양수산부 지정 4개소, 70.373km^2, 시·도지사 지정: 22개소, 50.539km^2).

이한 경관적·지형적 또는 지질학적 가치를 지닌 지역 등으로서 특별히 보전할 가치가 있는 지역을 습지보호지역으로 지정하고, 그 주변지역을 습지주변관리지역으로 지정할 수 있다.

또한, 습지보호지역 중 습지의 훼손이 심화되었거나 심화될 우려가 있는 지역, 습지생태계의 보전상태가 불량한 지역 중 인위적인 관리 등을 통하여 개선할 가치가 있는 지역 등에 해당하는 경우 습지개선지역으로 지정할 수 있다. 2011년 현재 습지보호지역으로 지정된 곳은 총 28개소 332,726km^{2}이며, 그 중 내륙습지 16개소(환경부 관리)과 연안습지 9개소(국토부 관리), 지자체 지정습지 3개소(지자체 관리)가 있다. 람사르 습지로 지정된 곳은 2011년 기준 대암산 용늪, 우포늪, 물영아리 오름, 두웅습지, 강화매화마름군락지 등을 포함한 총 16개소 145.455km^{2}에 이른다. 그 밖에 「독도 등 도서지역의 생태계보전에 관한 특별법」을 통해 특정도서의 자연환경 및 생태계 보전을 하고 있다.

(2) 지정절차

「자연환경보전법」 제13조에 의거, 생태·경관보전지역 지정절차는 다음과 같다.

첫째, 환경부장관은 생태·경관보전지역을 지정하거나 변경하고자 할 때 ① 지정사유 및 목적, ② 지정면적 및 범위, ③ 자연생태·자연경관의 현황 및 특징, ④ 토지이용현황, ⑤ 핵심구역·완충구역 및 전이구역의 구분 개요 및 해당 구역별 관리방안 등이 포함된 지정계획서를 작성하여야 한다(중앙정부 단위).

둘째, 당해 지역주민 및 지방자치단체장 의견수렴(30일 이내)을 한다(시·군 단위).

셋째, 중앙환경정책위원회 심의를 거쳐 생태경관보전지역을 지정·고시한다(중앙정부 단위).

습지보호지역은 법 제8조에 의거한 지정절차를 거치며 시·군단위 의견수렴 시 공청회 개최가 가능하다.

〈표 2-5〉 생태·경관보전지역 지정절차

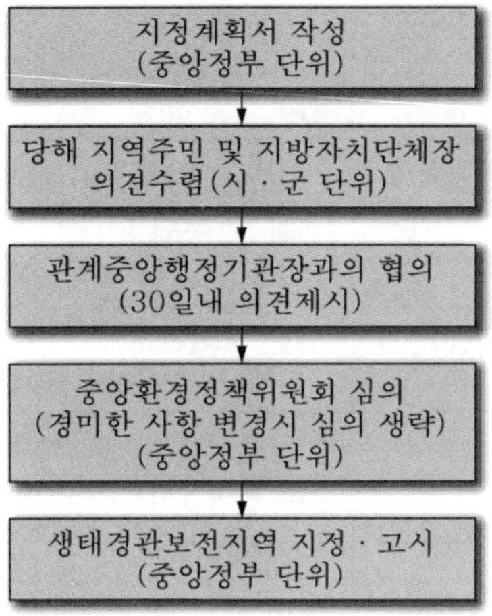

4) 관리

생태·경관보전지역 및 습지보호지역의 지원 및 규제는 ① 토지매수, ② 주민지원 및 손실보상, 이용료 징수, ③ 행위제한 및 금지행위 등을 통해 이루어진다.

생태·경관보전지역은 토지 등의 매수 및 주민지원(자연환경보전법 제19조 내지 제21조)은 생태계 보전을 위하여 필요한 경우 토지 등을 그 소유자와 협의매수, 수질에 영향을 미칠 수 있는 지역의 오수 또는 분뇨처리시설 설치지원, 생태·경관보전지역의 주민이 당해 지역을 우선적 이용, 지역주민 지원 등이다. 또한, 생물다양성관리계약제도(법 제37조)를 통한 생물다양성 관리계약 지원사업 추진하고 있으며, 각종 자연환경보전사업의 국고보조(법 제57조)와 민간자연환경보전단체의 육성(법 제57조)을 제시하고 있다.

〈표 2-6〉 환경부 생태 · 경관보전지역 주민지원(동강유역 프로그램)

사업명	지원내용	비 고
동강 생태주택 개량사업	국고보조 80%, 친환경 주택관련	지식경제부
동강유역 지역주민 해외연수	강원도	강원도
친환경 실천농가 지원	친환경 농업 직접지불사업 국고보조 100%	농식품부
지역주민 소득 증대방안	마을 주민공동으로 야생화 단지조성시 매입토지 임대 및 종묘지원(원주청)	환경부
동강유역 사유지 매입	연차적 매입 전액 국고보조(100%)	환경부
동강유역 생태탐방시설 설치	자연환경보전 · 이용시설 국고 지원(50%)	환경부
동강관련 정보공개 창구개설	원주청	환경부
동강유역 레프팅사업	동강유역 4개구간 래프팅허용	환경부
동강유역 생활하수 사업추진	환경기초시설(하수처리장, 하수관거) 국고지원(70%)	환경부, 농식품부

습지보호지역은 습지보전 및 이용시설의 이용료를 징수(습지보전법 제18조)할 수 있으며 습지조사에 의한 손실보상을 보장(법 제18조)하고 있다. 이는 자연환경보전법의 개발행위, 영농행위를 할 수 없음에 따라 초래되는 손실범위에 비해 제한적이다. 또한 자연환경보전법의 민간단체 육성과 같은 지원책은 없다. 특히, 우포늪의 경우 습지보전법 상의 습지보호지역, 자연환경보전법 상의 생태 · 경관보전지역, 람사르 협약에 의한 습지보호지역으로 중복지정되어 있어 국내외의 각종 사업지원(GEF(지구환경기금)에 의한 사업 등)이 가능하다.

지정지역에 대한 규제는 자연환경보전법(제15조 1항 및 제16조), 습지보전법(제13조, 14조, 15조)에 의해 규정하고 있다. 자연환경보전법상의 대표적인 제한행위는 핵심구역안에서 야생동 · 식물을 포획 · 채취 · 이식(移植) · 훼손하거나 고사(枯死)시키는 행위, 건축물 그 밖의 공작물의 신축 · 증축, 토지의 형질변경 등이며 금지행위는 특정수질유해물질, 폐기물 또는 유독물을 버리는 행위, 취사 또는 야영을 하는 행위, 야생동식물의 둥지·서식지를 훼손하는 행위 등이다. 습지보전법에서는 규제행위에 대한 규정 외에 습지보호를 위해 일정 기간 동안 습지에의 출입을 제한하는 규정을 따로 두고 있다(법 제15조).

〈표 2-7〉 자연환경보전법 및 습지보전법 상의 관리현황

<table>
<tr><th colspan="2">구 분</th><th colspan="2">자연환경보전법</th><th colspan="2">습지보전법</th></tr>
<tr><td colspan="2">지정·변경지정·해제</td><td>환경부 장관</td><td>법 제12조</td><td rowspan="3">환경부 장관, 국토해양부 장관 또는 시·도지사</td><td>법 제8조, 제10조</td></tr>
<tr><td colspan="2">계획 수립·시행</td><td rowspan="2">유역(지방) 환경청장</td><td>법 제14조</td><td>법 제11조</td></tr>
<tr><td rowspan="2">관리</td><td>-행위제한
-행위중지·원상회복명령
-생태계 복원대책 수립·시행(출입제한)
-위임사항에 관한 과태료 부과·징수 (이용료 징수)</td><td>법 제61조</td><td>법 제13조, 제14조, 제15조, 제18조</td></tr>
<tr><td>-토지 등의 매수</td><td>시·도지사</td><td>법 제61조</td><td>환경부 장관, 국토해양부 장관</td><td>법 제20조의 2</td></tr>
</table>

*( )는 습지보호법

4. 국토해양부

1) 법·제도

농어업·농어촌 유산 관련 법률은 크게 3가지 유형으로 나누어 볼 수 있다. 국토 활용 및 경관의 기본방향을 제시하고 별도 관리가 필요한 지역 및 지구에 대한 관리방안을 제시하는 「국토기본법」 및 「국토의 계획 및 이용에 관한 법률」, 「경관법」 등이 있다.

「국토의 계획 및 이용에 관한 법률」 제6조(국토의 용도구분) 및 제37조(용도지구의 지정)에 따라 토지의 이용실태 및 특성, 장래의 토지 이용 방향 등을 고려하여 용도지역 및 용도구역을 지정 관리할 수 있다. 「문화재보호법」에 따라 지정된 지정문화재 또는 천연기념물과

그 보호구역은 별도 지정이 가능하다. 농어업·농어촌 유산 자원이 위치한 지역의 경우, 대부분 농림지역으로 용도지역이 구분되며, 지역의 관리 방향에 따라 경관지구, 미관지구, 보존지구, 취락지구 등의 용도지구로 지정될 수 있다. 농어업·농어촌 유산의 보존 및 관리와 관련하여 역사 및 자연환경 보존 측면에서 '보존지구' 중 역사문화환경보존지구 및 생태계보존지구 등으로 지정 가능하며, 기존 촌락의 보호 측면에서 '취락지구' 중 자연취락지구 및 집단취락지구 등으로 관리 가능하다.

「국토의 계획 및 이용에 관한 법률」에 의해 지정된 경관지구 및 미관지구는 「경관법」에 의한 경관계획, 경관사업 등에 의해 관리될 수 있다.

5. 농림축산식품부

1) 법·제도

농식품부에서는 농업·어업과 식품산업 관련 업무를 총괄하며, 농어촌의 문화역사 및 생태자원 자원의 보존 및 활용과 관련하여 「농어업·농어촌 및 식품산업 기본법」[10], 「농어업인 삶의 질 향상 및 농어촌지역 개발촉진에 관한 특별법」[11], 「농어촌정비법」[12] 등을 제정하였다.

농어업 유산과 관련한 직접적인 근거법은 마련되고 있지 않지만, 다

10) 「농어업·농어촌 및 식품산업 기본법」은 농어업, 농어촌 및 식품산업이 나아갈 방향과 국가의 정책 방향을 설정하는 것을 목표로 한다.

11) 「농어업인 삶의 질 향상 및 농어촌지역 개발촉진에 관한 특별법」은 농어업인등의 복지증진, 농어촌의 교육여건 개선 및 농어촌의 종합적·체계적인 개발촉진에 필요한 사항을 규정함으로써 농어업인등의 삶의 질을 향상시키고 지역 간 균형발전을 도모한다.

12) 「농어촌정비법」 농업생산기반, 농어촌 생활환경, 농어촌 관광휴양자원 및 한계농지 등을 종합적·체계적으로 정비·개발하여 농수산업의 경쟁력을 높이고 농어촌 생활환경 개선을 촉진함으로써 현대적인 농어촌 건설과 국가의 균형발전에 이바지하고자 한다.

음의 각 법에서 농어업 유산에 관련한 사항을 규정하고 있다. 「농어업·농어촌 및 식품산업기본법」 제45조(전통 농경·어로문화의 계승 등)에 의거, 국가와 지방자치단체는 전통 농경·어업 문화, 농경·어업 유물, 전통 농법·어법, 재래가축·농작물·수산 생물자원 및 농어촌 공동체를 유지 계승시켜 나가고 그와 관련된 농어업 박물관·관람 시설물 등의 전시, 교육, 홍보 등에 필요한 정책을 세우고 시행하여야 한다.

「농림어업인 삶의 질 향상법」 제30조(농어촌 경관의 보전)에 의거, 국가와 지방자치단체는 농어촌의 자연환경 및 경관이 보전될 수 있도록 필요한 시책을 마련하여야 하며, 농어촌의 경관을 체계적으로 정비하기 위한 노력을 하여야 한다.

「농어촌정비법」 제5조(농어촌경관의 보전관리)에 의거, 농식품부장관은 농어촌지역의 특성을 고려한 농어촌 정비사업의 시행을 위하여 경관의 보전·형성·관리를 위한 기본방침을 세워 추진할 수 있다.

「경관법」 제4조(국가 및 지방자치단체 등의 책무), 제16조(경관협정의 체결)에 의거한 농어업 유산 관리를 위한 협정체결을 추진할 수 있다. 그 밖에 법률에서는 농어업 유산관련 정의, 보전 및 관리(보전관리), 활용, 규제, 연구개발 등에 관한 사항이 규정되어 있다(〈표 2-8〉).

그러나 농어업 유산의 체계적인 지정, 관리 및 보호를 위해서는 단위사업으로서의 근거법(또는 지침)보다는 농어업 유산 나아가 농어촌 유산을 아우를 수 있는 적법한 법률근거를 마련할 필요가 있다.

〈표 2-8〉 농어업 유산 관련 법률 현황

구 분	정의	보전 관리	활용	규제	연구 개발
도시와 농어촌 간의 교류촉진에 관한 법률	○		○		
산림교육의 활성화에 관한 법률	○				
산림기본법	○				
산림기본법 시행령		○			
산림문화·휴양에 관한 법률	○	○			
산림자원의 조성 및 관리에 관한 법률		○			
산지관리법				○	
*해양생태계의 보전 및 관리에 관한 법률	○	○			○

* 농어업 유산 자원이 농촌, 어촌, 산촌을 포괄하는 개념이므로 부처에 관계없이 공간단위를 중심으로 정리하였다.

2) 관련 정책

농식품부 활력창출 및 생활안정을 위해 '생활안정 및 지역개발 지원'을 세부과제로 추진하고 있다. 생활안정 및 지역개발 지원에서는 체계적인 농어촌 지역개발을 위해 농어업·농어촌 문화보전·계승 및 지역정체성 확보 등을 위해 '농어업 유산제도' 도입하였다. 농어업 유산제도 도입에 따라 농어업 유산 범위, 지정 기준·절차, 사후 관리·활용 방안 등 농어업 유산제도 도입 방안 마련하여 지자체(시·군)에서 신청한 향토자원에 대해 전문가 평가 및 심의를 거쳐 2곳(완도군 구들장논, 제주특별자치도 돌담)을 국가농어업 유산으로 지정하였다. 또한 이들 농어업 유산의 체계적 관리 및 지원을 위한 법적 근거 마련을 검토하고 있다.

이 밖에 농어업 유산과 관련하여 농어촌 정책개발 업무지침에 따르면 정책개발시 고려해야 할 주요 농어촌 특성을 다음과 같이 적시하고 있다. 농어촌 자원은 첫째, 농어업 활동이 수자원 함양, 홍수조절, 대기정화, 토양보전, 다양한 생물종 보존 등 생태·환경보전에 기여하고 있고, 농작물은 산·강 등과 어우러지는 아름다운 경관형성에 기여하는 바를 고려하여야 한다. 둘째, 농어업의 특성과 지역에 기반을 둔 전통문화가 상대적으로 많이 보전되어 있기 때문에 도시민의 휴식과 외국인에게 한국문화를 접할 수 있는 기회를 제공하는 점을 고려하여야 한다.

〈표 2-9〉 농식품부 농어업 유산 관련 추진사업 현황

<table>
<tr><th colspan="2">사업명</th><th>사업내용</th><th>비 고</th></tr>
<tr><td colspan="2">색깔있는 마을
발굴·육성사업</td><td>· 농어업 특산품, 경관, 체험·관광, 전통문화, 음식, 축제 등 색깔있는 마을 1만개 발굴·육성</td><td rowspan="2">농어촌정책</td></tr>
<tr><td colspan="2">농촌개발
시험연구사업</td><td>· 논 습지 생물다양성 증진을 위한 생태기반 조성방안 연구</td></tr>
<tr><td colspan="2">농촌마을
종합개발사업</td><td>· 권역단위의 농촌마을의 잠재자원을 발굴하여 성장과 지속가능한 계획 수립</td><td>지역개발</td></tr>
<tr><td colspan="2">농어촌 축제지원사업</td><td>· 농촌축제를 위한 기획, 프로그램 개발, 홍보 등 추진</td><td>농어촌사회</td></tr>
<tr><td rowspan="3">도농교류 및 농어촌 관광 사업</td><td>도농교류 및
농어촌관광
인프라 조성</td><td>· 녹색농촌체험마을조성, 농어촌 관광 휴양자원 개발, 농어촌 테마공원 조성</td><td rowspan="3">농어촌 산업</td></tr>
<tr><td>체험휴양마을
육성지원사업</td><td>· 마을가꾸기 경진대회, 체험마을 종합자문 지원, 체험마을 종합관리시스템 구축 및 운영, 체험마을 사무장 지원</td></tr>
<tr><td>도농교류 및
농어촌관광
촉진사업</td><td>· Rural-20 프로젝트, 도농교류 우수모델 개발 및 보급, 도농교류 협력사업 등</td></tr>
</table>

또한, 제2차 농림어업인 삶의 질 향상 기본계획의 주요 과제로 환경·경관개선을 위한 경관직불제를 작물위주에서 마을경관, 역사문화 자원 등을 고려한 경관으로 재고하여야 함을 지적하고 있다.

한편 농어업 유산과 관련하여 농어촌 정책, 지역개발, 농어촌 사회,

농어촌 산업 등 다방면에서 다양한 사업을 추진하고 있다. 녹색농촌체험마을 등 각종 농어촌 체험마을 사업을 비롯하여 색깔있는 마을 발굴·육성사업, 논 습지 생물다양성 증진을 위한 생태기반 조성방안 연구 사업(2011년 종료), 농촌마을종합개발사업, 농어촌 축제지원사업, 도농교류 및 농어촌 관광 사업 등을 추진하고 있다.

6. 시사점

농어업 유산과 관련한 주요 부처의 법·제도 및 추진 정책을 분석한 바, 다음과 같은 시사점을 얻을 수 있다.

첫째, 각 부처는 유산관리를 위한 사항을 근거법을 통하여 규정하고 있다. 문화재청은 「문화재 보호법」을 통해 유산의 발굴 및 지정, 체계적인 관리·보호를 위한 사항을 규정하고 있으며, 환경부는 「자연환경보전법」을 통해 보전지역 및 관리 사항에 관한 내용을 규정하고 있다. 농식품부는 「농어촌 정비법」 등 관련 법률 및 정책 지침을 통해 농어업유산과 관련한 사항을 규정하고 있으나 유산관리를 위한 통합적인 근거법은 갖추고 있지 못하다.

둘째, 각 부처는 자원(유산)관리를 위한 다양한 전략을 구사하고 있다. 문화재청 및 환경부는 자원(유산) 관리범위를 해당 자원에만 한정하지 않고 완충지역을 두어 점층적 관리방안을 추진하고 있다. 문화재청은 유산관리를 위한 기초연구, 민간활동 지원, 세계문화유산 등재 등과 같은 국제적 수준의 유산관리 전략 등을 구사하고 있으며 최근에는 유산활용을 위한 단위사업들을 시행하고 있다. 환경부는 우포늪과 같은 중요 보전자원에 대해서는 생태경관보전 지역, 습지보전 지역, 국제협약 지역 등과 같이 중복지정을 통한 관리강화 및 지원방안의 다양화를 추진하고 있다. 또한 패키지화된 사업지원(타 부처 사업 포함)을 통한 지원효과의 극대화를 꾀하고 있다.

셋째, 각 부처는 자원(유산) 범위 및 관리에 있어 농어업유산과의 일부 중복을 보이고 있으나, 자원(유산)의 공간 및 활동을 포함하는 통합적인 측면에서는 한계를 보이고 있다. 농어업 유산은 문화재청의 사적, 명승, 중요민속자료 등의 문화재와 중복되는 경향을 보이고 있다. 그러나 「문화재 보호법」 제3조에 의거 문화재의 보존·관리 및 활용은 원형유지를 기본원칙으로 하고 있다. 따라서 작물, 작물경작지, 경작기술, 경작활동 등 공간과 활동을 통합하는 유기체적인 성격의 농어업유산과의 차이를 보인다. 또한 환경부에서 규정하고 있는 자원의 관리는 「자연환경보전법」 제1조 목적에서 '자연환경의 인위적 훼손으로부터의 보호'와 같이 보존중심의 관리활동으로 규정하고 있다.

이상을 바탕으로 주요 부처의 농어업 유산 관련 지정목적 및 지정대상(지정대상의 성격)에 따른 공통점과 차이점을 분석하면 다음과 같다.

첫째, 각 부처는 자원(유산)을 보존하고자 하는 공통적인 목적이 있다.

둘째, 그러나 자원(유산) 보존 목적에 따라 지정대상 및 지정대상의 성격에는 차이가 있다. 즉 문화재청은 지정대상의 공간단위와 행위활동을 구분하여 지정하는 경향을 보인다. 다만, 최근의 일부 정책을 통해 유산을 활용하고자 하는 시도를 보이나 '유산의 원형 보존'이라는 지정목적에서는 벗어나고 있지 못하다. 반면 환경부는 지정대상의 공간단위와 행위활동을 포함하여 지정하고 있으나 행위활동은 자연적 활동 중심이다. 농식품부는 자원(유산)의 공간단위와 인위적 행위활동을 포함하며 인위적 행위활동에는 반드시 '농어업 기술'을 포함하는 특징이 있다.

셋째, 농식품부의 농어업 유산은 타 부처의 자원(유산)과 중복되는 경향을 보이고 있지만 보존하고자 하는 자원(유산)의 대상과 관리의 범위가 더 포괄적이고 통합적이다. 특히 문화재청의 천연기념물의 천연보호구역과 환경부의 생태경관보전지역은 중복되는 부분이 있다. 예컨대 창녕 우포늪은 문화재청의 천연보호구역(천연기념물 제524호,

2011년 지정)과 환경부의 생태경관보전지역(1997년 생태계 특별보호구역 지정, 1999년 습지보호구역 지정)으로 중복 지정되어 있다. 따라서 농식품부의 농어업 유산도 타부처와 지정대상에서는 일부 중복될 수 있으나 농어업 유산의 지정목적 및 '농어업 기술'이라는 지정대상에서는 확연한 차이를 보인다.

〈표 2-10〉 농식품부와 타 부처와의 자원(유산) 지정목적 및 대상 비교

구 분	지정목적	지정대상 및 성격
문화재청	문화재의 원형보존 (보존)	· 명승 - 자연의 기념물적 요소가 큰 것 (공간단위) · 천연기념물 - 동물, 식물, 지질 및 광물, 천연보호구역, 자연현상 (공간, 공간 + 자연적 행위 단위) · 무형문화재 - 연극, 음악, 무용, 공예기술, 기타(의식, 놀이, 무예, 음식제조, 제작 및 수리 등의 기술) (행위, 기술, 공간 + 인위적 행위 또는 기술 단위)
환 경 부	자연환경 보전 (보전 + 소극적 관리)	· 자연상태의 원시성, 생물다양성 풍부한 지역 · 지형 및 지질 등이 학술적 자연경관유지에 필요한 지역 · 생태계 표본지역 (공간 + 자연적 행위 단위)
농식품부	농어업 활동의 지속가능성 (보전 + 적극적 관리) (활용)	· 농어업 활동이 지속적으로 일어나는 곳 (공간 + 인위적 행위 + 기술 단위)

제2절 기존 농어업 유산관련 자원의 현황 및 관리실태 분석

1. 기존 농어업 유산관련 자원의 현황

1) 기존 농어업 유산관련 자원의 발굴기준

농림수산식품부는 2012년 4월에 도입한 '농어업 유산제도'의 시행을 위해 다음과 같은 농어업 유산자원 발굴기준을 제시하였다. 농어업 유산 자원은 농어업 유산 개념에 따라 전통적인 농어업 시스템, 농어업 경관, 농어업 활동으로 전승되어온 다양한 생물품종의 다양성, 자원의 역사성 및 대표성을 주요 기준으로 하였다.

2) 기존 농어업 유산관련 자원의 발굴

한국의 문화재 전반에 대한 체계적인 분류와 보전정책은 문화재청에서 담당하고 있고, 문화재보호법(1962)의 제정을 통하여 운용되고 있다.(wwww.cha.go.kr).[13] 국가지정문화재와 시·도지정문화재, 문화재자료, 등록문화재, 비지정문화재 등으로 구분하고, 문화재의 지정을 위하여 문화재위원회를 두고 있다. 국가지정문화재는 문화재청장이 문화재보호법에 의거 문화재위원회의 심의를 거쳐 지정한 중요 문화재

13) 문화재관리법이외에, 농어업·농어촌유산 중에서 무형자산의 기록과 전승을 위한 사업으로서 특허청의 전통지식자원 구축사업이 있다. 전통지식이란 전통에 기반을 둔 지적활동의 산물로서 파생되는 산업, 예술 또는 문학적인 결과물을 총괄하고 생업자원(농림축산어업의 기구, 기술, 시술), 생활기술(의, 식, 주, 전통의료), 창조적 기술(문화적, 제도적 기술)로 분류된다. 환경부와 국토해양부는 농촌공간의 생물다양성과 생태계를 보호하기 위하여 1991년 자연환경보전법을 제정하여 생태경관보전지역과 생태경관마을을 지정하여 운용하고 있다. 주로 자연 상태가 원시성을 유지하고 있거나, 생물 다양성이 풍부한 곳, 자연경관이 수려한 곳 등을 대상으로 하고 있기 때문에, 농어업·농어촌 유산 중에서 자연유산과 관련성이 많다.

로서 국보, 보물, 사적, 명승, 천연기념물, 중요무형문화재, 중요민속문화재 등 7개 유형으로 구분되어 지정 관리되고 있다.[14)]

국가지정문화재는 2010년 현재 3,326개가 지정되어 관리되고 있다. 보물이 1,667(50.1%)개로서 가장 많은 비중을 차지하고, 사적이 491(14.8%)개, 천연기념물 407(12.2%)의 순으로 나타난다.

국가지정문화재의 목록을 기초로 농어업·농어촌유산과 관련성이 있는 품목들의 재분류를 통하여 현행의 문화재보호법은 과연 농어업·농어촌유산을 충분하고 적정하게 지정하고 관리하고 있는지에 대한 판단이 요구된다. 농림어업활동과 관련성이 있거나, 농어촌 주민의 일상적인 삶과 관련이 있는 시설물형태의 문화재를 추출하여 재분류를 통하여 지정 및 관리형태를 분석한 결과는 다음과 같다.

농어업·농어촌유산과 관련된 시설물 형태의 문화재는 총 3,326개의 문화재 중에서 399개(12%) 정도로 나타난다. 농어업·농어촌유산과 관련성이 높은 문화재의 품목은 〈표 2-11〉에서 보는 바와 같이, 399개의 관련문화재 중에서 농어업유산의 경우 17개(4.3%), 농어촌유산은 382개(95.7)의 문화재가 포함되어 있다. 농어업유산은 17개에 불과하고, 농업과 관련된 시설로서 저수지(백골제, 의림지), 다랑이논, 방아와 관련된 시설, 곳간, 외양간 등이 있고, 어업과 관련하여서는 남해 죽방림 1개가 포함되어 있다. 농어촌유산을 세분해 보면, 주택과 관련된 시설이 322개(80.7%)로서 절대 다수를 차지하고 있고, 마을전체가 지정된 곳은 안동하회, 경주양동마을 등의 민속마을이 7개 지정되어 있다.

문화재보호법에 의해서 일단 문화재로 지정되면 문화재 보호를 위하여 보호물이나 보호구역을 지정할 수 있고(제27조), 문화재의 형상변경이나 보존에 영향을 미치거나 동식물의 채취 또는 반출의 우려가 있는 경우는 허가를 받아야 하는 등의 규제를 하는 반면에 필요한 경우에 관람료의 징수가 가능하고, 필요경비는 국가 또는 지자체로부터

14) 윤원근·최식인(2012), 한국 농어업유산제도의 정립방향, 한국농촌지도학회.

지원 받을 수 있다.

〈표 2-11〉 국가지정 문화재로 지정된 농어업·농어촌유산의 분류

(단위 : 개)

구분		내용	지정현황
농어업유산	국보	-	-
	보물	-	-
	사적	김제 백골제	1(0.3)
	명승	남해 가천다랑이논, 제천 의림지와 제림, 남해죽방렴	3(0.7)
	중요민속문화재	삼척 물레방아(1), 삼척 통방아(2), 제주 말방아(3), 달성 곳간(2), 영천 곳간(1), 청송 곳간(1), 안동 외양간(1), 안동 방아간(1), 안동 곳간채(1)	13(3.3)
농어촌유산	국보	-	-
	보물	양동 무첨당·향단, 경주 독락당, 강릉 오죽헌, 하회 충효당	5(1.2)
	사적	해남윤씨 녹우당 일원	1(0.3)
	명승	정자, 숲, 원림, 정원 등	15(3.7)
	중요민속문화재	주택(고택, 가옥, 너와집(3), 굴피집(1), 투막집(2), 호지집(1), 초가(1), 등)	316(79.2)
		기타(장승, 당집, 정자, 제당·사당, 연못 등)	38(9.5)
		민속마을(안동하회, 경주양동, 아산외암, 성주한개, 고성왕곡, 제주성읍, 순천낙안읍성)	7(1.7)
계			399(100.0)
국가지정문화재 계(2010)			3,326

주: 1) 국가지정문화재에 포함된 농어업·농어촌유산과 관련된 품목을 재분류
2) 농어업유산은 농림어업활동과 관련성이 있는 시설물
3) 농어촌유산은 농촌주민의 일상적인 생활양식과 관련된 시설물
4) 중요무형문화재, 천연기념물은 제외하였음.
5) 유형유산을 대상으로 하되, 자연유산은 분류에서 포함시키지 않았음.

자료: www.cha.go.kr/main/

2. 농어업유산 실태

1) 예천 회룡포(醴泉 回龍浦)

(1) 개요

회룡포는 경북 예천군에 위치한 명승 제16호로 침식 및 퇴적지형 경관과 산악지형·농경지·마을로 이루어진 자연경관이 뛰어난 곳이다. 국유 및 공유 소유로 예천군이 관리하고 있다.

회룡포 마을은 하천이 감싸고 있는 하천내 마을(약 7가구)와 주변마을로 구분된다. 파평윤씨 집성촌으로 유명하고 논농사 중심이다. 정보화 마을 및 녹색농촌체험마을 등 정부지원 농촌마을사업을 추진한 바 있다.

〈표 2-12〉 예천 회룡포 현황

소재지	경북 예천군 용궁면 대은리 950
유형	명승 제16호, 자연유산/명승/자연경관/지형지질경관
지정 및 면적	지정일 2005.08.23, 지정구역 790,864㎡
소유 및 관리	국유 및 공유, 경북 예천군

[사진 2-5] 회룡포 전경

(2) 관리(지원 및 규제)

회룡포 관리는 하천만 문화재 보호구역으로 지정되어 있어 하천을 관리대상으로 한다. 하천은 예천군 하천계에서 담당하며 문화재 관련한 사항은 문화관광과에서 담당한다. 2012년 현재 하천을 대상으로 하는 특별한 관리행위를 찾아볼 수 없다.

문화재 관련한 지원은 2012년 현재 찾아보기 어려우며 농식품부의 지중화 사업, 직접지불제 사업 등이 지원되고 있는 실정이다.

〈표 2-13〉 회룡포 주변 현상변경 허용 기준

구 분	현상변경 허용기준안	
	평스라브	경사지붕(3:10 이상)
1지역	기존 규모 재·개축 허용	
2지역	기존 규모 재·개축 허용	신축 2층 이하(12m 이하)
3지역	신축 2층 이하(8m 이하)	신축 2층 이하(12m 이하)
4지역	·예천군 조례 등 관련 법률에 따라 처리	
공통 사항	·원지형 보전, 시설물 제한(소음, 진동 배출시설, 대기오염 배출시설, 폐기물 처리시설, 분뇨시설 등) ·건축물 최고높이는 옥탑, 계단탑, 승강기탑, 망루, 장식탑 등 기타 이와 유사한 것을 포함한 높이로 함	

문화재 관련한 규제는 문화재 보호구역 및 주변구역(문화재 외곽경계 500m 내) 현상변경에 대한 것이다. 현상변경의 경우 보존을 위한 규제지역(〈그림 2-1〉) 및 건축물에 대한 기준(〈표 2-13〉)만 있으며 활용을 위한 기준(〈표 2-14〉)은 따로 마련되어 있지 않아 사안에 따라 심의에 의해 허가여부를 판단한다. 예컨대 회룡포 주변 농지에 건축물 조성 시 관련규정에 의거 허용여부를 판단하면 되지만, 토목공사 등의 기준은 별도로 마련되어 있지 않아 공원설치와 같은 공공성을 목적으로 하는 문화재 활용에는 한계를 보인다(〈표 2-14〉 7번 사례).

〈그림 2-1〉 회룡포 현상변경기준안 도면

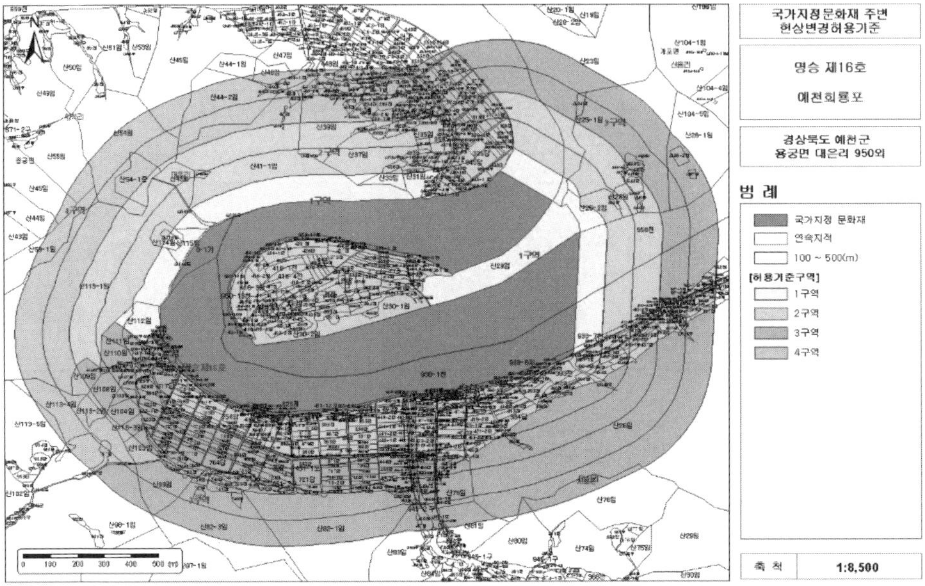

〈표 2-14〉 회룡포 현상변경허가변경 현황(2012년 기준)

구 분	신청내용	심의내용	심의결과
1	단독주택	보고사항(기준범위 내)	허가
2	장안사(산식각 개축·주변정비)	보고사항(기준범위 내)	허가
3	장안사(공양간 건립)	보고사항(기준범위 내)	허가
4	장안사(휴게실 건립)	보고사항(기준범위 내)	허가
5	예천군(주차장 조성)	심의(문화재청)	조건부허가 (잔디블록 포장)
6	벼육묘장 신축	보고사항(기준범위 내)	허가
7	예천군수(자연체험학습 공원 설치-데크 및 포장)	심의(문화재청)	불허

(3) 시사점

첫째, 하천만을 문화재 보호구역으로 지정되어 있어 통합적인 관리가 어렵다. 하천은 하천계에서 담당하고 나머지 문화자원은 문화관광과에서 담당하여 자원(유산)의 유기적인 관리를 기대하기 어렵다.

둘째, 자원(유산)에 대한 지원은 지정당시의 원형보존을 목표로 하고 있어 유산을 활용한 기대수요에 부응하고 있지 못하다. 회룡포의 명승지정 전·후의 방문객은 2~3만 명의 비슷한 수준을 유지하고 있으나 1박 2일 TV프로그램 방영 이후 약 10배 가까이 방문객이 증가한 것을 볼 때 자원(유산) 활용중심의 전략이 필요한 시점이다.

셋째, 자원(유산)에 대한 관리는 보호 대상의 점적, 평면적 규제보다 공간과 활동이 통합된 입체적 관리방안이 필요하다. 문화재 보호구역 및 주변지역내에 자연체험학습 공원 설치를 위한 데크 및 포장 사안을 불허한 사례를 볼 때, 농어업 유산은 공간과 공간활동이 유기적으로 통합될 수 있도록 공간(경작지)과 공간활동(경작행위, 경작 기술)이 통합된 '활용중심'의 유산의 지정 및 관리 전략이 필요하다.

2) 제천 의림지와 제림(堤川 義林池와 堤林)

(1) 개요

의림지는 삼한시대 3대 저수지(김해 벽골제, 밀양 수산제)로 농경문화의 발상지를 알려주는 곳이다. 1976년 충청북도 시·도기념물로 지정되었고 2006년 명승 제20호로 지정되었다. 현재 한국농어촌공사에서 농업용수 공급용으로 사용되고 있으며 제방이 남아 있는 제림쪽은 2014년 사적지정을 목표로 추진 중에 있다. 국유 및 공유, 일부 개인 소유로 제천시에서 관리하고 있다.

〈표 2-15〉 제천 의림지 현황

소재지	충북 제천시 모산동 241번지 외
유형	명승 제20호, 자연유산/명승/문화경관/조망경관
지정 및 면적	지정일 2006. 12. 04, 지정구역 211,038㎡
소유 및 관리	국유/공유/사유, 충북 제천시

[사진 2-6] 의림지(좌), 제림 내 원형 석축(우)

(2) 관리(지원 및 규제)

의림지는 대상 및 범위에 따라 관리 지원 및 규제를 달리하고 있다. 의림저수지는 문화재보호법에 의거 석축 보존 등 문화재 원형의 보존을 위한 지원과 문화재 특별관리인 2인에 대한 지원이 이루어지고 있다. 의림저수지 주변 청소 및 저수지 수질관리 등은 제천시의 자체적 관리가 이루어지고 있으며 용수관리는 한국농촌공사 제천지사가 담당하고 있다.

의림저수지 주변은 문화재 보호법에 의거한 문화재 보호구역 주변부 현상변경 허용기준과 제천시 도시계획 조례를 통해 도시계획결정구역에 대한 구역별 개발기준이 제시되어 있다. 현상변경 허용 기준은 건축물에 대한 사항과 과도한 절·성토 금지 등에 대한 규정을 포함하고 있다. 문화재 현상변경 허용기준과 제천시 도시계획 조례상의 개발기준을 비교해 볼 때, 현상변경 제 2구역에 문화재 지정 이전 놀이시설(의림지 파크랜드)이 입지함에 따라 '주변경관과 상이한 다양한 놀이시설의 적정배치'와 같은 현상변경 허용기준에 나타나 있지 않은 개발기준이 제시되어 있다.

〈표 2-16〉 제천 의림지 관리 지원 및 규제 현황

<table>
<tr><th colspan="2">대상 및 범위</th><th>지원 및 규제</th><th>근거법
및 주체</th></tr>
<tr><td colspan="2" rowspan="3">의림 저수지</td><td>· 문화재 원형찾기, 문화재 보존 관리 지원
- 원형보존 및 토지매입 등
· 문화재 특별관리인 2인 지원
- 청소 및 문화재 파손여부 감시</td><td>문화재
보호법</td></tr>
<tr><td>· 문화재 주변 관리인원 지원
- 청소미화원 2인, 공공근로 1인
· 수질관리 지원
- 오·우수 및 생활용수 관리, 저수지내 동력선 금지 등</td><td>제천시
(자체관리)</td></tr>
<tr><td>· 농수관리 지원(어종관리 등은 포함하지 않음)</td><td>한국농촌
공사</td></tr>
<tr><td rowspan="3">의림
저수지
주변</td><td>문화재
보호구역 주변
현상변경 구역</td><td>· 문화재보호구역 주변 현상변경 허용기준 제시</td><td>문화재
보호법</td></tr>
<tr><td>의림유원지
도시계획결정
구역</td><td>· 최고고도지구(12m 이하, 3층 이하)
· 구역별 개발기준 제시(1~13구역)
〈1구역〉
- 위　　치: 모산동 233-4번지 일원
- 허용시설: 민간, 유희시설(기존시설: 파크랜드)
- 건축허용: 2층, 바닥면적 900㎡
- 개발기준: 다양한 놀이시설 적정배치/고성, 빛 등을 주제로 하는 시설 가급적 지양</td><td>제천시
도시계획
조례</td></tr>
<tr><td>주변
활용계획</td><td>· 의림지와 연계한 활용계획은 제천시 자체계획 또는 문화관광부 지원
- 문화재 보호구역 내(박물관, 우륵정, 조망점, 농경체험광장 계획 등)
- 문화재 보호구역 외(비룡저수지와 연계한 생태하천 등)</td><td>제천시
문화관광과
외</td></tr>
</table>

의림지 주변 활용계획은 제천시 자체사업 추진 또는 일부 문화관광부 사업이 지원되는 수준이다.

〈표 2-17〉 의림지 주변 현상변경 허용 기준

구 분	현상변경 허용 기준 안		
	평슬래브	경사지붕(3:10 이상)	지역적 특징
1지역	· 기존 신출 및 신규 시설물 설치 불가 · 기존 건물 동일 범위 내 개·보수 행위 · 기존 건물 연면적 10% 범위 내 증축(단 1차에 한함) · 원 지반 보존		· 의림지 동서 임야지역 중 시야권내 지역 · 의림지 주변 소나무 숲을 보호하기 위하여 설정
2지역	2층 이하 최고높이 8m 이하	2층 이하 최고높이 12m 이하	· 의림지 북쪽 외곽도로 및 주차장 및 인접 마을지역, 남쪽은 제림 연접 농경지. 경관을 고려하여 설정
3지역	3층 이하 최고높이 11m 이하	3층 이하 최고높이 15m 이하	· 의림지 북쪽 유원지 외곽마을지역
4지역	5층 이하 최고높이 17m 이하	5층 이하 최고높이 21m 이하	· 500m 이내 1, 2, 3 지역 제외 지역(제천시 도시계획 조례 준용)
공통사항	· 과도한 절·성토 금지, 원지형 보존 · 건물 최고높이는 옥탑, 계단탑, 승강기탑, 망루 기타 이와 유사한 것 포함 · 건축행위는 신축, 증축, 개축, 재축 또는 이전 행위를 말함 · 매장문화재 분포 가능 지역은 시굴조사 결과에 따라 검토 처리		
제천시 의견	· 의림지가 국가 사적으로 지정되기 희망 · 옛 관개 수로에 대한 시·발굴조사 등 의림지 역사성 찾기 사업 지속 · 현상변경허용기준 제1지역에 해당하는 지역의 70%가 국공유지로 현상변경 허가에 따른 주민 불만이 상대적으로 낮음 · 역사유적 박물관 건립 등 의림지 주변 종합개발사업 완료시까지 허용기준 유지		

〈그림 2-2〉 의림지 현상변경기준안 도면

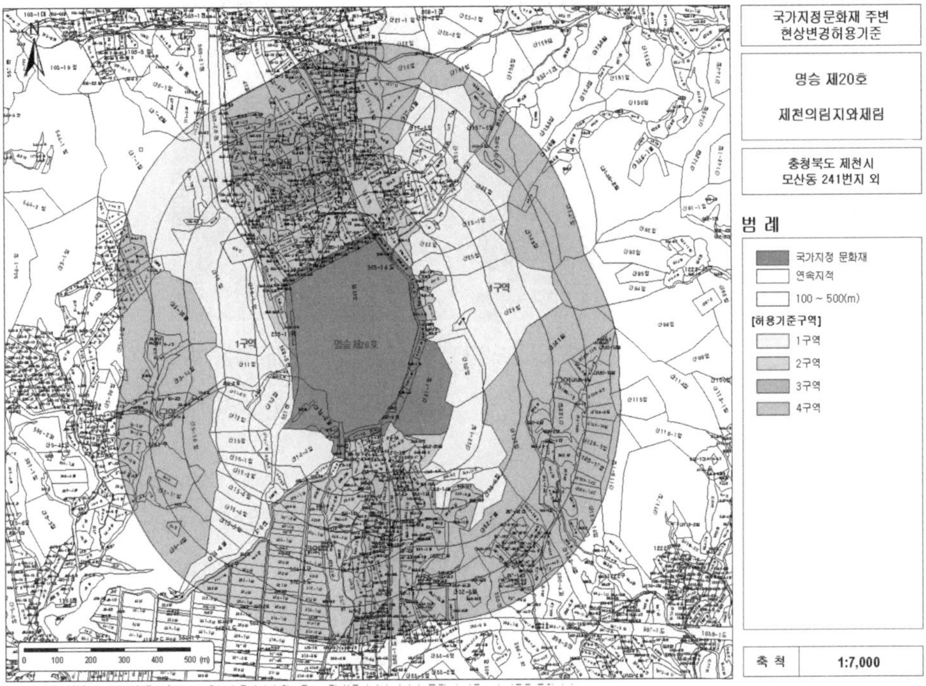

[사진 2-7] 의림지 현상변경구역(제2구역) 내 도시
계획결정구역(1구역 파크랜드) 현황

[사진 2-8] 의림지 현상변경구역 내 활용계획

(3) 시사점

첫째, 대상 및 범위에 따라 관리목적이 다르고 관리주체가 다기화되어 있어 체계적이고 통합적인 관리를 기대하기 어렵다. 의림저수지와 저수지내 水자원, 의림지 주변에 대한 관리주체에 따라 유산(자원)의 관리목적이 다르다. 의림저수지 및 제림(소나무 숲), 제방내 석축은 문화재로 보존관리하고 있으며 저수지 水자원은 제천시 및 한국농촌공사에 의해 농한기 축제 또는 농업용수로 활용하고 있다. 의림지 주변지역 또한 문화재보호구역 상의 보존과 지역문화자원 개발 측면에서 활용계획을 동시에 가지고 있다. 규제 측면에서도 문화재 지정이전에 기존시설이 입지하여 있어 보존을 목적으로 하는 문화재 현상변경 구역 내 건축기준만으로는 적절한 활용을 목적으로 하는 도시계획구역 시설기준(종류 및 배치)을 제어하기 어렵다.

둘째, 의림지가 가지고 있는 농촌문화자원을 통합적으로 활용하기 어렵다. 의림지는 그 자체가 삼한시대의 뛰어난 저수지 배수구 축조술을 보여주는 것이며 의림지 주변에는 정미의병활동의 당시 의병장 이강년이 정세를 논하였다는 영호정, 우륵이 가야금을 연주했다는 우륵정 등과 같은 많은 농촌문화유산자원을 가지고 있다. 따라서 저수지

석축, 제림 등과 같은 점적자원(유산)에 대한 규제중심 관리방식으로는 농촌개발의 정체성을 살릴 수 있는 자원(유산)관리를 기대하기 어렵다.

3) 예산 황새마을

(1) 개요

황새는 천연기념물 제199호로 세계적인 희귀종이다. 유라시아와 아프리카 대륙의 온대 지방에서 번식하며 우리나라에서는 1988년에 멸종하였다. 황새는 청정환경의 대표종이며 황새가 서식하면 그 환경은 청정지대를 의미한다.

황새복원은 한국교원대 황새복원센터에서 1996년 러시아에서 새끼 2마리를 기증받아 인공 짝짓기를 시작하면서부터 이루어졌고 2012년 현재 129마리 복원, 4마리를 방사하였다.

[사진 2-9] 황새

예산군은 황새복원을 시작한 황새복원센터의 도움을 받아 2009년부터 예산군 황새사업을 추진하였다. 황새가 살 수 있는 예산군내 서식지로 예당저수지 및 일대를 지정하여 황새서식환경 조성사업 추진 중에 있다. 2012년 현재 황새마을조성사업(문화재청), 황새고향 서식지 환경조성 사업(환경부), 황새 권역단위 종합정비사업(농림부) 등 황새 자연방사 및 서식환경조성을 위한 친환경 농법 및 황새농법 등의 사업들을 추진하고 있다.

〈그림 2-3〉 인간-황새-농업 상관성, 예산군(2010) 참조 재작성

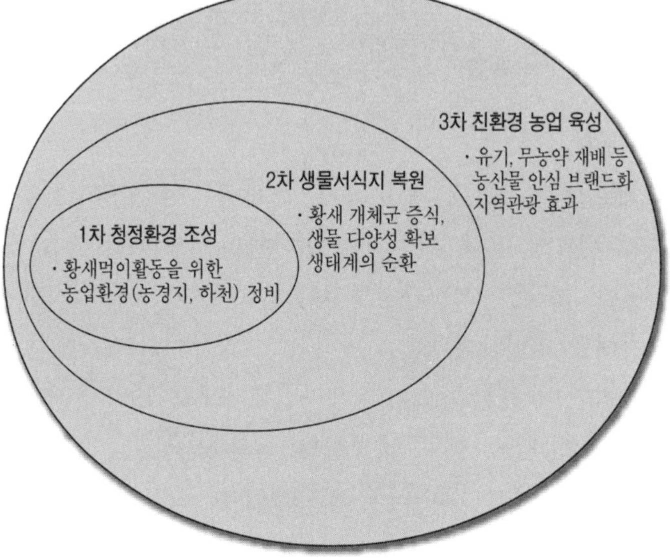

(2) 관리(지원 및 규제)

예산군은 황새관련사업을 주요 시책사업으로 추진하고 있으며 예산군 자체사업 이외에 중앙정부의 관련 사업비를 지원받고 있다. 예산군 자체사업으로는 황새마을 운영관리방안, 친환경 황새 브랜드 개발 및 활용, 관련 조례 제정 등이 있다. 중앙정부 관련사업은 문화재청 황새마을조성사업, 농식품부 권역단위 종합정비사업, 농식품부 예산황새광역친환경농업단지조성사업을 추진 중이거나 계획하고 있다.

이 외 예산군은 대리, 시목리, 용두리, 가덕리, 장신리, 장전리, 관음리 일대 100ha 규모, 103농가가 참여하고 있는 친환경 농업을 추진하고 있으며 광시면 대리 일대 약 2,000평을 임대하여 황새농법 시범단지로 운영하고 있다. 황새농법은 호품, 새누리, 밀크퀸 3종류를 유박비료 및 쌀겨 농법으로 시행하고 있고, 황새 서식환경 조성을 위해 어도(3개소), 둠벙(2개소), 무논조성(300평) 등의 시설을 설치하였다. 황

새농법에 대한 생물다양성 및 친환경 농법에 대한 연구를 위해 황새 복원센터 및 친환경 연구회에서 지속적인 모니터링을 실시하고 있다.

〈표 2-18〉 예산군 황새마을 관련 사업추진 현황

사업명	위 치	사업내용	사업비	사업기간
황새생태 친환경 농업 사업 (농촌진흥청)	광시면 대리 2,000평(임대)	황새생태농법 (유박비료, 살겨 농법), 어도 및 둠벙, 무논 설치	3천만원 (농촌진흥청 100%)	2012년 (사업성과에 따라 연장계획)
예산황새광역친환경농업단지조성사업 (농식품부)	광시면 전역(26개리)	친환경농자재 생산시설 외	100억 (요청 중)	2013~2015년 (3년간)

[사진 2-10] 친환경농업지역

[사진 2-11] 황새농법(어도 · 둠벙 · 무논)

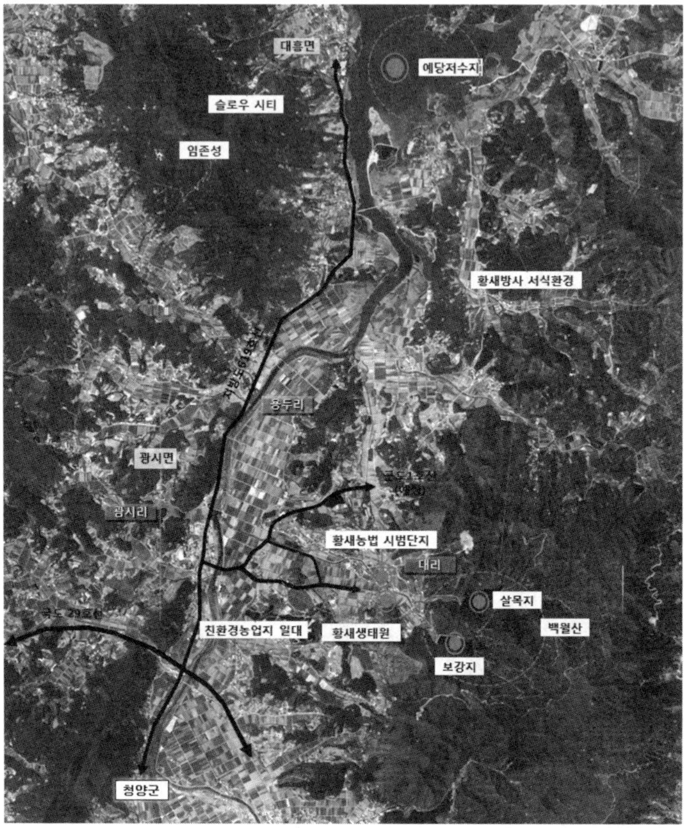

[사진 2-12] 예산군 황새마을 현황도

(3) 시사점

황새마을은 농업과 환경, 생활이 어우러진 선진국형 농어업 유산의 모델로서 가치가 높다. 이러한 황새마을을 위한 사업추진에 있어 문화재청의 지원사업이 있기는 하나 미비한 지원수준이다. 이는 문화재라는 보존 중심의 원칙 때문이기도 하다. 황새라는 유산의 활용중심의 전략을 추진하기 위해서는 다음과 같은 광범위한 지원이 필요하며, 특히 농업부문에서의 적극적인 지원이 시급한 실정이다.

첫째, 황새의 서식환경인 논을 중심으로 친환경 농업의 확산이 필요하다. 친환경 농업을 실시하고는 있지만 그룹화되어 있지 못한 실정이다. 관행농법 농가를 대상으로 한 논두렁 농약 살포 억제 및 예산군 친환경 농산물(쌀)의 가격경쟁력(현재 관행농법에 비해 약 30% 높은 수준의 가격 형성) 확보를 통한 농민들의 참여 독려가 필요하다.

둘째, 황새생태농법의 확대 적용이 필요하다. 둠벙은 조성 1년 미만의 기간에도 다양한 생물이 서식이 가능할 정도로 환경복원력이 우수하다. 현재 어도, 둠벙, 무논 등을 조성한 약 2,000평의 임대 농업지역을 연접지역으로 확대 적용할 필요가 있다.

셋째, 중장기적으로는 황새의 추가적인 자연방사 이후 서식지 조성을 위한 예당저수지 일대 서식환경 조성 사업이 필요하다. 이를 위해 현재 예당저수지변 경작지를 유휴지 또는 무논으로 정비하여 황새 서식환경으로 조성하는 안을 검토할 필요가 있다.

넷째, 예산군 슬로우 시티, 「황새의 비상」, 「예황」 등의 브랜드를 활용한 황새와 함께하는 청정지대 이미지에 대한 마케팅 전략이 필요하다.

3. 종합

주요 농어업 유산자원 관리 실태를 분석한 결과 다음과 같은 시사점을 얻을 수 있다.

첫째, 문화재에 속한 농어업 유산자원은 점적, 평면적 규제 중심의 관리가 이루어지고 있어 유산활용에 한계를 보인다. 국가지정 문화재는 석축, 하천과 같이 해당 유산에 대한 점적 보호와 유산의 원형보전을 위한 평면적 규제 중심이다. 이는 농어업 활동 및 이를 통한 생산물의 유기적인 순환과정을 통해 이루어지는 농어업 유산자원의 특성상 통합적이고 입체적인 관리활동을 어렵게 하고 유산의 지속성을 확보하는 데에도 한계가 있다. 또한, 이러한 규제 중심의 관리방식은 물적, 비물적 유산자원의 통합적 활용을 통한 농촌개발의 정체성을 살리는 데에도 어려움을 갖는다.

둘째, 농어업 유산자원의 대상 및 범위에 따라 관리주체가 다기화되어 있어 통합적 관리가 어렵다. 의림지의 사례에서 보는 바와 같이 유산자원의 대상 및 범위에 따라 관리주체가 다르고 관리주체의 역할이 명확히 규정되어 있지 않아 유산자원에 대한 관리는 전적으로 주체들의 관리의지에 달려 있는 실정이다. 관리주체 및 관리주체들의 역할을 명확히 규정하고, 관리주체들의 적극적 활동을 이끌어 내기 위한 지원 근거 및 방안이 필요하다.

셋째, 농어업 유산자원의 지속적 발굴 및 체계적 보전을 위하여 '한국농어업유산제도'가 정착될 수 있도록 후속적인 조치 및 지원이 필요하다. 농어업 유산자원은 아직 제도적 지원을 받지 못하고 있거나 유산자원의 일부만이 문화재로 지정 관리되고 있다. 농어업 유산자원의 지속적 발굴 및 체계적 보전을 위하여 유산제도 내에서 이를 지원할 수 있는 적극적인 관리방안을 도입해야 할 시점이다.

넷째, 농업 · 환경 · 생활이 어우러진 새로운 농어업 유산자원에 대한 대응전략이 필요하다. 예산 황새마을 사례와 같이 농어업 활동의 특성상 기존의 문화재 유형범위를 넘어서는 새로운 유산자원들의 유형이 나타나고 있다. 법제적 범위에서 포함하지 못하는 새로운 유형에 대한 추가적인 발굴 및 유산 지정을 통해 한국적 농어업 유산의 모델을 정립하고 세계농업유산 등재 등을 통한 국제적 수준의 관리가 이루어지도록 대응전략이 필요하다.

제 3 장 국가농어업유산 사례(1): 청산도 구들장논

제 1 절 개요

밤하늘을 수놓는 빛나는 별들처럼, 드넓게 펼쳐진 남해바다 위에도 섬들이 흩뿌려져 있다. 저마다의 아름다움을 간직한 섬들 중에서도 청산도의 이야기를 들어보기로 하자.

청산도는 한국의 남쪽에 위치한 전라남도 완도군의 부속 섬이다. 전남 완도군은 사람이 살고 있는 섬 55개와 살지 않는 섬 210개, 총 265개의 섬으로 구성되어 있다. 그 중에 14개의 섬이 청산도이다. 완도군에서 약 19.2㎞ 떨어져 있으며, 총 면적 42.7㎢에 이른다. 전체 인구수는 2,589명이다.

농업과 어업의 비중이 비슷하게 둘로 나누어져 있으며, 땅에서는 논농사와 밭농사 중심이고, 바다는 복잡한 해안선, 즉 리아스식 해안이 형성되어 있다. 남쪽 바다에 위치하므로 온화하고, 비가 많은 날씨를 보인다.

청산도로 가는 길은 완도군을 출발점으로 삼아서 여객선을 이용하는 방법이 유일하다. 완도여객터미널에서 승선하면 청산도까지 약 50분이 소요된다.

국내에서는 1981년 14번째 국립공원인, 다도해해상국립공원으로 섬 전체가 지정되었다. 2010년에 상서마을이 생태 우수성을 인정받아 환경부의 자연생태마을로 지정되었다. 2013년에는 한국에서 가장 아름다운 농촌마을 콘테스트에서 최우수 마을로 선정되었다.

해외에서는 2007년 국제슬로시티 연맹으로부터 아시아 최초 슬로시티로 지정받았고, 2011년에는 청산도 슬로길이 세계 슬로길 1호로 선정되었다. 2013년 1월에는 청산도 구들장논이 한국의 국가중요농업유산 제1호로 선정되어 농업유산의 보존관리가 시작되고 있다.

제 2 절 청산도 구들장논의 가치

1. 사람의 뱃속까지 따뜻하게 하다

예로부터 청산도는 경사가 심한 산 지형과 돌이 많이 섞여 있어 물 빠짐이 심한 모래토양이 발달한 곳이다. 논농사에 필수적인 물이 부족한 환경이다. 굶주림을 이겨내기 위해서 악조건 속에서도 끊임없이 노력을 기울이며 만들어낸 인공적인 논이 구들장논이다. 불리한 농업환경을 극복하기 위해 고안된 것이다. 구들장논은 이름에서 알 수 있듯이 돌을 쌓는 기술과 모양이 한국 전통가옥의 난방방식인 '온돌'에서 사용되는 '구들장'과 닮았다고 하여 '구들장논'이라고 부르고 있다.

물이 부족하다는 단점을 극복하기 위해 한국의 전통 주택난방 기술인 '온돌'에서 사용하는 '구들장'의 틀을 논에 맞춰서 썼다. 물이 지나다니는 통로의 모양새가 구들장의 원리를 본떠 만들어졌다. 물이 오가는 통로는 땅 속에 묻어둔 구조를 보이며, 물을 들이고, 빼는 관리가 원활하도록 한다.

[사진 3-1] 청산도 구들장논의 통수로

겉모양만 봐서는 아시아 국가에 고루 분포하는 계단식 논과 비슷하게 보인다. 하지만 논을 만드는 과정에서 돌담을 사용하여 물을 조절하는 입체적인 구조는 분명한 독창성을 지닌다. 논의 가장 바닥부분에 크고 작은 돌로 토대를 다지고, 널찍한 돌을 얹어 물길을 만든다. 그 위로 흙을 덮어 농사가 가능한 땅으로 탈바꿈시킨다.

마치 돌담 위에 농경지를 올려다 놓은 형상을 하고 있다 보니, 거대한 화단을 보는 듯하다. 언뜻 정성스레 가꾼 꽃밭같이 보이지만, 구들장논에서는 벼가 여물어 간다. 때로는 눈부신 신록이 화려한 꽃들의 잔치보다 눈요기가 된다.

구들장논의 원리로 물 공급의 한계를 일정부분 해소할 수 있어서 한국을 비롯한 대개 아시아 국가의 논농사가 주로 평지에서 행해져 온 것과 달리 청산도는 지난 400여 년 동안 경사가 가파른 지형에서 논농사를 이어 왔다. 청산도 구들장논에는 '필요는 발명의 어머니'라는 격언이 어울린다. 청산도 사람들의 식량생산에 대한 필요가 국내뿐 아니라 국제적으로도 보기 드문 구들장논이라는 남다른 농업유산을 남긴 것이다.

사람의 손으로 일일이 돌을 쌓아 만들어지는 구들장논의 특성상 하루아침에 만드는 것은 무리가 있다. 더구나 산등성이의 경사진 곳이니

더 말해 무엇 하겠는가. 우공이산이라는 말처럼 오랜 기간 힘을 모아서 평야가 부럽지 않게 변화를 일구었다.

사람 손이 닿은 곳이지만 결코 자연에 크게 어긋남이 있지는 않다. 오히려 농경지가 들어서면서 긍정적인 영향을 주었다. 돌을 쌓아 만든 구들장의 돌담은 비탈진 곳의 흙이 쓸려 내려가는 것을 막아주었다. 또한 구들장의 원리로 만들어진 물길은 위로부터 아래까지 모든 논을 관통해서 흐르기 때문에 땅 속의 미생물과 만나 자연의 자정작용을 높여주는 효과를 가져왔다. 돌과 돌 사이의 빈틈과 수로에 흐르는 물은 긴 꼬리투구새우 등 양서파충류의 보금자리가 돼주었다. 산꼭대기의 숲부터 산 아래의 마을까지 물이라는 생명의 꼭 필요한 요소가 끊어짐 없이 연결되어 살아있는 순환의 고리를 만든다.

2. 바라건대는 우리에게 우리의 보습 대일 땅이 있었다면

김소월의 유명한 시의 구절처럼 농사지을 땅이 없는 것만큼 서러운 일이 또 있을까. 청산도의 땅을 주된 용도에 따라 구분해 보자면 72%가 숲과 들이 차지하고 있다. 논이나 밭으로 농사를 짓는 곳은 21.1%에 이른다.

〈표 3-1〉 청산도의 지목별 토지이용 현황

구분	합계	임야	전	답	과수원	제방·하천	구거	대(垈)	기타
면적(㎡)	41,950,955	30,384,475	5,147,449	3,706,935	14,277	108,468	244,816	741,732	1,602,803
지번수(개)	23,983	4,072	5,950	5,906	11	513	172	2,919	4,440
비율(%)	100	72.42	12.3	8.8	0.03	0.25	0.6	1.8	3.8

400여 년 전인 1608년 청산도에 처음으로 들어와 정착한 주민이

농업활동을 시작했을 때는 현재보다 절대적으로 농지가 부족했다. 척박한 섬의 환경 속에서 생계를 꾸려나가야 한다는 절박함은 땅에 대한 애착으로 나타났다. 주민들은 부족하나마 새로운 농사지을 땅을 얻기 위해 부지런히 개간하여 산꼭대기까지도 구들장논을 놓았다. 평평한 땅이 주어지지 않았음에 개척에 나선 것이다. 그 후 청산도 인구가 1759년 1,352명에서 1970년 13,117명으로 꾸준히 늘어난 덕분에 노동력을 확보할 수 있었고, 20세기 중반까지 구들장논을 통한 전통농업이 유지되어 왔다.

1) 쌀이 귀해 탄생한 청산도의 독특한 전통먹거리

청산도 속담에 '청산(靑山)에서 쌀 두말을 먹고 시집가면 부잣집이다'라는 말이 있다. 과거 청산도에서는 쌀이 귀해 제사나 명절 때에만 쌀밥을 먹을 수 있었고, 이는 남다른 제사음식으로 이어졌다. '청산도탕'은 청산도에 전해 내려오는 독특한 음식으로 구들장논에서 수확한 쌀, 문어나 전복 같은 해산물, 그리고 채소를 섞어 만든 전통음식이다. 청산도의 논과 밭, 그리고 바다의 산물이 모두 들어간 청산도 그 자체가 담긴 음식이라 하겠다. 청산도탕에 들어가는 재료의 종류를 달리해 3탕, 5탕 등 홀수로 탕을 만들어 제사상에 올리는 풍습이 있다.

2) 쌀 대신 주식으로 먹었던 청산도의 전통음식

쌀이 귀한 청산도의 문화는 자연스럽게 주민들이 먹는 밥에도 특별한 차이점을 만들어 냈다. 청산도 주민들은 17~19세기까지 주식으로 고구마, 감자, 보리밥, 조밥, 쑥밥 등을 먹었다. 가족들을 배곯지 않게 하려면 적은 양의 곡식들로는 턱없이 모자랐다. 그리하여 밥을 지을 때 약간의 쌀과 보리, 조를 넣고 톳이나 가피래 같은 해초류와 감자, 고구마, 무 같은 양을 늘릴 수 있는 다른 재료를 넣어 풍성하게 하였다. 오늘날에 현대인들이 건강식으로 즐겨 찾는 웰빙 음식들이 알고 보면 부족한 끼니 걱정에서부터 출발했다.

고구마 보리밥

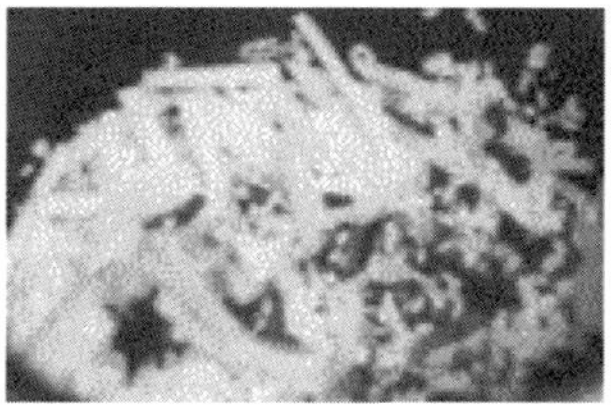
무밥

톳밥

보리순 된장국

쌀가루와 섞어 만든 청산도 탕

[사진 3-2] 청산도 전통음식

3. 구들장논이 연주하는 다양한 생명들의 하모니

흔하게 볼 수 있는 여타 계단식 논과 달리 돌담을 이용한 수로를 통해 물대기를 하는 구들장논은 전통적으로 농지의 다용도 활용이 손쉽게 이루어졌다. 비가 적어 가물 때에는 다소 물이 부족해도 괜찮은 밭으로 전환하여 농사를 지었다. 1년에 두 번 농사를 짓는 시기에는 여름철 물을 대어 논으로 사용하였다가 가을철 추수가 끝난 이후에는 마늘, 양파, 고사리 등 비교적 추위에 강한 농작물을 재배하는 밭으로 이용했다.

〈표 3-2〉 청산면 식량작물(정곡) 생산량(단위: ha/ton)

종류	미곡		맥류		잡곡		두류			서류	
	논벼	밭벼	쌀보리	맥주보리	옥수수	메밀	콩	팥	녹두	감자	고구마
면적(ha)	258	-	0.4	0.4	1.2	0.8	37	1	1	1	6.3
생산량(M/T)	1,016	-	1.6	1.7	2.9	0.5	43	1.1	0.9	16	105.7

〈표 3-3〉 청산면 식량작물(채소류) 생산량

구분	과채류	엽채류	근채류	조미채소			특용작물	
	호박	배추	무	고추	양파	마늘	참깨	유채
면적(ha)	0.3	4.0	1.3	8.9	7.5	12.5	2.5	4.2
생산량 (M/T)	16.5	306	83	27	415	160	1.2	4.2
농가수 (호)	7	12	6	31	24	89	22	19

1) 구들장논에서 길러내는 논밭 생산물

청산도에서는 전통적으로 미맥(米麥), 조(조숙), 메밀, 보리, 목화 등이 재배되어 왔다. 구들장논 쌀은 갈색쌀(가바쌀)로 가바(GABA) 성분이 일반현미의 8배, 흑미의 4배로 함유되어 청소년 성장 및 발육 촉진, 면역력 강화에 도움을 준다.

구들장논 쌀

맥주보리

마늘

양파

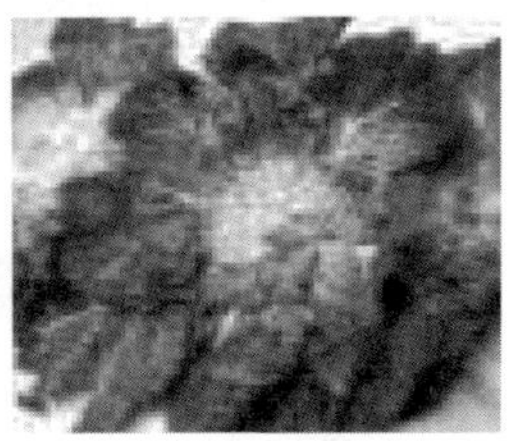
봄동

[사진 3-3] 청산도에서 생산되는 농산물

오늘날에도 청산도의 농산물 생산은 여전히 논농사의 비중이 가장 높으며, 과거 끼니에 쓰였던 고구마나 감자가 재배된다. 농가 소득을 늘리기 위한 마늘, 양파, 콩, 봄동(배추)과 같은 밭농사 작물의 생산량이 지속적으로 늘고 있는 추세이다. 최근에는 농사를 짓지 않는 땅에 유채와 청보리 같은 먹기보다는 경치에 아름다움을 더하는 눈으로 즐기기 위한 농작물도 가꾸고 있다.

2) 구들장논 주변지역의 살고 있는 또 다른 이웃들

구들장논을 비롯해 청산도 지역에서 자라고 있는 식물은 장딸기, 좀가지풀, 바랭이, 까마중, 방가지똥, 큰방가지똥, 쥐꼬리망초, 큰망초, 깨풀, 수염가래꽃, 애기도라지, 멀구슬나무 등 총 93종이 있다.

논 주변이나 중, 산간지역에는 작은 땃쥐, 시궁쥐, 등줄쥐, 수달, 멧돼지 등 총 5종의 대표적인 포유류가 살고 있다. 또한 양서・파충류로는 긴꼬리투구새우, 도롱뇽, 참개구리, 청개구리, 누룩뱀, 능구렁이, 도마뱀, 대륙유혈목이, 유혈목이, 실뱀, 구렁이, 살모사, 쇠살모사, 까치살모사, 먹대가리바다뱀, 얼룩무늬 바다뱀 등 15종이 서식하고 있다.

〈표 3-4〉 청산도 구들장논 주변에 생육하는 동식물

생물종	식 물	양서파충류	조 류
서식종	사스레피나무, 장딸기, 좀가지풀, 바랭이, 까마중, 방가지똥 외 87종 등	멸종위기 1급: 구렁이 멸종위기 2급: 긴꼬리투구새우 일반종: 도롱뇽, 참개구리, 청개구리, 누룩뱀, 능구렁이 외 9종  긴꼬리투구새우	멸종위기2급: 조롱이, 말똥가리 천연기념물: 두견 일반종: 큰회색머리아비, 뿔논병아리, 가마우지, 왜가리 등 47종

청산도에서 관찰되는 조류는 51종 1,665개체이다. 가장 많은 종류의 새는 제비로 496개체(29.7%)가 관찰되었다. 다음으로는 참새 369개체(22.1%), 검은머리방울새 90개체(5.4%), 흰뺨검둥오리 78개체(4.6%), 방울새 72개체(4.3%), 노랑턱멧새 61개체(3.6%) 및 멧비둘기 54개체(3.2%) 순으로 나타난다. 법정보호종은 멸종위기Ⅱ급인 말똥가리, 조롱이 등 3종을 살펴볼 수 있다.

4. 구들장논이 말하는 것

1) 청산도 구들장논의 분포현황

청산도 구들장논은 지형적으로 산간지역에 고루 분포한다. 구들장논은 빗물에 농업용수를 의존하는 천수답으로 경작에 필요한 물을 보다 쉽게 얻기 위해 평지가 아닌 산간지역 계곡을 따라 조성되었기 때문이다. 완도군은 2012년부터 청산도 구들장논 분포에 대한 조사를 실시하였다.

과거 17~19세기 활발하던 경작활동이 중단되어 물길이 마르고, 수년간 방치된 휴경지가 증가하고 있어 조사에 어려움이 있었다. 하지만 구들장논은 대체로 청산도 내에서도 부흥리, 상서리, 양중리(양지리, 중흥리)에 군집하는 것으로 나타났다. 하지만 신흥리, 동천리, 청계리 등지에서도 구들장논이 산재되어 있다는 주민 증언이 있기 때문에 추가조사를 통해 그 수는 더욱 증가할 것으로 보인다. 조사결과에 의하면 구들장논은 계곡을 따라 경사지에 연속적으로 분포하는 것으로 나타났다. 외형적으로 계단식논과 유사하기 때문에 다음 두 가지의 구조적 특성에 부합하는 대상을 구들장논으로 분류했다.

첫째, 논의 가장 아래 하부구조가 돌을 쌓아올린 석축 구조로 조성되어 있어야 한다.

둘째, 경작지의 관개관리를 위해 '통수로'를 가지고 있어야 한다. 조사를 통해 현재까지 파악한 구들장논은 부흥리(9), 양지리(18), 상서리(30)로 총 57필지 약 4.9ha 면적으로 나타났다.

〈그림 3-1〉 청산도 구들장논 분포현황

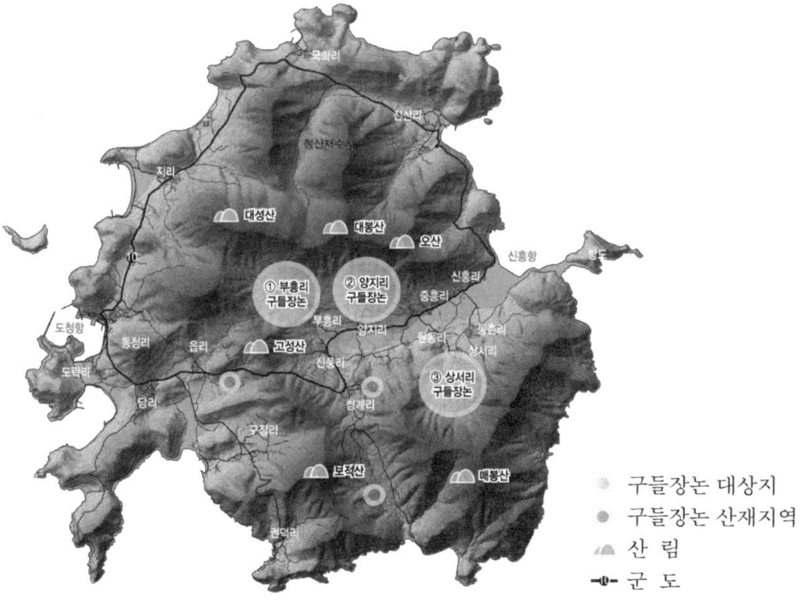

〈그림 3-2〉 청산도 구들장논의 조성 기술

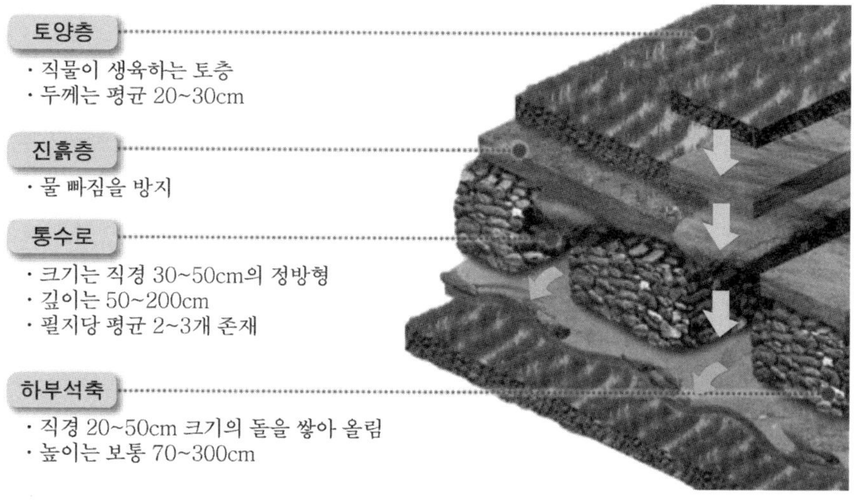

상서리 구들장논

통수로 내부구조

양지리 통수로 배수

[사진 3-4] 청산도 구들장논의 통수로

〈그림 3-3〉 구들장논의 단면도

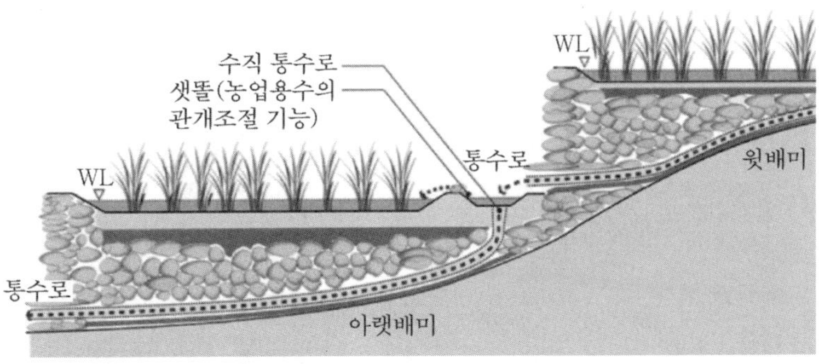

2) 구들장논과 일반 계단식논의 비교

외형적으로 청산도 구들장논은 일반 계단식논과 유사한 형태를 보인다. 국내에 존재하는 경사지형의 계단식논은 지리산 일원이나 경남 산청군, 함양군 일원, 남해 일부지역, 산간내륙 일부 지역에 분포되어 있다. 구들장논과 일반 계단식논은 위치상 산악지역 등의 한계지역에 분포하고 있다는 점과 외형적으로 지형의 경사를 이용해 계단식 형태를 보이고 있다는 점에서 동일하다. 하지만 일반 계단식논은 지표면에 용·배수가 흐르는 반면 구들장논은 지하의 상·하부 통수로를 사용하고 있다는 점에서 큰 차이가 있다. 또한 일반 계단식논은 기초부분이 흙과 돌을 섞어서 축조된 구조를 이루지만 청산도 구들장논의 경우 기초 부분에 크고 작은 돌을 사용하여 쌓았다.

〈표 3-5〉 청산도 구들장논과 일반 계단식논의 차이점

구 분	일반 계단식논	청산도 구들장논
분 포	지리산 일원 경남 산청군, 함양군 일원 남해 해안 일부지역 기타 산간내륙 일부 지역	전남 완도군 청산면 부흥리, 양지리, 상서리 일대
위 치	주로 산악지역이나 경사지에 분포 한계지역에 주로 위치	동일
외 형	계단식 논의 형태 지표 용·배수로 구조 기초부분이 흙과 돌로 조성되어 있음	계단식 논의 형태 통수로 존재 기초부분이 주로 돌(구들장)로 조성되어 있음
내부구조	주로 흙을 사용 지하에 특별한 구조물은 없음	주로 구들장을 사용 돌기둥 및 온돌(구들) 구조가 발견
사례사진		

5. 문화로 읽는 구들장논

1) 돌 하나하나에 켜켜이 시간은 쌓이고

(1) 적석문화(積石文化)에서 탄생한 구들장논 농업문화

청산도 구들장논은 집약적인 노동력으로 자연환경을 바꿔나간 자연과 인간의 관계적 활동의 산물이다. 자연을 바꿔나갈 수밖에 없었던 이유는 본래 청산도 토양에 돌이 많아 척박한 농업환경 하에 있었기 때문이다. 따라서 마을과 길, 경작지를 조성하기 위해서는 우선 돌을 고르고, 쌓는 방법이 무엇보다도 우선적으로 필요한 노동활동이었다.

청산도에는 청동기시대의 고인돌이 발견되는데 이는 적석문화(積石文化), 즉 돌쌓기문화의 시초라 할 수 있다. 돌은 과거부터 건축물과 마을을 조성하는 기초재료로 사용되어 왔다. 돌로 쌓아올린 주택과 창고가 만들어졌고, 길의 경계에는 돌담이 조성되었다.

〈그림 3-4〉 청산도 돌 문화

조선시대에는 외적 방어를 위해 청산진성을 쌓았다 구들장논을 조

성하기 위해 돌을 쌓아 석축을 만들었고, 바닷바람을 막기 위해 조성된 낮은 밭의 돌담 역시 돌에 의해 만들어졌다. 이와 같이 돌을 쌓는 적석문화(積石文化)는 청산도 구들장논 탄생에 직접적인 영향력을 준 요인이다.

등록문화재 제279호로 지정된 상서마을 옛 담장은 청산도 주민들의 돌을 쌓는 기술이 응집해 있는 생활경관이다. 선조 때부터 상서리 마을에는 돌담을 쌓는 기술이 전해 내려오고 있다. 전통 돌담을 쌓는 방법은 우선 일정한 넓이로 층층이 돌을 쌓아 올린다. 그 다음 돌과 돌 사이에 진흙 또는 흙을 메워 응집력을 높인다. 이후 담쟁이 씨를 뿌려 완성하는데 담쟁이덩굴은 마치 건축구조에서 '철근'의 역할을 하며 돌담을 견고하게 유지시켜 준다.

[사진 3-5] 청산도 전통돌담 조성 기술

2) 불이 타오르고, 물이 흘러 더해진 삶

(1) 융합문화(融合文化)로 탄생한 구들장논 경작지 조성 기술

구들장논은 논바닥 밑을 커다란 돌들로 구들을 쌓듯 조성하고, 그 위에 흙을 쌓은 형태이다. 가장자리에는 축대 돌을 더 높이 쌓아 논두렁 형태로 만들어 조성되었다. 한국의 고유 난방 방식인 '온돌'에서 사용한 돌(구들)과 유사한 구조를 보인다.

온돌이 방바닥 전체에 돌(구들)을 깔고 아궁이에서 나온 열을 전달하는 방식을 사용했다면, 구들장논의 경우 바닥방향에는 크고 작은 돌을 쌓고 논의 가장자리에 정사각형 물이 오가는 통로를 만들어 물의 배수를 조절하는 방식을 사용했다. 온돌 구조의 불을 떼는 아궁이는 논의 수로와 닮아 있다. 온돌의 아궁이가 열을 전달하는 불길이었다면, 구들장논의 수로는 물의 드나드는 양을 위한 물길의 조절 기능을 한 셈이다. 아궁이에서 불의 세기를 조절하듯 수로는 물의 양과 물길의 방향을 조절하여 논에 필요한 용수를 관리했다. 이렇듯 청산도 구들장논 경작에서 중요한 기술은 물길을 잡는 관개기술이다. 상류지역의 수원에서 흐르는 물이 윗배미를 지나 아랫배미로 지나는 물길을 따라 구들장논이 조성되었고, 그 물길의 흐름에 따라 연속적으로 구들장논이 만들어졌다.

[사진 3-6] 한국의 전통 난방기술인 온돌의 아궁이

[사진 3-7] 청산도 구들장논 통수로

3) 내 논 다 매거든 네 논 좀 매어주마

(1) 노동집약문화가 계승된 청산도의 협동문화(協同文化)

과거 청산도의 조상들은 구들장논을 조성하기 위해서 수많은 돌을 나르고 쌓는 끊임없는 과정을 반복했다. 이와 같은 구들장논 조성 방법은 청산도 전역에 동일하게 적용되어 왔다. 따라서 상당히 집약된 노동력이 지속적으로 필요로 하게 되었다. 그렇기 때문에 청산도 사람들은 가족단위, 마을단위 협동노동을 통해 경작지를 만들었다. 작은 구들장논 하나를 만들기 위해서는 수개월 또는 1~2년의 시간이 필요했다고 청산도 주민들은 전한다. 조성된 구들장논을 경작하고 유지하는 과정에서도 협동노동은 필수적으로 요구되는 사항이었다. 경작지에 물을 대기 위해 분산적으로 조성한 인공 보를 관리하기 위해 몇 필지의 논을 묶어 보작인을 선정하고 이들을 중심으로 물에 대한 관리를 지속해 왔다. 일종의 수리계 성격의 보작인 제도는 논농사에 절대적으로 필요한 물의 사용을 상호 협약을 통해 관리하는 관개운영시스템이다. 또한 경작에 사용되는 소를 나누어 빌려 쓰는 '소언두' 제도를 두어 농사에 필요한 농업도구를 협동적으로 이용해 왔다.

6. 풍경으로 즐기는 구들장논

1) 자세히 보아야 예쁘다, 어느 방향에서 보아도 사랑스럽다

청산도 구들장논은 비탈진 경사지를 중심으로 조성되었기 때문에 바라보는 위치에 따라 다양한 경치를 만들어 낸다.

일반적으로는 '바닷가-마을-구들장논-숲'으로 이어져 나타나는 풍경이 청산도를 대표하는 장면이다. 구들장논은 지리적으로 산 중턱에 위치하고 있어 산 정상방향의 숲, 아래쪽에 마을들, 바닷가로 이어지는 흐름을 연결하며 나타난다. 따라서 높이가 낮은 하류지역에서 바라볼 경우 농경지와 산자락이 주로 보이게 된다. 반대로 상류지역에서 살펴

볼 경우에는 농경지와 바닷가, 마을의 모습이 어우러져 드러난다.

[사진 3-8] 청산도 구들장논 경관

2) 돌담 너머의 세상

돌담은 청산도를 대표하는 마을경관이다. 이러한 경관은 도청리, 읍리, 당리, 동촌리, 상서리 등 대부분의 청산도 마을에서 찾아볼 수 있다. 예전부터 집을 지으면서 집 주변에 돌담을 쌓았고, 이 돌담 사이로 마을길이 조성되었다.

당리 마을경관

당리 밭 돌담

소막(牛舍)

[사진 3-9] 청산도 당리마을의 돌 문화와 경관

돌담의 높이는 마을마다 조금씩 다르다. 크고 작은 돌을 얼기설기 쌓아 만들었고 오랜 세월에 걸쳐 보수를 하거나 새로 쌓기를 반복해 왔다.

청산도에서는 사람이 거주하는 주택의 안채 옆에 측간채가 있다. 측간채는 창고의 쓰임새를 가지는데 대개 돌을 쌓아 지어졌다.

돌담은 경작지 조성에도 나타난다. 경사진 곳에 돌을 쌓아 구들장논을 만들었고, 길과 맞닿는 평지의 밭에는 낮은 돌담을 쌓았다. 돌담은 밭의 경계를 표시하고, 바닷바람을 막는 기능을 지닌다.

3) 과거와 현재의 교차로

청산도는 도시에서 볼 수 없는 농업·어업생활기반의 '문화경관'이 도처에 분포해 있다. 농업의 현대화로 대개의 농촌에서는 소를 이용한 농사를 더 이상 짓고 있지 않지만, 청산도에서는 여전히 농사일을 돕는 소를 만나볼 수 있다. 농사가 활발했던 시기에 청산도는 소가 많기로 이름이 널리 알려져 있었다.

경관농업 풀메기 / 콩타작하는 주민 / 도락리 해안경관 / 해초채취 / 멸치 건조

[사진 3-10] 청산도 농어업 경관

과거로부터 이어온 전통방식의 농어업 풍경 또한 쉽게 찾아볼 수 있다. 청산도 남측의 구장리와 북측의 국화리는 예전부터 멸치가 많이 잡히는 곳이다. 이 지역에서는 멸치를 널어 말리는 광경을 어렵지 않게 볼 수 있다. 뭍에서는 수확한 곡식을 말린 후 탈곡하는 과정을, 바

닷가에서는 해초를 채취하는 모습을 더듬어 볼 수 있다.

도시에서는 만끽할 수 없는, 여유롭고 다툼 없는 느림의 미덕이 베여있는 삶의 풍경이 녹아 있다.

7. 구들장논 사용설명서

1) 자연의 것으로 밑거름을 만들다

구들장논이라는 새로운 형태의 농사지을 땅을 만든 이후에도 끝이 아니었다. 토양의 성질이 농사에 온전히 적합해진 것은 아니었기 때문이다. 청산도 구들장논은 돌 위로 쌓인 흙의 층이 얕아서 그 밑돌 사이로 물 빠지는 정도가 육지의 일반적인 논에 비해 상당히 빠르다. 따라서 땅의 영양분이 쉽게 빠지고, 건조해져서 딱딱해지기 일쑤이다. 대책을 궁리하다가 발전하게 된 것이 비배관리 즉, 인공적으로 거름을 뿌려 토지를 기름지게 하는 방법이다.

전통 비배는 근처 산과 들판의 풀과 보리를 베어 햇빛에 말려서 소를 먹이고, 남은 것을 소 또는 사람의 분뇨와 함께 밟아서 썩혀 퇴비로 만들어 썼다.

쌀 생산량이 적었던 관계로 볏짚이 비교적 귀했다. 초가집의 지붕을 새로 얹을 때나 전통장례의 초분을 만드는데 주로 사용하였다. 따라서 과거 청산도 농민들은 주변의 산과 들판으로 풀을 베러 다니는 일이 무엇보다 큰 과제였다. 풀을 베어내는 방식은 별다를 것이 없었지만, 구들장논의 거름관리는 황폐해지기 쉬운 토양에 영양을 꾸준히 공급하기 위해 연중 내내 반복적으로 지속되었다.

거름을 얻기 위해 자귀나무를 이용하기도 했다. 청산도 주민들은 봄철에 '움순'이라고 불렀던 자귀나무의 어린잎을 따다 풀과 섞어 비료로 활용하였다. 자귀나무는 항균작용을 하는 성분이 포함되어 있어 병충해 예방하는 천연 약제의 역할을 했다.

2) 익어가는 벼가 고개를 숙이고, 농부의 허리도 굽어가다

구들장논의 위치나 만들어지는 과정이 남다르다보니, 농사를 짓는 과정에서도 정교한 기술을 필요로 했다. 인공적으로 조성된 땅이라 얕다보니 쟁기 보루(보습)를 깊숙하게 댈 수 없다. 보다 더 수고롭고 신경 써서 쟁기질을 해야 한다. 모양도 불규칙하여 기계의 도움보다는 사람의 손이 더 많이 간다. 산비탈을 따라 이어지는 계단식의 형태이기에 쟁기질이 미치지 않는 귀퉁이는 괭이나 삽으로 따로 보살펴야했다.

3) 한해의 농사 달력

청산도의 농사는 1년에 한번 벼농사만 짓는 것과 벼의 가을걷이 이후 보리를 재배하는 1년 2작으로 구분된다. 보통 산비탈 위쪽으로 갈수록 1년 1작이 많은 편이다. 1년 1작의 논은 쟁기로 논을 7번 갈고, 써레질을 2번 한다. 1년 2작의 논은 보리가 지배되어 있었기에 1년 1작에 비해 흙이 부드러운 상태이기 때문에 이 경우에는 4번의 쟁기질을 하고 2번 써레질을 한다.

(1) 1년 1작의 경작기술의 순서

① 겨우내 묵은 경작지를 일궈내어 내고('배미딴다'라고 한다) ② 두둑을 갈고(거슬린다) ③ 골(도랑)에 퇴비를 넣고 쟁기로 두둑의 흙덩어리를 깨어 가면서 갈아주고(궁글린다) ④ 다시 두둑을 갈면서 풀을 뒤엎어 버린다. 첫 번째부터 네 번째 작업은 물을 넣지 않은 "마른갈이"이라고 하며, 이후부터는 물을 넣고 하는 "물갈이"로 불린다. 물갈이에서는 ① 물을 넣고 써레질을 하고 ② 쟁기질로 도랑과 두둑을 만들고 ③ 쟁기길(중갈이)을 하여 생긴 흙으로 논두렁을 만드는 작업 ④ 마지막 쟁기질로 물이 들어찬 경작지를 깨끗하게 갈아준 다음(무쟁기 쳐주기) 모내기 하는 날 써레질을 한다.

(2) 1년 2작의 경작기술의 순서

① 논배미를 따는 첫 쟁기질을 하여 나락(벼)을 베어낸 후 남은 밑들의 보리 뿌리를 갈아엎는다. ② 써레질을 골에 퇴비를 넣고 갈아주는 쟁기질 ③ 논두렁 만들 때의 쟁기질 ④ '무쟁기 쳐주기' 써레질이 실행된다.

결과적으로 청산도 구들장논의 논갈이는 일반 농촌지역의 쟁기질(보통 3~4회)에 비해 그 쟁기질 종류가 상당히 다양하고 횟수도 많다. 특히 논갈이의 깊이를 조절하는 기술은 논의 주인이 아니고서는 알 수 없는 예민하고, 정교한 작업이라 하겠다.

[사진 3-11] 구들장논 쟁기질

[사진 3-12] 구들장논 전통 쟁기

4) 구들장논 농기구의 차별성

구들장논에서 사용한 농기구는 일반 논에서 사용한 것과 구조적으로 다르다. 구들장논의 쟁기질은 논에 물기가 오래 머물 수 있도록 토양을 미세하게 갈기 때문에 대체로 쟁기의 몸집이 작고 가벼운 것이 특징이다. 또한 내륙지역의 쟁기와 달리 보습이 지면방향으로 누워 있어 얕은 토양을 갈기에 보다 적합하게 만들어졌다. 그리고 구들장논 경작에 빈번하게 사용된 괭이는 용도에 따라 쇠 날의 두께, 무게, 모양이 다양하게 나타난다. 날의 끝이 사각인 무거운 괭이는 돌밭을 일구고, 고구미를 심을 때 쓰였다. 반면 날이 삼각형으로 된 괭이는 마늘씨 뿌릴 때 사용하였고, 가장 얇은 날의 괭이는 보리갈이에 쓴다.

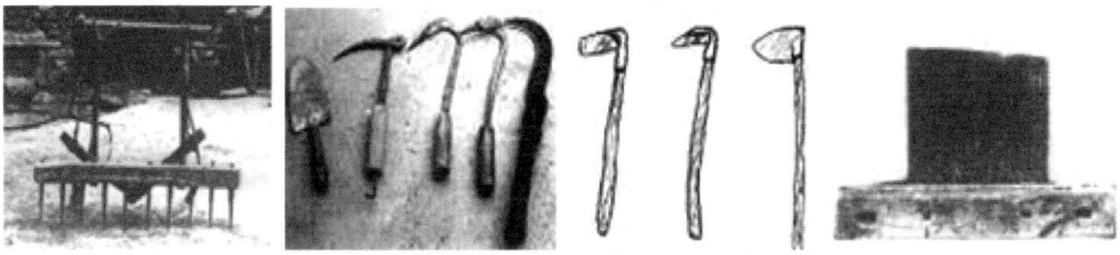

써래 호미, 삽, 괭이 다양한 종류의 괭이 홀태

[사진 3-13] 청산도 구들장논의 농기구

5) 소는 일등 농사꾼이다, 소(牛) 품앗이

구들장논에서는 전통적으로 소의 노동력에 의존해 농사를 지어 왔다. 소는 풀 많은 들에 자유롭게 풀어두고 기르거나 집 근처에 우사를 두어 관리했다. 청산도의 소는 농사의 있어서 몹시 중요한 역할을 담당하고 있었다. 논의 위치가 산꼭대기부터 시작되다보니 기계의 도움을 받을 수 없는데 논갈이의 횟수는 많았다. 그러므로 소가 농사에 필수적이다. 소를 보다 효과적으로 활용하기 위해서 '소언두'라는 품앗이 제도를 운영해 왔다. '소언두'는 소를 가지고 있는 사람과 그렇지 못한 사람의 품앗이 이다. 소가 없는 사람은 소를 빌려 쓰기 위해 소 있는 이웃의 논에서 일을 해주고, 소를 빌려와 자기 구들장논의 쟁기질에 사용했다. 사람의 노동력과 소의 노동력을 교환한 것이다.

6) 물이 있어야 농사도 있다

청산도는 대규모 수리시설이 조성될 만큼 수량이 풍부하지 않았다. 따라서 자체적으로 소규모 수리시설을 만들어 빠른 시간 내 겉흙 위의 물을 가두어 논으로 끌어대는 방법을 취하였다. 산비탈을 따라 흩어져 만들어진 소규모 수리시설이 '보'이다. 보에 저장된 물은 각 보마다 가까이 위치해 있는 몇 개의 논들을 함께 묶어 농업용수로 공급되었다. 구들장논에 물대기를 위한 보의 설치와 정비는 매년 농번기가 시작되는 시기부터 수확이 끝날 때까지 반복적으로 행해졌다. 물길의 분산은 위치가 다른 아래 논에 물을 공급하기 위한 기능과 물의 온도를 낮춰 농작물의 냉해를 방지하는 기능을 담당한다.

[사진 3-14] 보를 관리하는 보작인

[사진 3-15] 청계리 인근 소규모 보

7) 물 관리인 – 보작인

갈라져 흩어져 설치된 보의 농업용수는 주민들이 5~6명씩 조를 짜서 관리해왔다. 조의 구성원을 '보작인'이라 불렀는데 일종의 수리계이다. 한 개의 보를 관리하는 보작인은 서로 인접한 논의 주인들이었다. 보작인은 해마다 모내기철이 되면 계곡 물줄기를 따라 돌과 진흙으로 보들을 막아서 곳곳의 논들로 물을 끌어 들였다. 또한 농사에 사용하는 물 때문에 다툼이 생기지 않게 용수의 사용에 대해 규칙을 만들어 지키도록 하였다. 보작인은 마을단위 공동체 중심의 농업에서 이탈한 개별 지향적 농업사회로의 변화로 규모가 축소되었다.

[사진 3-16] 농업용수 공급을 위한 물길

[사진 3-17] 인공적으로 조성된 수로

〈표 3-6〉 청산도 구들장논과 평야지역 논의 관개배수 차이점

구 분	평야지역 일반논	청산도 구들장논
위 치	지형이 평탄한 평야지대	지형이 경사진 중산간지역
관개수원	대규모 농업용 저수지	천수에 기반한 임시적인 소규모 보(洑)
관개방식	배수문 설치, 기계배수방식 단일관개배수 시스템	경사면에 의한 자연배수방식 연속관개배수 시스템
특 징	관개용수의 높은 침투율 다량의 관개요수 필요 관개용수의 과잉공급 비료성분의 용탈 및 유실 농작물 냉해 발생	용수의 침투를 막기 위한 식토층 형성 관개용수의 저류 용이 소량의 관개용수를 이용한 경작 가능 필지별 다양한 농작물 파종 가능 차가운 용출수 차단을 통한 냉해방지

8. 청산에 살어리랏다

1) 구들장논과 관련된 전통사상과 문화

청산도는 과거부터 전통 유교사상을 바탕으로 생활양식이 형성되었다. 농민들은 평소 쌀을 먹기 어려웠지만, 제례를 지낼 때는 귀한 쌀과 음식을 준비하였다. 이는 한국의 전통 유교사상에 기반을 둔 전통양식이며, 조상에게 농사의 풍년을 기원하는 의미를 지닌다. 식량생산의 중요수단으로서 의미를 갖는 청산도 구들장논은 농업활동의 안정과 충분한 비가 내려줄 것에 대한 염원의 대상이 되어 왔다. 이와 같은 중요성은 지역 내 뿌리를 둔 전통사상 및 풍습 등과 관련하여 다양한 농업생활문화로 현재까지 전승되어 왔다.

1) 비나이다, 비나이다

청산도의 전통사회는 마을공동체가 중심이 되어 왔다. 마을 주변의 농업과 어업자원을 얻는 활동이 마을단위로 이루어져 왔기 때문에 마을은 생산 활동의 단위이기도 하다. 청산도에서 과거 마을공동체 의식과 문화를 형성하는데 크게 기여하는 것은 종교였다. 청산도는 예부터 성리학 중심의 선비사상과 유교정신, 불교문화가 함께 공존해 왔다. 부흥리의 승모사는 유생들이 공부했던 서당으로 현재 음력 3월 3일에 지역 유림들이 제향을 올리고 있고, 각 마을에서는 조상을 섬기기 위한 제사를 시기별로 올리고 있다.

과거 청산도에서는 가뭄이 들면 산제(山祭)를 지내고, 산봉우리에 불을 지르는 풍습이 전해내려 왔다. 1943년 일제강점기에는 가뭄이 심하여 전답에 곡식은 물론 산들에 풀까지도 다 말라 죽자 마을 대표들이 모여 기우제(祈雨祭)를 지냈다고 한다. 마을의 우환을 막아주고 풍년・풍어를 위해 각 마을별로 당제(堂祭)를 모시는 전통신앙도 발달했다. 당제는 마을의 안위와 농사의 풍년을 기원하고 군고(軍鼓, 농악놀이)를 통해 마을공동체의 단결을 도모하는 역할을 했다. 한 해 농사의 풍년을 기원하기 위해 집에서 개별적으로 지내는 곡신 풍습도 있었다. 부엌의 아궁이 위의 선반에 깨끗한 물을 떠놓고 하얀 헝겊으로 덮어 놓고 수시로 손을 맞대어 비비면서 풍년과 가족의 건강을 빌었다.

[사진 3-18] 청산도 숭모사 전통제례

2) 구들장논 전통 농요

구들장논의 농업활동은 고단하고, 힘겨운 노동이 요구되었다. 예부터 전해 내려오는 말에 의하면 돌을 걸러내기 위해 아랫배에 대고 흔들던 소쿠리 노동은 굳은살이 생길 정도라고 했다. 고된 농업활동을 이기기 위해 농민들은 농요를 불러왔다. 구들장논 농요는 풀을 뽑을 때, 밭을 맬 때, 추수를 할 때 조금씩 다른 노랫말과 곡조를 보인다. 한 사람이 선창을 하면 함께 일하는 사람이 다함께 후창을 한다. 흥에 겨워 소리가 맞으면 노동의 효율이 아주 높아졌다고 한다.

9. 청산도는 보물섬

1) 청산도의 다양한 보물찾기

청산도에는 전통적인 농업과 더불어 다양한 생활양식이 훼손되지 않고 옛 모습 그대로 보존되어 있다. 곡선의 마을길, 돌을 쌓아 만든 집과 담장, 옛날 방식의 어업과 농업환경은 섬 전역에 산재해 있다. 예부터 전해 내려온 청산사람의 삶의 모습은 전통과 문화경관으로도 보존가치가 높다.

〈그림 3-5〉 청산도 내 분포하는 다양한 자원 및 슬로길 코스

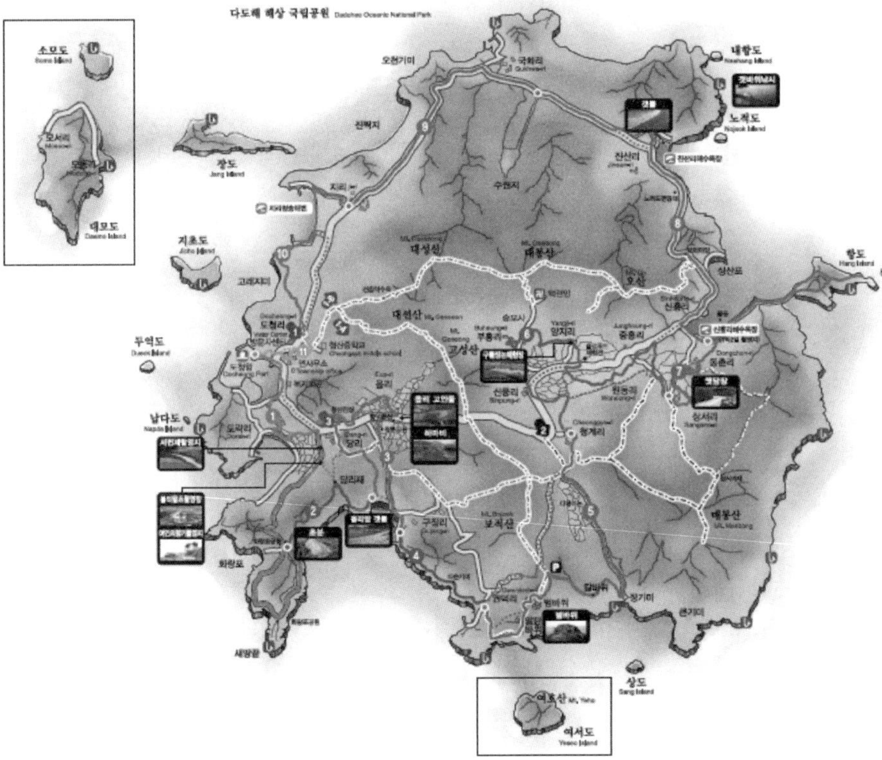

2) 느림의 미학, 청산도 슬로길

청산도 슬로길은 16세기 이후 이주민이 정착하면서 자연발생적으로 만들어진 오솔길이다. 슬로길이라는 명칭은 2010년에 붙여졌다. 2007년 아시아 슬로시티로 지정된 이후, 원래 주민들이 이동로로 사용했던 길에 코스별로 이름을 붙이고 이야기를 담았다. 슬로길은 곡선의 미학

이 담겨져 있다. 섬에 현대적 교통수단이 들어오기 전에는 사람과 우마(牛馬)가 다니는 구불구불한 곡선의 길이였다. 현재 코스마다 각자의 개성을 반영한 11코스 17길이 조성되어 관광객들의 걸음을 기다리고 있다.

[사진 3-19] 청산도 슬로길(1코스 서편제길)

3) 청동기시대 고인돌, 하마비와 고분

청산도 읍리에서는 청동기 시대의(AD 6세기) 대표 무덤양식인 고인돌이 발견되고 있다. 이는 고대시대부터 청산도에 사람이 살았다는 추정을 뒷받침한다. 청산도에는 현재 2개 지역에서 총 23기의 고인돌이 발견되었다. 청산면 읍리 963번지 일대에는 예부터 골기미, 독배기로 불리는 곳에 16기의 고인돌이 위치하고 있다(문화재자료 제116호). 읍리 963번지 일대에는 고인돌과 더불어 하마비가 위치한다. 하마비는 아무리 지체가 높은 사람이라도 이 앞을 지날 때 반드시 말에서 내려 걸어가야 했다는 이야기가 담겨져 있다. 하마비 전면에 조선시대로 추정되는 음각마애불이 새겨져 있다(문화재자료 제108호).

[사진 3-20] 고인돌과 지석묘(읍리 963번지)

4) 상서마을 옛 돌담

청산도 상서리는 마을 전체가 구불구불한 돌담으로 이루어져 있다. 청산도는 환경적으로 바람과 돌이 많은 특징이 있다. 따라서 옛 선조들은 곡선의 길을 경계로 돌담을 쌓고 집을 지었다. 연속해서 쌓은 돌벽은 자연스럽게 이어져 돌담길을 만들어 낸다. 이러한 돌담은 청산도 어느 마을에서나 볼 수 있지만, 특히 상서마을의 돌담은 전통방식 그대로 본래의 모습이 비교적 잘 보존되어 있다. 상서마을 돌담은 이러한 가치를 인정받아 2006년 국가지정 문화재로 가치를 인정받았다. 청산도 돌담은 도청리, 당리, 청계리, 동촌리 등지에서 고루 발견되고 있으며 같은 돌담이지만 주변경관과 어우러져 마을마다 조금씩 다른 멋을 간직하고 있다.

[사진 3-21] 상서리 옛 돌담길

5) 청산도 전통 장례문화, 초분(假葬)

초분은 일종의 풀 무덤으로 전라남도 섬 지역에서 두루 행해져온 장례문화다. 겉으로 보아서는 작은 초가지붕을 땅에 얹은 모양이다. 청산도에서는 사람이 죽으면 시신을 바로 땅에 묻지 않는 풍습이 있다. 장례를 지낸 후 관을 땅 위에 올려놓고 돌, 짚, 풀 등으로 엮은 이엉을 덮어 두었다가 2~3년 후에 뼈를 골라 땅에 이장했다. 즉 임시로 매장을 해두는 초분과정을 거쳐서 육탈이 된 후에 뼈만을 묘에 매장하는 이중장사(二重葬事)를 행해 왔다. 이러한 관습은 농사를 짓는 토지에 불순한 기운이 머물지 않도록 신성시 여기어 온 청산도 사람들의 전통적 토지사상과 연관이 있다. 초분은 현재까지 지속되고 있는 청산도의 장례문화이다.

[사진 3-22] 청산도 전통장례 초분

6) 자연의 이치를 이용한 어업, 휘리와 독살

청산도는 대를 이어 계승해온 전통 고기잡이 방식이 있다. 휘리라고 불리는 이 방식은 옛날 청산도에 배의 숫자가 넉넉지 못했을 때, 수심이 얕은 해안가에서 행해 오던 독특한 물고기 잡이다. 큰 그물을 바닷물이 있는 곳으로 둘러 쳐 놓고, 갯가에서 그물을 끌면 그 안에 고기가 낚여지는 방식이다. 오늘날에 휘리는 청산도의 주된 어업방식은 아니나, 바쁜 농번기 이후 마을주민들이 재미삼아 하는 놀이로나마 이어지고 있다. 현재는 섬을 방문하는 관광객을 대상으로 체험프로그램을 운영하고 있다. 독살은 조수간만의 차이를 이용해 물고기를 잡는 전통방식으로 현재 도락리 해변에 남아 있다. 반달 모양의 크고 작은 돌담을 해안에 쌓아 썰물 때 그 안에 갇힌 고기를 잡는 방식이다.

[사진 3-23] 청산도 전통어업 휘리

[사진 3-24] 도락리 해안의 독살

7) 바다 위에 열리는 생선시장, 파시

고기가 한창 잡힐 때에 바다 위에서 열리는 생선시장을 파시라 한다. 청산도는 1930년부터 1970년대까지 청산파시로 유명한 어업기지였다. 일제강점기부터 해방 전후(1945년)까지 고등어파시가 성행했고, 이후 1970년대까지 삼치파시가 활발했다. 성어기에는 부산과 일본에 선적을 둔 어선이 청산으로 운집하여 조업이 이루어졌다. 고등어파시 성어기 때 배 한척이 하루 동안 잡는 어획량이 30~50만 마리에 달해 수송선에 싣지 못해 버릴 정도였다고 한다. 1970년대 후반부터 어족

자원의 감소로 파시는 역사 속으로 사라졌다. 하지만 현재까지 청산면 도청항 뒷골목에는 당시 파시골목이 그대로 남아 있다. 현재는 파시골목에 남아 있는 옛 건축물의 역사적 고증을 토대로 역사문화거리의 보존 및 활용사업을 추진하고 있다.

[사진 3-25] 1920년대 청산도 고등어파시

[사진 3-26] 옛 파시골목의 현재 모습

8) 해녀의 휘파람, 숨비소리

청산도에는 50세에서 70세까지 다양한 연령층의 해녀가 있다. 과거에는 300명에 달했지만 현재는 20명 내외의 해녀가 물질을 하고 있다. 청산면 어촌계에 소속된 해녀들은 1개 조직에 7~8명으로 구성되어 공동으로 작업을 한다. 해녀들은 한번에 2~3분간 작업할 수 있으며 전복, 소라 등 해산물을 채취한다. 해녀들이 수면위로 나타날 때즈음 새소리 닮은 소리가 울린다. 이는 해녀들이 물속에서 깊은 숨을 참고 있다가 물 밖으로 나오면서 내뿜은 휘파람 소리이다. 이 소리를 '숨비소리'라고 부른다.

[사진 3-27] 청산도 해녀

제 3 절 청산도의 현재와 미래

1. 돌을 쌓아 지어올린 청산도의 역사

1) 청산도의 역사적 맥락

(1) 고대의 청산도

청산도는 본래 선산(仙山), 선원(仙原)으로 불려왔다. 고대의 청산도 기록은 문헌에 기록된바 없으나 읍리 963번지에서 발견되는 고인돌을 통해 청동기시대(6세기)에도 사람이 살았을 것이라고 추정된다. 청산도의 가장 오래된 문헌기록은 고려사 지리지 탐진현조에 나타난다. 탐진현은 강진군으로 본래 백제 때 동음현이었는데 신라 757년(경덕왕 16년) 전에 탐진현으로 개명하여 양무군 령현으로 되었다. 통일신라, 고려시대에도 청산도와 관련된 기록은 찾아볼 수 없다. 구전에 의하면 청산도 당리마을에 모신 당집의 신주가 신라시대 장군의 부하의 것으로 전해진다.

(2) 조선시대의 청산도

조선전기의 청산도는 고대(古代)이래로 해상교통의 요충지였지만, 왜구의 끊임없는 약탈로 이어졌다. 문헌에는 1483년(성종14년)에 해적이 침입해 면포 50필, 미곡 30여석을 빼앗아 갔다고 기록되어 있다. 조선중기 1555년(명종7년)에도 왜선 60여척이 출몰해 완도 등지가 차례로 약탈되었고, 임진왜란(1592~1598)이후는 잠시 섬에 사람이 비워졌다. 조선후기 16세기 말부터 부흥리 함양박씨, 지리 김해김씨, 청계리 충주지씨 등이 섬에 정착했다. 임진왜란 이전에도 청산도에서 농업활동을 지속되었을 것으로 사료되지만 구들장논의 경작은 대략 17~18세기로 추정된다.

〈그림 3-6〉 청산도 고지도

(3) 근현대의 청산도

청산도가 알려지기 시작한 것은 1993년 영화 서편제의 촬영지로 소개되면서부터이다. 수려한 자연경관이 부각되면서 관광객이 증가하기 시작했다. 2007년에는 슬로시티로 지정되어 농어업의 섬이 관광문화의 섬으로 재탄생하고 있다.

2) 청산도 농업역사와 구들장논의 탄생

임진왜란(1592~1598) 이전에도 청산도에 사람이 거주하며 농업활동이 시작된 것으로 전해지고 있다. 기록된 문헌(文獻)과 전해 내려오는 구전(口傳)을 토대로 살펴보면, 청산도에서 최초로 구들장논을 조성하여 경작한 시기는 대략 17~18세기로 추정된다. 초기 구들장논을 조성한 청산도 주민은 16세기 말부터 이주정착한 입대조(入代祖)로서 현재까지 거주하고 있는 직계후손들에게 구들장논 조성 기술과 농법이 전수되어 왔다.

[사진 3-28] 덜리마을 안내판

(1) 청산도의 최초 정착 거주지 - 덜리마을

덜리(乞里)는 16세기 말부터 17세기 사이 양란(임진왜란, 병자호란)의 피난민이 청산도에 최초로 정착해 거주하기 시작한 곳이다. 제주도로 항해 도중 풍랑을 만나 상산포를 통해 입도하였는데, 지금의 상서리 지역에 해당한다. 덜리(乞里)는 현재의 상서마을 보다 상부에 위치한 경사지역에 위치해 있다. 청산도의 뿌리가 되는 마을로 현재는 과거의 집터와 구들장논 휴경지가 일부 남아있다. 조상들의 고된 노동을 통해 구들장논이 만들어지기 시작한 발원지이며, 돌담을 쌓는 마을 공동체 문화가 형성된 곳이다.

(2) 일제강점기까지 활발하게 조성된 청산도 구들장논

양지리에 거주하는 김홍표님(남, 85세)의 증언에 의하면 일제강점기 청산도에는 쌀의 공출(供出)이 많아 식량난이 심각했다고 한다. 애초에 쌀 생산이 부족한 청산도 마을주민들은 조금이라도 더 식량을 생산하기 위해 조건이 매우 불리한 곳까지 논으로 만들 수밖에 없었는데, 1940년까지 구들장논이 만들어지는 광경을 직접 목격했다. 양지리 입도조의 후손이 현재 17대이므로 1대를 25년이라 가정했을 때, 구들장논의 역사는 400년 이상 되었다고 추정할 수 있다. 일제강점기에는 증조부의 구들장논이 강제로 수탈되었고, 법정소송도 벌였다고 한다. 따라서 청산도 구들장논은 17세기부터 20세기 중반까지 지속적으로 조성되었다.

문헌에 의한 구들장논 조성 기록도 찾아볼 수 있다. 1991년도 목포대학교 연구팀이 발행한 '도서문화'라는 조사보고서를 보면, 1592년도 임진왜란 때 이순신장군의 부하인 함양박씨가 부흥리 지역에 터를 잡으면서 시작되었다고 기록하고 있다. 또한 1983년에 발행된 '전남도정'에서는 1610년도에 제주양씨가 구들장논을 만들기 시작했다고 기록되어 있다.

2. 청산도에 드리워진 그림자

새로운 시대의 흐름은 청산도에도 적잖이 영향을 주었다. 농업이나 어업의 설 자리는 점차 좁아지고 있고, 관광산업 중심으로 산업구조의 변화가 나타났다. 손자병법의 따르면 지피지기면 백전불패라 하였다. 청산도가 겪고 있는 문제점들을 진단해 보고자 한다.

1) 청산도 인구감소와 고령화 추이

청산도의 연도별 인구변화 추이는 역사적 사건과 생계수단의 변화와 관련이 있다. 문헌에 의하면 17세기 이후 본격적으로 거주하기 시작한 청산도는 18세기 초 700호(약 2,000여명)에 달하였다. 하지만 1759년에 1,352명으로 인구가 급감했다. 이 시기는 노동력의 징발이 심해져 도민들은 징발을 피해 흩어졌기 때문이라고 기록되어 있다. 인구감소는 18세기 후반까지 계속되었다.

19세기 후반까지 청산도의 인구는 다시 증가해 1895년 2,655명까지 늘어난다. 이 시기 청산도의 주요 생계수단은 농업이었다. 따라서 초기 입도시기인 17~18세기 초반 인구의 증가 이후 18세기 후반부터 19세기 후반까지 다시 인구가 증가했다. 이 시기에 농업생산량을 높이기 위해 구들장논을 집중적으로 조성한 것으로 추정된다. 20세기에 급격한 인구변화를 맞는다. 이 시기는 청산도의 산업변화의 전환점이다. 농업에서 어업으로 변화했다. 1920~30년대 활발했던 고등어파시, 1950~70년대 활발했던 삼치파시는 청산도 인구 급증의 커다란 요인이다. 하지만 1980년대 이후 감소한 어획량에 의해 청산도 인구는 1990년대 들어 급속히 감소했다. 1970년 기준 13,117명이었던 인구는 26년 사이에 1996년에 3,642명으로 줄었고 2011년에는 2,589명으로 감소했다. 현재는 인구감소와 더불어 고령화가 빠르게 나타나고 있다. 고령화에 따라 20세기 중반이후 구들장논의 조성은 급격히 줄어들었고, 현재 휴경지의 증가로 이어지고 있다.

〈표 3-7〉 연도별 청산도 인구변화 추이

연 도	2011년	2005년	1996년	1970년	1895년	1759년
인구수 (명)	2,589	2,803	3,642	13,117	2,655	1,352

2) 구들장논 휴경지의 지속적 증가

지금까지 조사된 구들장논 밀집지역은 부흥리, 양지리, 상서리에서 총 57필지 약 4.9ha 면적으로 파악된다. 하지만 주민인터뷰를 통해 밀집지역 외에도 보적산 산림지역 주변과 동천리, 신흥리, 지리, 모도리에서도 구들장논이 산재하는 것으로 알려진다. 남아 있는 구들장논에서 공통적으로 나타나는 특징은 휴경지의 비중이 높게 나타나고 있는 점이다. 현재 휴경지의 면적은 전체 0.05km^2 중 14%인 0.007km^{2}에 불과하지만 향후 면적이 더욱 증가할 것으로 예상된다. 구들장논 휴경지 증가의 원인은 농가인구 감소와 고령화 때문이다. 이는 마을단위 규모의 축소로 공동체 협동농업의 기회를 감소시켰다. 또한 접근성이 취약한 산기슭에 위치한 구들장논에 대한 관리 어려움, 기계식 농법 도입의 어려움 등이 종합적인 원인이 되어 다수의 구들장논이 미경작 상태의 휴경지로 방치되게 되었다.

[사진 3-29] 풀이 무성한 구들장논 휴경지

[사진 3-30] 석축이 무너진 구들장논 휴경지

〈그림 3-7〉 청산도 관광객 변화추이

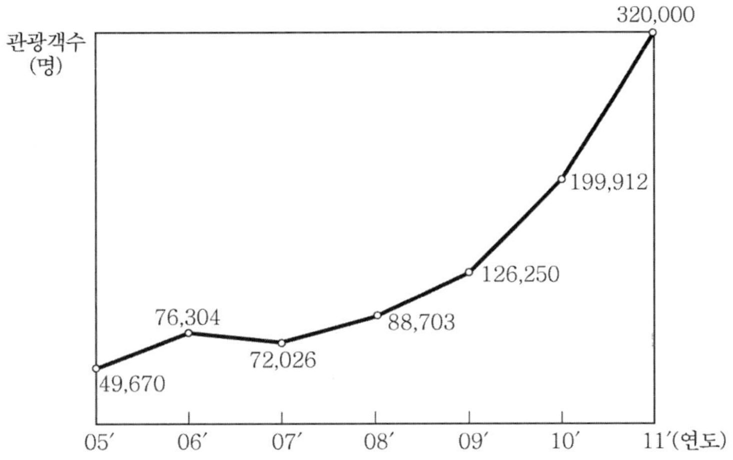

3) 청산도의 무분별한 개발 증가

청산도는 2007년 슬로시티로 지정된 이후 관광객이 급증하는 추세를 보이고 있다. 2005년 기준 5만명에 달하던 관광객은 불과 5년 사이 4배 증가하여 20만명에 도달했다. 또한 2010년에는 30만명을 넘었다. 관광객 급증의 원인은 국내 걷기문화의 열풍과 힐링 관광의 저변 확대에 있다.

〈표 3-8〉 연도별 청산도 관광객 변화추이

연도	2006년	2007년	2008년	2009년	2010년	2011년
관광객	76,304	72,026	88,703	126,250	199,912	320,000

관광객의 증가로 인해 청산도는 최근 몇 년 사이에 다양한 변화를 맞이하고 있다. 섬 내 교통, 숙박, 음식 등 서비스시설의 활발한 경제 활성화를 가져오고 있지만 반면에 부정적인 부분도 일부 나타나고 있다. 2007년 이전까지 청산도에서는 민가주택을 활용해 민박으로 사용

했다. 하지만 관광객을 수용하기 위해 현대화된 펜션시설이 생겨나기 시작했다. 이는 청산도의 전통의 정체성을 약화시키는 건축물이다. 또한 관광객의 증가로 쓰레기의 증가 및 생태환경의 파괴가 문제로 대두되고 있다.

[사진 3-31] 도락리 현대식 숙박시설 개발

4) 농업유산 보존·관리체계의 미비

한국은 2012년 말 국가농업유산의 지정과 보존관리를 위한 제도를 도입했다. 농업유산의 보존과 관리를 위한 국가차원의 정책을 채택하였다는 점은 의의가 있으나 자치단체 수준의 보존관리 체계의 구축은 시작단계에 있다. 따라서 농업유산을 보유한 자치단체로서 보존관리를 위한 전담 행정조직의 설치와 이를 지원하는 NPO·NGO조직과의 연계협력, 농업유산 주민협의체와의 협력관계 구축이 단계적으로 필요한 실정이다.

3. 미래를 바라보는 청산도의 청사진

열악한 환경에서도 굳건하게 구들장논이라는 새로운 삶의 터전을 개척해 낸 청산도의 주인들이다. 그늘이 드리워졌다고 해서 낙담할 만큼 나약하지 않았다. 청산도는 앞으로의 활로를 모색하고 있다.

1) 자치단체 수준의 보존관리 법제도 필요

농식품부는 2012년 농어업유산지정관리기준(농식품부고시제2012-285호)을 마련했다. 기준고시에는 농업유산의 지정(제2장), 농어업유산지정심의회(제3장), 세계농업유산 등재신청(제5장) 등을 마련하고 있다. 제4장에서는 농어업유산의 관리가 명시되어있다. 국가농업유산으로 지정되면 상기 기준고시에서 정하는 보존관리 절차를 이행해야 한다. 현재는 상위 법률에 근거해 중앙부처의 기준고시가 마련되었으나, 자치단체 수준의 법적 구속력을 지닌 구체성 있는 제도가 마련되어 있지 않다. 따라서 완도군은 농업유산의 훼손을 위협하는 주변개발의 제어, 청산도 구들장논의 지역여건을 반영한 관리범위의 설정 등 구체성 있고 작동 가능한 제도장치를 마련해야 한다.

[사진 3-32] 구들장논 기초조사 및 보전계획

2) 자치단체 차원의 농업유산 추진활동

완도군은 2011년 말부터 청산도 구들장논이 가지고 있는 농업유산으로서의 가치를 발견하고 활용을 위한 다각적 모색을 시도해 왔다. 2011년 11월 개최한 '청산도 구들장논 가치 재발견과 활용 모색을 위한 세미나'가 완도군 정책추진의 전환점이 되었다. 완도군이 주관하여 농식품부, 농어촌연구원, 관련전문가를 초청하여 개최하였다. 이 세미나를 통해 구들장논의 보존과 관리, 활용을 위한 다양한 아이디어를 공유하였다.

완도군은 2012년 5월부터 구들장논의 보존관리 및 활용을 위한 기초연구를 진행하였다. 부흥리, 양지리, 상서리에 밀집하는 구들장논의 물리적 규모를 파악하는 것을 주요내용으로 담고 있다. 더불어 구들장논 경작농가의 주민조직, 늘어나고 있는 구들장논 휴경지의 활용을 위한 보존관리 기본구상을 담고 있다. 연구결과를 바탕으로 한국농업유산 지정신청과 지역주민의견교환회 등을 추진하였다.

3) 지역주민과 연계·협력한 농업유산 추진활동

완도군은 청산도 구들장논의 농업유산 보존과 관리를 위해 2012년부터 주민과 협력활동을 지속해 오고 있다. 2012년 4월 청산면 양지리 주민과 개최한 '구들장논 간담회'에서는 중앙부처 국가농업유산 정책사업을 소개하고 민・관 협력을 위한 기틀을 마련하였다. 더불어 도시민과 교류・홍보활동으로 추진하고 있는 '구들장논 오너제도'의 성과를 공유하고, 구좌신청으로 적립된 구들장논 경작지원 기금을 양지리 구들장논 경작농가에 전달하였다.

4) 지역단체 및 관련전문가 연계한 활동추진

청산도의 지역단체인 청산농협은 2012년부터 완도군 농업유산 정책사업에 업무협력을 맺고 있다. 청산농협은 현장실무 역량을 바탕으로 2012년 5월부터 수행한 구들장논 기초연구 조사부문을 지원했다. 또한 '구들장논 오너제도' 현장실무에 협력해 왔다. 2012년 5월 청산도 향우회 행사에서 구들장논 오너제도를 홍보하고 구좌신청 업무를 지원했다. 구들장논 오너제도 참여의 혜택인 마늘 장아찌(9월)와 구들장논 쌀(11월) 배송업무를 맡았다.

청산도 구들장논의 보존관리를 위한 학술적 협력단체는 한국농어촌유산학회가 있다. 본 연구회는 농업, 경관, 도시관련 전문 연구자의 모임으로 2011년부터 구들장논의 기초연구를 독자적으로 축적해 온 연구조직이다. 최근에는(2012년) 농촌계획 학회지에 '청산도 구들장논의 분포와 물리적 구조에 관한 연구'를 등재함으로써 청산도 구들장논의 학술적 토대를 마련하였다. 이밖에 지역주민과 연계한 보존관리 활동에 자문역할을 유지해 오고 있다.

5) 청산도 친환경 유기농업 지원제도 도입

최근 청산도의 인구 고령화와 어업 및 관광서비스의 증가로 구들장논은 경작지로서의 기능을 잃고 휴경지 면적이 증가하고 있는 추세이다. 이에 완도군은 구들장논의 경작보전과 친환경농업의 브랜드를 높이기 위한 새로운 방안을 도입하고 있다. 2012년 7월 「유기농단지 실현 선포식」을 통해 구들장논을 친환경 유기농단지로 육성하고 제도적으로 지원하는 정책을 추진하기 시작했다.

본 사업은 구들장농가가 밀집하는 양지리, 부흥리, 중흥리, 청계리, 상서리 5개 마을을 대상으로 한다. 농경지 70ha규모에서 화학비료를 사용하지 않고 유기농으로 농산물을 재배하며, 완도군은 친환경 농자재를 지원한다. 농민들이 재배한 벼·마늘·콩·고추·봄동·고사리 등의 유기농 농산물은 완도군 이숍, 농협에서 친환경 인증브랜드로 판매된다. 이를 통해 구들장논을 유지하고 주변 생태계를 보존함과 동시에 지역먹거리(Local food)를 생산한다.

6) 도시민 교류 경작지원 활성화 - 구들장논 전승운동

청산도에서는 2012년부터 양지리 구들장논 경작농가, 청산농협, '한국농어촌유산학회'와 공동으로 협력하여 '청산도 구들장논 오너제도'을 추진하고 있다. 이 운동은 2012년 3월부터 포스터, 뉴스매체, 지역행사 참여 등의 홍보로 시작되었다. 청산도 향우회원과 도시민을 대상으로 1구좌 5만원의 구들장논 오너제도 구좌신청을 받았다. 구좌를 개설한 신청자는 청산도 구들장논의 보존활동 소식지와 청산도 관광정보 및 할인혜택, 구들장논에서 생산된 농산물을 받아보게 된다.

[사진 3-33] 구들장논 오너제도 운영

[사진 3-34] 느린섬여행학교 설립 및 운영

2012년 4월 청산도 슬로우 걷기축제 기간에는 구들장논 간담회를 개최했다. 지역 주민과 더불어 외부 관광객에게 구들장논의 가치와 보존을 홍보했다. 그 결과 2012년 한해 전국적으로 총 108구좌 신청을 받았으며, 참여자에게는 2회에 걸쳐 구들장논 마늘로 만든 장아찌와 구들장논 쌀을 보냈다. 2013년에도 구들장논 오너제도를 지속적으로 운영할 계획이다. 구들장논 경작농가는 양지리, 부흥리, 상서리로 확대할 계획이며 농업유산의 도시민과 교류차원의 농업체험 프로그램도 운영할 계획이다.

7) 농업유산의 관광체험 상품화 - 구들장논 체험프로그램 운영

완도군은 농업유산의 보존과 더불어 관광적 활용을 위한 체험프로그램이 2011년 청산면 양지리에 조성된 구들장논 체험장에서 운영되고 있다. 체험장은 실제 구들장논의 전시체험, 구들장논 농업기술의 설명을 위한 안내판, 체험학습시설이 마련되어 있다.

구들장논 체험프로그램은 2011년부터 청산도의 가을축제 행사인 '청산휴가 어울림 한마당'을 통해 시범적으로 운영해 오고 있다. 가족 단위 도시민을 초청하여 개최되는 이 행사는 허수아비 만들기 체험, 구들장논 탁본 체험프로그램 등을 제공한다. 2013년에 추진될 예정인 '구들장논 오너제도'와 연계하여 구들장논 모내기 체험, 가을걷이 체험으로 확대·운영할 계획이다.

제 4 장 국가농어업유산 사례(2): 제주밭담

〈제주섬과 제주밭담 경관〉

제 1 절 현황 및 개요

제주도는 한반도에서 남쪽으로 약 90km 떨어져 있으며, 대륙(러시아, 중국)과 해양(일본, 동남아)을 연결하는 요충지이면서 천혜의 자연경관이 수려한 세계적 휴양 관광지로 알려져 있다.

인구는 2012년 기준 592,449명(232,141세대)이며, 주 생계방법으로는 관광·도소매업 등이 77.3%, 농·임·축·수산업이 18.4%를 차지하는 1차와 3차산업 중심이다.

난대성 해양성이면서 아열대·온대·한대기후 지역이며, 주요 토지이용으로는 과수원(감귤) 및 밭작물(감자, 당근, 마늘, 무, 양배추, 보리, 콩 등) 재배 중심지역이다. 한라산을 중심으로 동서사면은 3°~5°의 완만한 경사이며, 남북사면은 5° 정도로 약간 급한 경사를 이루고 있는 한반도 최남단의 화산섬이다.

화산섬이라는 지형·지질적 특성은 이 섬의 척박한 농업환경을 가져 왔다. 화산회토 토양이 주를 이루며 돌과 바람이 많다. 하지만 섬 사람들은 농사의 시작과 더불어 토양에서 골라낸 돌을 이용하여 22,000km가 넘는 밭담을 쌓아 바람과 토양유실을 막는 기재로 활용했고 생물종 다양성과 농업문화를 보존했다.

이 밭담은 천혜의 자연경관을 지닌 제주심의 빼어난 농업문화경관으로 제주의 미학을 대표한다. 그리고 농지정리·도시 확산 등 숱한 도전을 감내하며 1000년이 넘도록 여전히 제주섬의 농업을 지켜 가고 있다.

세계적으로도 유례를 찾아보기 어려운 이 '흑룡만리 제주밭담'([사진 4-1] 참조)의 세계농업유산 등재는 밭담의 효과적인 보존과 효율적인 활용을 통한 농업유산 밭담과 제주농업의 지속가능성을 열어가는 계기가 될 것이다.

(위 좌로부터 시계방향으로 한라산 백록담, 성산일출봉, 당처물동굴, 산방산, 용머리해안, 천지연폭포)

[사진 4-1] 세계자연유산, 세계지질공원 등의 핵심공간들

제 2 절 '화산섬 제주'와 제주밭담의 형성

1. 제주섬의 탄생

지구상 화산분출 제1~4기 동안 수성화산활동을 거쳐 제주섬은 탄생했다. 200만 년 전 수성화산활동으로 퇴적층 형성, 60만 년 전에는 용암대지 형성, 30만 년 전에는 순상화산체 형성, 16만 년 전에는 한라산 용암동 형성, 2만 5천 년 전에는 한라산 분화구 형성, 1만 8천 년 전 마지막 빙하기에는 해수면이 현상태 수준에 이르며 제주섬 윤곽 형성, 5천 년 전에는 섬 동서쪽 해안지대 화산폭발, 1천 년 전에는 섬 북쪽 해안지대 화산폭발이 있었다.

제주화산섬은 그 탄생에서 완성까지의 과정을 담은 원래의 지형과 지질을 간직하고 있다. 특히 유네스코 자연과학분야 3관왕인 세계자연유산(World Heritage: Jeju Volcanic Island and Lava Tubes), 세계지질공원(World Geopark), 생물권보전지역(Biosphere Reserve) 지정뿐만 아니라 '람사르습지'로 지정되는 등 제주섬은 세계적인 자랑거리이

자, 인류의 유산으로 알려져 있다. 최근에는 세계7대자연경관의 하나로 선정되기도 했다.

이러한 탄생배경은 제주섬을 '돌의 나라'로 만들었으며, 그 위치로 인해 '바람의 나라'로 불린다. 즉, 돌과 바람이 많은 제주섬의 환경은 이곳에서 삶을 영위해야 하는 주민들로 하여금 그 환경과 싸워 이기거나 서로 해로운 방법을 찾아내도록 만들었다. 밭담농업시스템은 섬의 환경과 화해로운 삶을 모색한 결과라 하겠다.

2. 제주섬의 토양특성과 분포패턴

화산섬인 제주도는 그 토양특성으로 인해 농업시스템도 다른 지역과 차별화될 수밖에 없었다. 작물이 다르고 농경방식이 다르다. 제주섬의 화산회토 토양에 대해 살펴보자.

〈그림 4-1〉 제주도의 비화산회토지역과 화산회토지역

화산회토가 제주섬의 77%, 전체 경작지의 60%를 차지하고 있다. 화산회토는 강한 산성을 띠며 인산이 결핍된 토양, 작물의 발육·성장 저하, 열매의 품질이나 수량에도 악영향, 매우 가벼운 모재(母材)로 구성, 바람에 의한 침식에 약하고 비에 표토가 쓸려버린다. 즉, 농경지를 일구면 돌이 나올 만큼 농업여건이 나쁜 밭농업(99.9%) 중심지대이기 때문에 강한 바람과 다우지역인 제주섬에서 이 화산회토 토양의 보전·관리가 농사의 필수요소이다.

제주섬은 강수량이 많음에도 불구하고 밭농사 중심지대인 이유로는 화산회토는 투수성이 강하고 경작토 평균 깊이 18.3cm(최저 7cm, 최고 35cm)로 매우 얕다. 자갈함량이 40%에 이르는 지역이 많고, 자갈함량이 적더라도 경토의 깊이가 충분치 못한 곳도 많다. 비화산회토(현무암 풍화토)라 하더라도 자갈함량이 15%에 이르는 곳도 있고, 경작토의 깊이가 15cm밖에 되지 않는 지역도 있다.

작지왓

빌레왓

모래밭

[사진 4-2] 토양 특성에 따른 밭담 유형

3. 농사의 시작과 기후특성

제주도에서 농업의 시작은 한반도와는 별개의 독립국으로 존재했던 탐라국시대인 A.D. 1~1105년으로 선사시대의 칼·낫·탄화곡물 등 출토유물로 추정하고 있다.

초속 10m 이상의 폭풍일수는 약 117일로 많은 편이며 봄과 가을에 더 심하며, 여름에는 초속 40-50m의 태풍이 두세 차례 지나가는 길목에 위치하고 있어, 이 섬은 다른 어떤 지역보다 강한 바람에 대비한 생활과 농경방식이 부득이하다.

(곽지패총에서 출토, 3세기경 유물로 추정)

[사진 4-3] 수확도구인 패도

4. 제주밭담의 탄생

제주밭담은 개간과정에서 나온 돌을 이용, 바람과 토양관리를 위한 밭담이 조성되었다. 화산섬 제주의 농경지는 대부분 현무암 '돌밭'이며 개간을 위해서는 돌을 캐내어 쌓아두어야 한다. 표토층이 가벼워 비바람에 돌이 드러나므로 계속 치워야 하는데 이것으로 인해 '머들'이 형성되고, 강한 바람과 화산회토 토양 관리를 위해 밭담을 쌓기 시작한 것이 '밭담'과 '밭'의 형성되는 시초가 되었다. 또한 농작물과 토양관리 기능에 경계용 기능이 추가되면서 1천여 년이 흘러 검은색 현무암으로 '제주밭담' 형성되었는데 이러한 밭담은 제주농업의 차원을 크게 바꾸어놓은 일대혁명이 된 것이다.

[사진 4-4] 개간과정에서 나온 돌들을 쌓아둔 모습. '머들'이라 함.

〈그림 4-2〉 제주섬의 환경과 밭담의 형성배경 개요

5. 밭담과 제주농업의 역사

1) 제주밭담은 제주농업의 역사와 한 몸

돌밭에서 돌을 캐내어 농경지를 개간하고 바람과 토양유실을 막아내기 쌓은 밭담은 제주도의 농업혁명이라 할 수 있으며, 1천 년을 넘게 밭농사를 보호해온 밭담은 제주농업의 영원한 지킴이라 할 수 있다.

'정리되지 않은 자연스러움'은 오히려 '바람의 나라, 제주'에서 탄생한 제주밭담의 속성이며 생명력이다.

[사진 4-5] 제주밭농업을 지켜온 제주밭담

2) 해안지대에서 중산간지대로 거슬러 옮아간 제주밭담

제주밭담은 해안지대의 농경에서 척박한 토양의 중산간지대로 농경지 확대시켰으며, 농경문화와 목축문화의 만남을 확인할 수 있는 밭담으로 뿐만 아니라, 목축 중심지대인 중산간 일대로 농경이 확대되면서 밭담은 제주전역에 분포하게 되었다.

6. 고문헌을 통해 본 제주밭담

제주밭담에 대한 역사기록은 고문헌을 통해 알 수 있으며, 〈표 4-1〉과 같이 1530년 신증동국여지승람에서부터 그 기록을 찾을 수 있다.

〈표 4-1〉 고문헌에 나타난 밭담의 기록내용

문헌명	저자	기록 연대	유래	축조 과정	돌담의 기능		
					소유지 경계	우마 출입방지	토양·작물 보호
新增東國輿地勝覽	이행·홍언필	1530	○		○		
南溟小乘	임제	1577-78				○	
南槎錄	김상헌	1601		○			
耽羅誌	이원진	1653	○		○		
南遷錄	김성구	1676		○		○	
南槎日錄	이증	1679				○	
南宦博物	이형상	1704	○		○	○	
耽羅誌草本	이원조	19세기 중반	○	○		○	
KOREA	Hermann Lautensach	1945		○		○	○
增補耽羅誌	담수계	1954	○		○	○	○

밭담의 축조는 1234년 제주 판관으로 부임한 김구의 지시에 따라 경계용으로 쌓았다는 것이 가장 오래된 기록으로 800년 전에 이미 사회적으로 밭담을 토지소유 경계표지로 활용했다는 기록이지만 그 연원은 더 길 것으로 판단되고 있다.

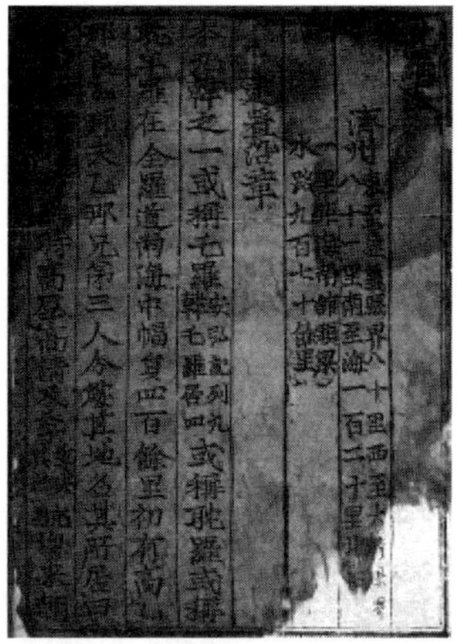

[사진 4-6] 제주밭담의 시원을 기록하고 있는《탐라지》

고문헌에서는 당시 제주 농업을 재조명할 수 있는 단서를 제공하고 있으며, 제주민들이 경작지를 개척・개간하는 과정에서 밭담의 자연스러운 조성과정이 기록되었다.

밭담의 기능을 바람막이, 무마 출입방지, 토양과 작물 보호, 소유경계 등 다기능 이 확인되면서 수백 년 동안 이어온 밭담을 통해 제주민들이 척박한 자연환경 속에서도 농업활동을 이어온 지혜를 엿볼 수 있다.

제 3 절 제주밭담의 지식체계와 기술적 특성

1. 제주밭담의 구조적 특성

1) 농경지에서 나온 돌과 인근의 돌을 이용하여 자연스럽게 쌓음

대부분 기공이 많은 현무암을 이용하며, 모서리가 비교적 둥근 돌을 사용함으로써 틈새가 많이 생겨, 그 틈새가 바람구멍 역할을 하여 강한 바람에도 잘 견뎌내는 구조를 형성하고 있다.

밑돌 두 개 사이에 윗돌을 올리는 형태로 층층이 축조하거나 밑돌과 윗돌 사이의 틈새가 클 경우 자갈을 이용하여 고임으로써 안정성을 획득하여 1천여 년을 넘게 제주밭담을 지탱해온 힘이 된 것이다.

농경지 간에도 끊어짐이 없이 밭담을 잇댐으로써 축조효과를 극대화함으로써 22,108km의 '흑룡만리' 밭담이 형성되었다고 볼 수 있다.

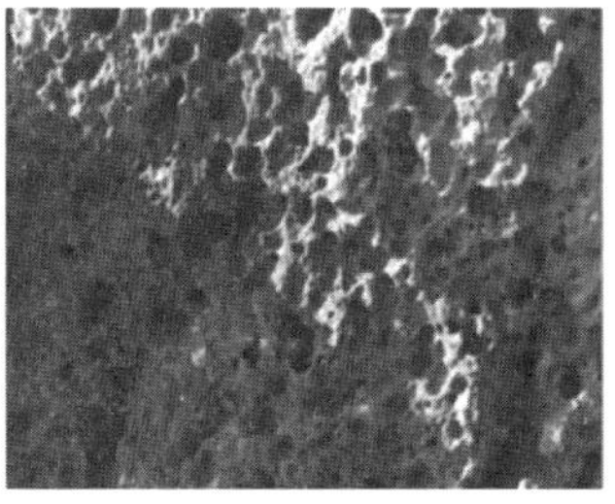

현무암의 기공

틈새가 많은 제주밭담

[사진 4-7] 제주밭담의 구조적 특성

2) 강한 바람을 이겨내는 제주밭담

제주밭담은 강한 바람에도 불구하고 1천년 이상을 무너지지 않고 보전되어 온 이유는 현무암에 있는 기공, 유선형인 돌 모양, 돌과 돌 사이의 틈새, 돌을 쌓는 모양 등에서 찾을 수 있다.

〈그림 4-3〉 강한 바람을 이겨내는 제주밭담의 과학적 근거

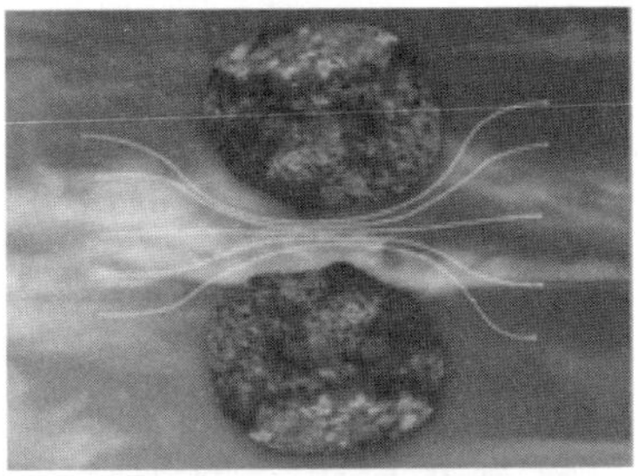

밭담 틈새를 지나는 바람의 유선분포

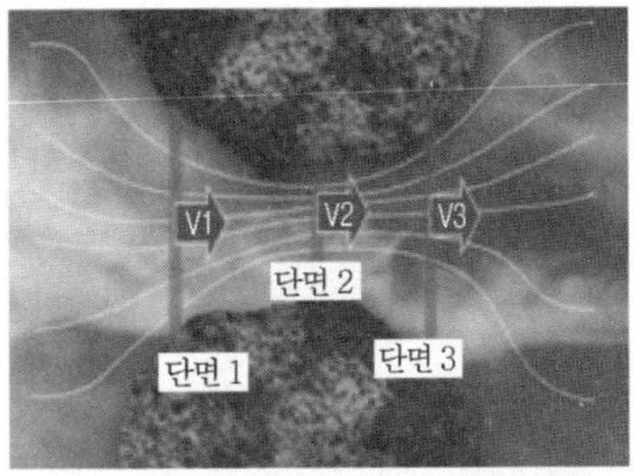

밭담 틈새를 지나는 바람과 속도의 관계

비행기 날개 단면과 양력원리

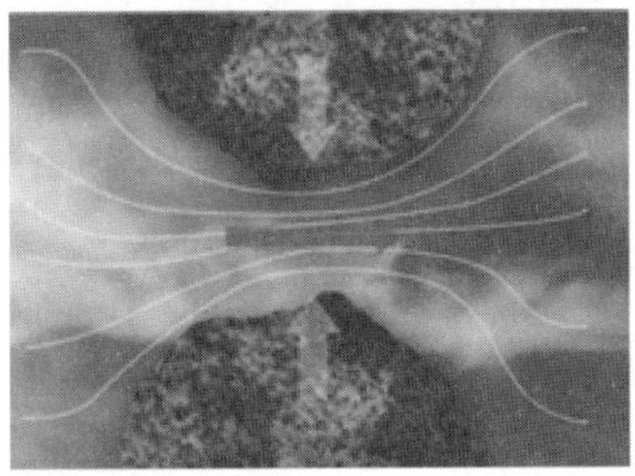

밭담 틈새를 지나는 바람의 속도와 마찰력

> ☞ 무척 허술해 보이는 밭담이 강한 바람에도 쉽게 무너지지 않는 이유
> - 돌의 형태에 따라 돌이 받는 마찰력 그리고 돌과 돌 사이의 구멍이 만들어내는 '파풍효과(破風效果)' 때문
>
> →밭담은 바람의 저항을 잘 받는 유선형 형태이고, 돌이 많은 기공이 있는 현무암이어서 마찰력 증가
>
> →많은 구멍이 뚫려 있어 바람이 잘 빠져나가므로 밭담이 받는 저항이 감소되어 잘 무너지지 않음.

2. 제주밭담의 유형

제주밭담은 경작지의 토양이나 주변 여건에 따라 다양한 형태로 축조되었다.

1) 쌓은 모양에 따른 밭담 유형

외줄로 쌓은 '외담'과 두 줄로 쌓은 '접담'으로 구분되며, 외담은 가장 일반적인 형태이며 가장 많은 비중을 차지한다. 접담은 다른 경작지에 비해 돌이 더 많이 나오는 곳에 주로 형성된다.

잣담은 큰 돌 사이에 작은 돌을 채워 넣어 사람들이 그 위로 지나다닐 수 있도록 한 유형이며, 사람들이 그 위로 지나다닐 수 있어 '잣길'이라 하며, 맹지를 드나들어야 하는 이웃에 대한 배려의 뜻이 담긴 것이다.

'잡굽담'은 작은 돌을 먼저 일정 높이까지 쌓은 뒤 큰 돌을 그 위에 쌓은 밭담으로 경작지에서 나온 다양한 크기의 돌을 처리하기 위한 지혜가 담겼다.

외담

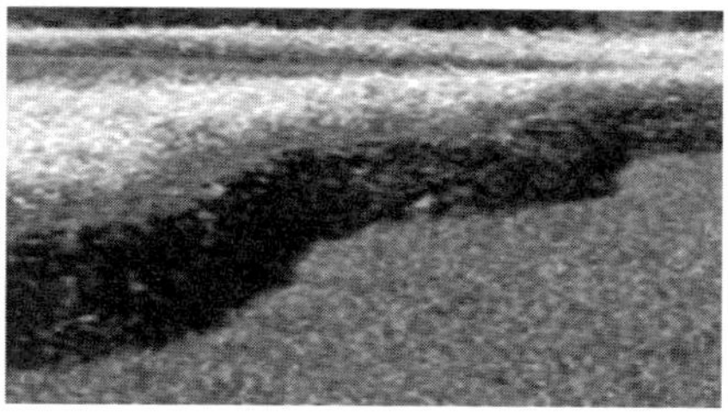

접담

잣담

잡굽담

[사진 4-8] 제주밭담의 종류

2) 제주밭담과 작물

바람을 막고 수분을 유지 해주는 밭담의 높이는 재배작물 선택의 주요 고려사항으로 밭담이 낮은 경작지에서는 주로 감자, 당근, 고구마, 무, 배추, 마늘 등 구근류 및 근채류인 키가 작은 작물이 재배되었고, 일률적이지는 않지만 비교적 밭담이 높은 밭에서는 조, 보리, 유치 등 작물이 재배되었다.

물론, 밭담의 높이만이 작물을 결정하는 요인일 수는 없다. 작물의 파종시기와 바람의 시기별 강도를 고려하여 작물을 선택했다. 계절별 바람의 세기에 따라 재배할 작물을 선택적으로 결정함으로써 바람의 피해를 막으려는 지혜도 모아졌다. 비가 많이 내리고 태풍이 한두 차례 내습하는 여름철에는 참깨와 기장 같이 단기간에 수확이 가능한 작물을 재배했다. 겨울철에는 감자·무·브로콜리·양배추 등과 같이 해풍에 강한 작물을 재배했다.

〈그림 4-4〉 제주밭담과 바람, 농작물 생육의 상관관계

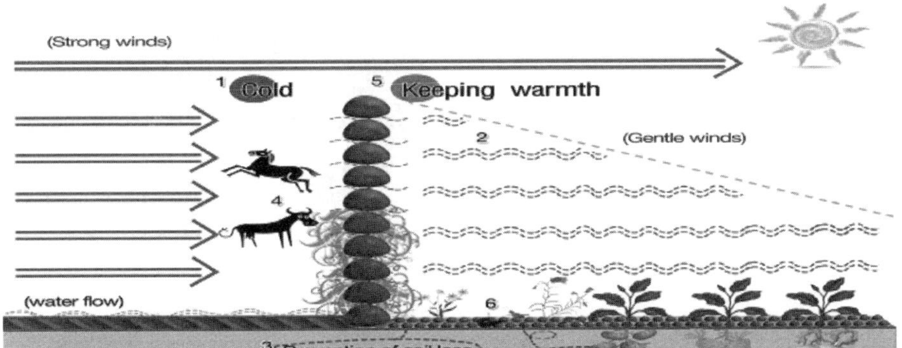

1. 강한 바람을 걸러내는 파풍효과
2. 바람구멍으로 스며든 따뜻한 바람은 농작물의 생육을 도움
3. 토양유실 방지
4. 마소의 농경지 침입 방지
5. 농경지의 작은 돌들은 토양을 따뜻하게 하여 수분 보존
6. 생물종 다양성 유지

또한 잔디와 같이 연중 바람의 피해를 적게 받는 작물을 재배하기도 한다. 더불어 작물의 특성을 고려한 효율적인 휴경시기를 선택하며, 파종이나 모종을 옮겨 심는 시기를 조정함으로써 바람의 피해를 최소화했다.

3) 토양유실을 막기 위한 밭담의 다양한 이용

제주밭담은 바람을 막아 표토층의 비산을 방지하고 비에 의한 토양유실을 막아주었고, 밭담은 바람을 거르는 '파풍효과'로 약화된 온화한 바람에 의해 농경지 보온기능을 하였으며, 농경지에 널려 있는 자갈들은 태양열에 의한 토양의 수분 증발을 막는 보습효과가 있었다.

제주밭담은 바람막이용이면서 다우지역인 제주도에서 토양유실을 막는 첨병 역할을 수행하였으며, 밭이 넓은 경우 한 가운데 다시 밭담을 쌓아 토양유실을 방지하였다.

또한 밭담 주변에 '머드레'라고 하는 옥수수 등 큰키작물을 심어 토양유실 및 바람막이 기능도 강화하였다.

비로인해 토양이 유실된 경작지

바람을 막기 위해 밭 중간에 시설한 돌담

토양유실을 막기 위한 돌담

밭담을 따라 심은 '머드레'

토양실을 막기 위해 농경지 중간유에 쌓은 돌담

[사진 4-9] 토양유실을 방지하기 위한 밭담

제 4 절 제주밭담과 농업시스템적 가치

제주밭담은 제주섬의 토양과 기후 환경에 적응하기 위한 농업시스템의 하나이다. 돌이 많은 제주에서는 경작을 위해 우선 돌을 골라내야 했고 그 돌을 이용해 이 섬의 강한 바람을 막고 토양유실을 방지하기 위해 밭담을 농경지에 둘러쌓았다.

그에 따른 결과는 다양하게 나타났다. 구멍 숭숭 뚫린 밭담은 우선적으로 강한 바람을 걸러내 부드럽게 함으로써 농작물의 쓰러짐을 막아주고 농경지 보온작용을 했다. 이를 보완하기 위한 다양한 시비법 등 특이한 농경방식도 병행하여 도입되었다.

[그림 4-5] 제주밭담과 농업시스템

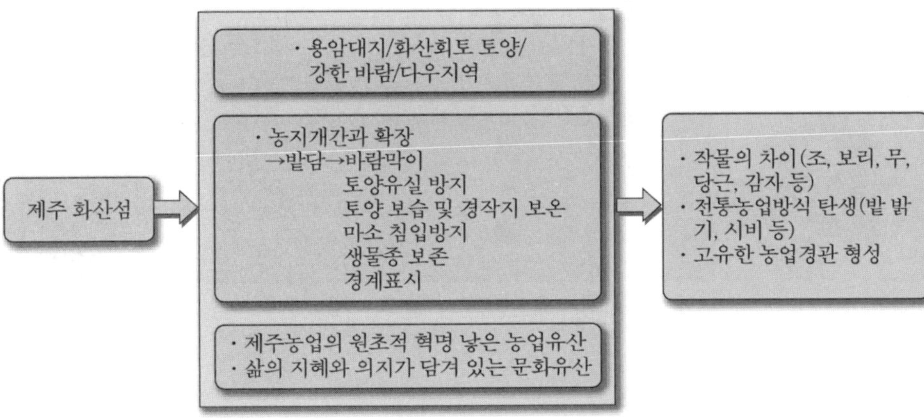

그리고 비에 의한 표토층의 유실을 막아주는 역할을 했으며, 목축이 성행해지면서는 마소의 농경지 침입을 방지하는 역할도 했다. 농경지 소유권 개념이 자리잡아간 시기에는 경계표지 역할을 담당하기도 했다. 게다가 농경이 가능한 토지의 명확한 구획으로 주변지역의 생태계 보존에도 기여해 왔으며, 제주의 수려한 경관을 상징하는 대표적인 요소로 꼽히고 있다.

1. 제주밭담의 길이

제주밭담의 총길이는 약 22,108km 정도로 조사되었다.[1]

추정방법은 제주도 전체 경지면적 541.94km^2×평균 밭담 길이 40.796km/km^{2}를 사용했으며, 총 돌담 길이 36,000km의 60% 이상이 밭담이었으며, 지구 둘레 반이 넘는 제주밭담을 '흑룡만리'라 부르고 있다.

검은색 현무암이 끊임없이 이어지며 흘러가는 모습이 마치 흑룡을 닮았다 하여 붙여진 이름이다.

[사진 4-10] '흑룡만리'라 불리는 제주밭담 전경

2. 세계 유사문화와의 차별성

공통점으로는 소유지 경계, 대륙과 해양 점이지대라는 특성에서 오는 바람막이 기능, 가축 보호 및 침입방지 기능, 바람을 거르고 토양 유실을 막아 식물 성장과 교잡에 호조건 제공 등이다.

1) 고성보 외 3인, 『제주의 돌담』, 제주대학교 출판부, 2009.

제주밭담

아일랜드의 보카주 경관

프랑스의 보카주 경관

잉글랜드 콘월(Cornwall) 주 보카주경관

[사진 4-11] 제주밭담과 유럽의 보카주(Bocage) 경관과의 비교

차별성으로는 제주밭담인 경우, 개인 및 가족단위라는 소규모 공동체에 의해 장기적이면서 오로지 돌만으로 쌓여지거나, 전적으로 밭농사를 지었지만, 보카주인 경우는 인클로저운동에 의해 집단적인 구획정리로 짧은 기간에 형성되었고, 나무·돌·판자 등 다양한 재료를 이용하였고, 목축을 초지재배나 소 방목 등 혼합농업 방식이 다르다고 할 수 있다.

3. 제주밭담의 기능과 전통농업시스템

1) 제주도의 밭담은 밭농업시스템에 있어 핵심요소

밭담 자체가 제주도 전통 농업시스템의 중요한 축이다. 이를 이해하기 위해서는, 누누이 언급했듯이, 제주의 토양특성을 먼저 알아야 하고, 그 토양과 사시사철 불어대는 제주의 바람과의 관계를 이해해야만 한다. 한반도와 비교하면 1-2m/s 더 강한 바람이 항상 불어대는 여건, 그리고 여름과 가을에 태풍의 주기적인 내습을 겪어야 하는 환경과 강수량이 많다는 제주지역의 기후특성도 살펴야 한다.

2) 제주의 바람은 토양 속의 수분 증발을 활발하게 하여 씨앗의 발아를 어렵게 함

이러한 어려움 때문에 제주도의 토양 환경에서는 초본류 식물들이 자라나기 어렵고 유기물의 토양화 과정 또한 잘 이루어지지 않는 조건을 지니고 있다. 또한, 강한 바람은 표토의 비산을 불러와 파종한 씨앗을 겉으로 드러내버리기도 하고, 자라나는 작물들을 쓰러트려 버리기도 한다. 그리고 제주도에서 여름철 등에 집중적으로 내리는 비는 토양 유실의 원인이 된다. 화산회토의 '뜬땅'이다 대부분이다 보니 '된땅'에 비해 비에 의한 휩쓸림이 더욱 심한 편이다.

3) 토양을 보존하고 관리하느냐 하는 문제가 농사의 성패에 직결

앞에서 거론한 요인 때문에 제주도에서의 농업은 이러한 여건 속에서 어떻게 토양을 보존하고 관리하느냐 하는 문제가 농사의 성패에 직결된다.

[그림 4-6] 제주밭담의 기능과 전통농업시스템

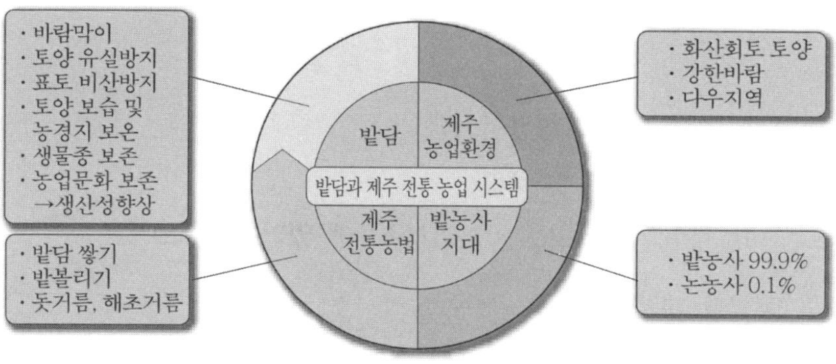

한반도부와 농법이 여러 면에서 차이를 보이는 것도 그 때문이며, 무엇보다도 대부분의 경작지에 밭담을 두른 것도 그 때문이다. 우선, 강한 바람을 막아내야 하는 것이다.

4) 제주밭담은 그 자체가 악조건의 농업환경을 극복하기 위한 독특한 농업시스템

제주에서는 바람 때문에 밭을 규모화 하기가 어렵다. 원래 돌밭이 대부분인데다 빌레(암반지대)가 많고 대부분 경사지여서 대규모 영농이 어려웠던 탓도 있지만, 농업기술이 발달하지 않았던 시절, 제주에서는 밭 하나의 넓이를 키우기보다는 그 넓이를 줄이고, 대신 여러 개의 밭을 조성하게 된 것이다.

물론, 조성된 밭의 경계에는 밭담을 둘러야 한다. 그 밭담의 둘레길이가 경작지의 크기를 결정하기 때문이다. 결국, 밭담을 둘러친 만큼 경작지가 조성되는 것이므로, 순서상 경작지가 먼저인지 밭담이 먼저인지조차 가늠하기가 쉽지 않다. 그러니 밭과 밭담은 딴 몸이 아니라 한 몸인 셈이다.

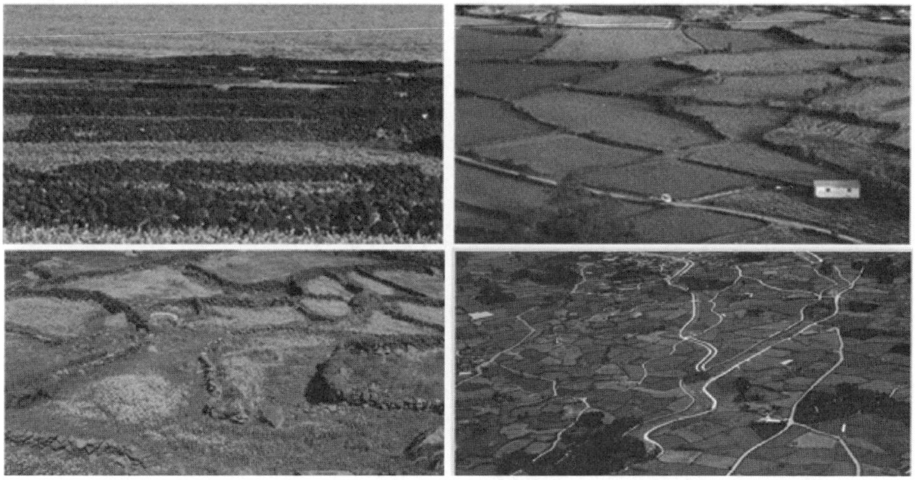

돌맹이밭, 바람의 영향을 최대한 줄이기 위해 밭담을 둘러 경작지를 아주 작게 분할했다.

제주 밭담은 그 자체가 악조건의 농업환경을 극복하기 위한 독특한 농업시스템이다.

[사진 4-12] 제주농업시스템을 지켜온 제주밭담 형태

4. 제주농업과 밭담의 지속가능성

제주도는 화산섬의 토양특성으로 인해 강우량이 많음에도 불구하고 밭농사 중심지대이다. 제주밭담은 어느 특정지역이 아니라 제주 전역에 걸쳐 분포되어 있으며, 일부지역에서는 토지구획정리로 밭담을 허물었으나 이후 농작물 해수 피해 등 어려움이 나타나 다시 밭담을 쌓고 있다.

이농현상 심화 추세에도 불구하고 여전히 제주의 농업은 전국 대비 높은 비중을 차지하고 있다. 최근 귀농인구 증가, 청정지역의 특성을 살린 친환경농업 등은 제주농업의 지속가능성을 보여준다.

[그림 4-7] 제주농업과 밭담의 지속가능성

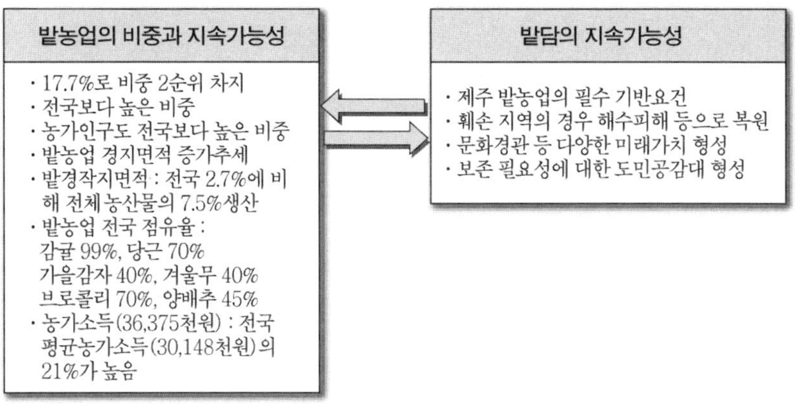

제주밭담은 제주 문화경관의 주요한 요인으로 밭담 보존에 대한 이해와 의지는 모든 도민이 공유하고 있다. 즉, 제주 밭농업과 밭담은 불가분의 관계이며, 밭농업의 지속가능성은 곧 그 기반요건인 밭담의 보전을 전제로 한다.

제 5 절 제주밭담의 농업경관

1. 제주도의 문화경관과 형성요소

제주지역의 경관은 보는 풍경에 따라 매우 다양한 모습을 보여준다.

원풍경(遠風景)은 멀리 보이는 한라산과 바다의 수평선이 펼쳐진 것이다.

중풍경(中風景)은 한라산을 배경으로 나지막하고 옹기종기 군집을 이룬 마을모습을 말한다.

3차원 지형으로 본 중산간, 오름, 곶자왈 지역 분포

바다에서 바라본 제주시와 한라산의 원풍경

한라산을 배경으로 하는 제주마을의 중풍경

[사진 4-13] 제주밭담의 풍경

근풍경(近風景)은 완만한 곡선과 높은 담장의 집을 중심으로 한 울안의 모습을 말한다.

제주의 독특한 문화경관은 화산섬 제주만의 독특한 지질학적 특성과 땅의 형상에서 기인한다. 즉, 바다로 둘러싸여 있고 타원형의 공간 구조와 한라산에서 바다로 완만하게 이어지는 경사지형, 척박한 토질과 거센 바람 등 기후조건이 수천 년에 걸쳐 형성한 오름과 건천, 중산간 등은 중요한 문화경관 요소이다.

2. 제주밭담의 경관특성

더욱 세련되고 독특한 제주의 문화경관을 형성하는 것이 섬 전체를 모자이크화한 제주밭담이다. 제주밭담은 서로 완만한 곡선으로 연결되어 있고 지형에 맞게 계단형식으로 조성된 경우도 있어 독특한 제주의 풍경을 연출한다. 특히 검은색 현무암의 끝없는 행렬인 밭담과 어우러진 산담, 초가와 울담 등은 '돌의 나라'의 독특한 경관을 자아낸다 하겠다.

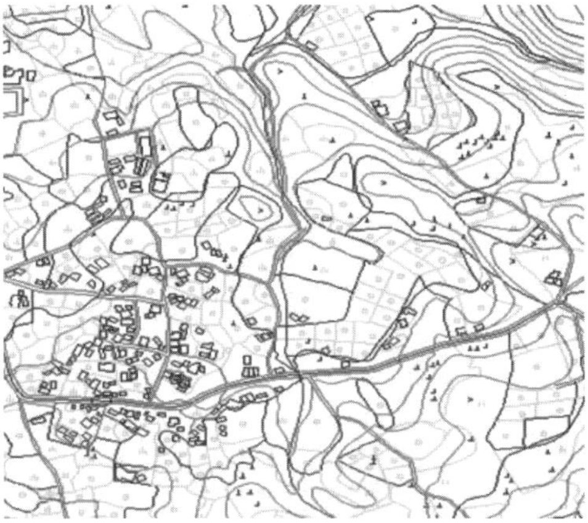

중산간지역의 마을공간과 주변 밭담 분포

제주밭담은 섬 전체를 모자이크한 예술작품이다.

[사진 4-14] 제주밭담의 경관적 특성

[사진 4-15] 제주밭담의 사계

제 6 절 제주밭담의 생물다양성 특징

제주섬은 유네스코 생물권보전지역으로 지정되듯이 지정학적 특성에 따른 다양한 동식물상을 보여주고 있다.

제주섬의 식물상으로는 총 1,990 분류군(167과 770속 1,819종 121변종 50품종)과 한라산천연보호구역을 중심으로 세계유일의 구상나무림 등 다양한 고산식물과 특산종 자생하고 있다

제주섬의 동물상으로는 양서류 7종, 파충류 9종, 조류 385종, 포유류 29종, 곤충류 4,000여 종이 서식하고 있다.

1. 제주밭담의 생물다양성

제주밭담의 생물다양성은 오름, 곶자왈, 하천, 습지, 뱅듸, 조간대 등

주변 지역의 자연환경에 의해 형성되는 '생태계 다양성'과 화산회토와 비화산회토의 토양, 아열대와 온대기후, 강수량 등에 의해 나타나는 '종 다양성' 그리고 섬이라는 지리적 특성과 생육환경 및 전통지식에 기대어온 전통농법이 22만여 개의 서로 독립된 밭담의 '유전자 다양성'을 갖게 하는 특성을 지니고 있다.

특히 제주밭담은 해안지대에서 중산간지대 사이에, 섬을 두르고 있는 띠의 형태로, 집중적으로 위치하고 있어 개발의 손길이 중산간지대로 뻗어나가는 것을 막아냄으로써 생태계를 보호하는 기능을 지니고 있다.

1) 생태계 다양성

제주밭담의 생태계 다양성은, 368개의 오름 주변에 만들어진 오름 경계형 밭담, 제주도 동부와 서부지역의 곶자왈 주변에서 만들어진 곶자왈 경계형 밭담, 하천 양안에 형성된 하천 경계형 밭담, 인공 및 자연습지와 맞닿은 습지 경계형 밭담, 해안 저지대에 만들어진 조간대 경계형 밭담, 목장 또는 초지임야에 만들어진 뱅듸(방목지) 경계형 밭담 등에 의해 형성된다.

2) 오름 경계형 밭담

도 전역에 분포하며, 오름에서 기원하는 생태계 다양성과 연계된다. 화산회토에서 잘 자라는 당근, 콩, 보리, 유채, 메밀 등이 주로 재배되는 지역이다.

휘파람새　　꽃향유 군락

[사진 4-16]　오름 경계형 밭담

3) 곶자왈 경계형 밭담

섬 동·서부지역에 분포하며, 곶자왈의 미기후로 독특한 생태계로 발달하고 있다.

면화·담배·피·수수 등을 재배해 왔으나 최근에는 마늘을 재배하고 있다.

황조롱이

으름난초

[사진 4-17] 곶자왈 경계형 밭담

4) 하천 경계형 밭담

한라산 남·북지역에 분포하며, 하천 흐름에 의한 다양한 물질을 공급 및 순환한다.

무, 채소, 콩 미나리, 더덕, 도라지 등이 주로 재배되는 지역이다.

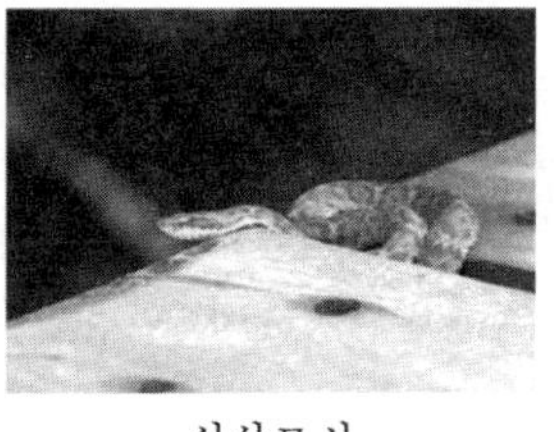

쇠살모사

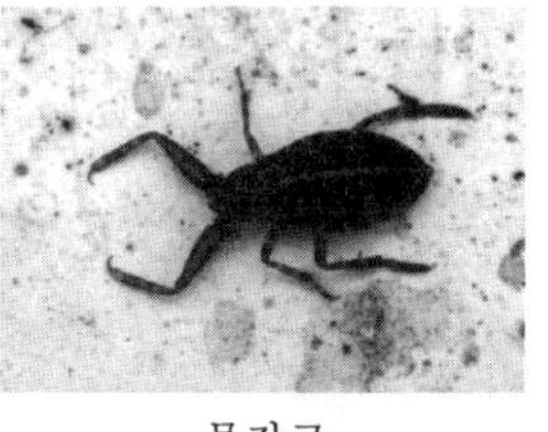

물장군

[사진 4-18] 하천 경계형 밭담

5) 습지 경계형 밭담

마을주변, 중산간에 소규모로 분포하며, 습지생태계 유지하는 완충 · 전이지역이다.

주로 무, 마늘, 보리, 유채 등이 재배되는 지역이다.

쇠물닭

제주도롱뇽

[사진 4-19] 습지 경계형 밭담

6) 중산간 뱅듸 경계형 밭담

해발 200m 이상 중산간에 널리 분포하는 야생동물의 중요한 서식처이다.

바람 영향 덜 받는 무, 콩, 더덕, 도라지 등이 주로 재배되는 지역이다.

노루

애기뿔소똥구리

[사진 4-20] 중산간 뱅듸 경계형 밭담

7) 조간대 경계형 밭담

섬 해안지대 전역에 분포하며, 육상과 조간대 생태계가 매우 다양성 풍부하다.

무, 보리, 유채 마늘 등이 주로 재배되는 지역이다.

직박구리 달팽이

[사진 4-21] 조간대 경계형 밭담

2. 밭작물의 유전자 다양성

섬이라는 특성과 생육환경 및 전통지식에 기대어온 전통농법이 지역적 지표특성에 따라 서로 독립된 밭담에서 이루어진다.

1) 작지형 밭담

제주도 서부지역에 분포하며, 밭담의 지표에 직경 10cm 이하의 작은 돌멩이들이 깔려 있는 밭을 말한다. 작지(자갈)들은 오히려 토양의 비산과 수분증발을 제어하며 작물재배에 유용하게 활용된다.

2) 빌레형 밭담

제주도 동부지역에 분포하며, 밭담의 지표에 용암의 원지형이 직경 3m 정도로 군데군데 깔려 있는 밭을 말한다. 작물 이외의 다른 종들이 공생하기도 하고 토양생물의 서식처가 된다.

3) 사구형 밭담

제주도 동북부와 서부지역에 분포하며, 밭담의 지표에 해양기원 모래가 깔려 있는 밭을 말한다. 땅콩, 마늘, 조, 보리 등을 전통적으로 재배해 왔으며 바람의 영향을 많이 받고 있는 곳이다.

작지형 밭담: 양배추, 브로콜리, 마늘, 취나물 등 재배

빌레형 밭담: 마늘, 양파 등 주로 재배

사구형 밭담: 당근, 마늘, 파, 양파 등 주로 재배

[사진 4-22] 지표에 따른 밭담의 형태

제 7 절 제주밭담의 문화적 특징

제주도에서는 근현대로 접어들기 이전, 다시 말해 전통적 생활양식이 온전하게 유지되던 시기에 돌 자원이 없었다면, 주민들의 생활은 거의 불가능했다고 해도 과언이 아닐 것이다. 더욱이 제주도와 같이 중심부에서 멀리 떨어진 주변부, 그것도 완전히 고립된 해양 상의 섬 지역에서는 다른 재료보다도 훨씬 견고한 돌 자원을 활용하는 것이 당연한 지혜의 소산이었다고 할 수 있다. 다행히도, 해양 상에 고립된 제주도에는 화산활동의 결과로 엄청난 돌 자원이 지척에 널려 있었다. 주민들은 그 돌 자원들을 어떤 방법으로 가공하고, 또 어떻게 이동시켜 사용하는지가 큰 관건이었던 것이다.

결과적으로, 제주도의 돌문화가 오랜 세월 동안 지속되며 발전할 수 있었던 근본적 배경은, 자연환경을 제대로 이해하면서 극한 상황을 극복하고자 하는 제주도민들의 지혜에서 비롯되었다고 할 수 있다.

1. 제주 돌문화의 상징적 이미지

제주 돌문화의 7가지 키워드는 다음과 같이 ① 검은색(다공질현무암), ② 거칠고 투박함, ③ 바람구멍, ④ 직선과 곡선, ⑤ 그림 같은 작품, ⑥ 제주다움, ⑦ 조상들의 숨은 지혜로 표현할 수 있다.

[그림 4-8] 제주 돌문화의 7가지 키워드

2. 제주지역의 돌, 현무암의 쓰임새

현무암의 돌 자원은 크게 일반적 이용과 특수적 이용으로 나눌 수 있다.

일반적 이용은 건축용 재료, 생산용 재료, 생활도구용 재료, 신앙생활용 재료, 비석용 재료, 놀이용 재료, 그리고 특수적 이용은 통신·방어용 재료와 경계용 재료로의 이용 등으로 구분할 수 있다.

〈표 4-2〉 제주도에서 돌의 용도와 이용실태

용도 구분		구체적 사례
일반적 이용	건축용 재료	집(울)담, 올렛담, 우영(채전)담, 축담(벽체), 통싯담, 쉼팡(댓돌, 잣멘디), 물팡(팡돌), 눌굽, 장항굽, 구둘돌, 불턱담(해녀탈의장), 정주석(먹), 포구 축조용 돌담, 봉천수 · 용천수 보호용 돌담 등
	생산용 재료	밭담, 잣담, 원(갯)담, 돗도고리, 돌구시, 돌테, 돌바퀴, 봉돌(낚시용추), 닻돌, 연자마(웃돌 · 알돌), 숯굽궤, 곰돌, 머들 등
	생활도구용 재료	돌화로, 봉덕, 소줏돌, 갈돌, 솟덕, 돌등잔(등경돌), 물확(빨래확), 물통, 돌세면기, 디딜팡, 정ᄀ레 · 풀ᄀ레(맷돌), 돌방아, 돌절구, 돌확, 약ᄀ레, 기름틀 등
	신앙생활용 재료	지석묘(고인돌), 석탑, 산담, 동자석, 문인석, 망주석, 방사탑(防邪塔), 돌하르방, 돌미륵, 칠성돌, 상돌, 신당 보호용 돌담 등
	비석용 재료	공덕비, 송덕비, 추모비, 청송비, 불망비, 열녀비, 효녀비, 효자비, 건립기념비 등
	놀이용 재료	공깃돌, 듬돌(뜽돌), 사방치기 돌, 비석치기 돌 등
특수 이용	통신 · 방어용 재료	방문석, 도대불(돌등대), 연대, 성담(3읍성 · 9진성 · 환해장성 · 4 · 3성담) 등
	경계용 재료	목장 경계 돌담(잣성: 하잣성 · 중잣성 · 상잣성), 시 · 군 경계(과거 제주시-조천읍) 돌담, 마을 경계(성읍리-가시리) 돌담 등

3. 제주 돌문화의 화신, 돌담

1) 돌담은 제주의 돌문화를 대표

제주섬은 다양한 돌담의 유형이 집단적으로 존재하는 세계 유일의 땅이며, 밭담은 특성상 돌담의 하위요소로 볼 수 있으나, 돌담문화를 대표한다.

〈표 4-3〉 주요 돌담의 종류와 기능

<table>
<tr><th colspan="3">돌담 종류</th><th>위치(장소)</th><th>기능</th><th>형태</th></tr>
<tr><td colspan="2" rowspan="4">택지 내부 및 입구</td><td>울(집)담</td><td>택지 가장자리</td><td>바람차단, 시선차단</td><td>외담</td></tr>
<tr><td>올렛담</td><td>마을길-택지 입구</td><td>바람차단, 시선차단</td><td>외담</td></tr>
<tr><td>우영담</td><td>텃밭(채전) 가장자리</td><td>경계선, 바람차단</td><td>외담</td></tr>
<tr><td>통싯담</td><td>화장실 가장자리</td><td>시선차단, 돼지보호, 오물의 누출차단</td><td>외담</td></tr>
<tr><td rowspan="9">택지 외부</td><td rowspan="4">마을 내외부</td><td>밭담</td><td>경작지 가장자리</td><td>경계선, 우마 차단, 바람차단(작물보호 · 침식방지)</td><td>외담
(일부 겹담)</td></tr>
<tr><td>산담</td><td>묘지 가장자리</td><td>경계선, 우마차단, 산불방지</td><td>외담, 겹담</td></tr>
<tr><td>성담</td><td>성곽 가장자리, 해안지구</td><td>행정의 효율성, 방어</td><td>겹담</td></tr>
<tr><td>잣성</td><td>중산간 및 산간 목장지 구내 / 가장자리</td><td>목장 간 경계선,
우마 분실 방지</td><td>외담, 겹담</td></tr>
<tr><td rowspan="5">해안가</td><td>불턱담</td><td>과거 해녀탈의장 가장자리</td><td>시선차단, 바람차단</td><td>외담
(일부 겹담)</td></tr>
<tr><td>원담</td><td>해안가 연안</td><td>어류 포획</td><td>외담, 겹담</td></tr>
<tr><td>용천수 돌담</td><td>용천수 가장자리</td><td>물 보호, 시선차단</td><td>외담, 겹담</td></tr>
<tr><td>봉천수 돌담</td><td>봉천수 가장자리</td><td>물 보호, 시선차단</td><td>외담, 겹담</td></tr>
<tr><td>포구용 돌담</td><td>포구 내부 및 가장자리</td><td>칸 구획 및 바람차단, 어로활동</td><td>외담, 겹담</td></tr>
</table>

2) 돌담문화와 연관된 주요 유형

제주지역은 돌과 삶이 하나이기 때문에 돌담문화와 연관된 다양한 유형을 가지고 있다.

울담

원담

산담

환해장성

불턱

[사진 4-23] 돌담문화와 관련된 주요 유형

3) 주거공간의 돌문화

제주지역의 주거공간과 관련된 주요 돌문화는 울담과 올렛담, 정낭, 맷돌 등이 있다.

제주 전통초가의 울담과 올렛담(제주 돌담은 한국의 100대 문화상징의 하나)

정낭

맷돌

[사진 4-24] 주거공간과 관련된 주요 돌문화

4. 제주밭담의 사회 · 문화적 의미

제주밭담은 화산섬 제주도의 형성과정을 이해할 수 있는 요소이며, 밭담은 주민들이 섬이라는 환경 속에서 강한 바람에 맞서 농경지를 개척한 삶의 지혜와 의지를 엿볼 수 있는 요소이다.

[그림 4-9] 제주밭담의 사회 · 문화적 의미

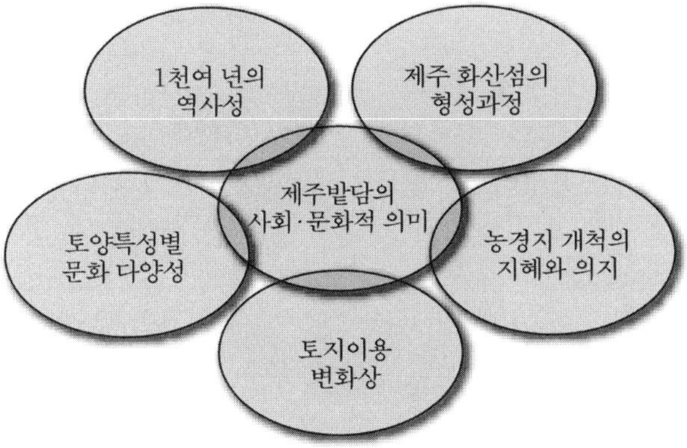

제주밭담은 시간적으로는 1천년을 훨씬 웃도는 역사성과 그 기능을 유지하고 있는 문화유산이며, 밭담은 고도와 지역에 따른 토양특성별 문화적 다양성과 주민들의 삶의 패턴을 확인할 수 있는 요소이다.

또한 밭담은 농경지의 경계기능으로서 특정지구의 토지이용의 변화상을 파악할 수 있는 요소이다.

5. 토양특성에 따른 문화유형 사례

제주지역 토양은 화산회토와 비화산회토지역으로 구분되며, 토양특성에 따라 다양한 문화를 형성하고 있다. 농사를 할 때 부르는 김매는 노래, 제사습관, 고인돌이나 유적지, 작물 파종방법 등이 토양특성에 따라 지역적으로 특이한 문화를 이루고 있다.

〈표 4-4〉 화산회토 지역과 비화산회토 지역의 주요 문화적 차이

구 분	비화산회토 지역	화산회토 지역	비 고
김매는 노래	쫄른 사댓소리	진 사댓소리	농업생산력이 높은 비화산회토지역은 흥겨운 민요인 쫄른사댓소리, 화산회토지역은 후렴이 길고 주술적이며 슬픈 진사댓소리 '김메는 노래'를 부름.
제사습관	분짓거리 (제사 분할)	장남제사	농업생산력이 높은 비화산회토에는 재산도 나누어 주고 제사도 나누어 지냄. 반면에 화산회토지역은 재산을 분할하면 모두 힘들기 때문에 재산을 장남에게만 주고 제사의무도 장남만 짐.
고인돌, 유적지	발견됨.	발견되지 않음.	농업생산력이 낮은 화산회토 지역에서는 고인돌 또는 유적지가 발견되지 않음.
파종방법	이랑파종	산파[散播]	화산회토는 이랑을 만들어도 비가 오면 무너지는 특성 때문에 산파를 하고 비화산회토 지역은 반드시 이랑 파종을 함.

[그림 4-10] 분짓거리와 장남제사 풍습 지역구분

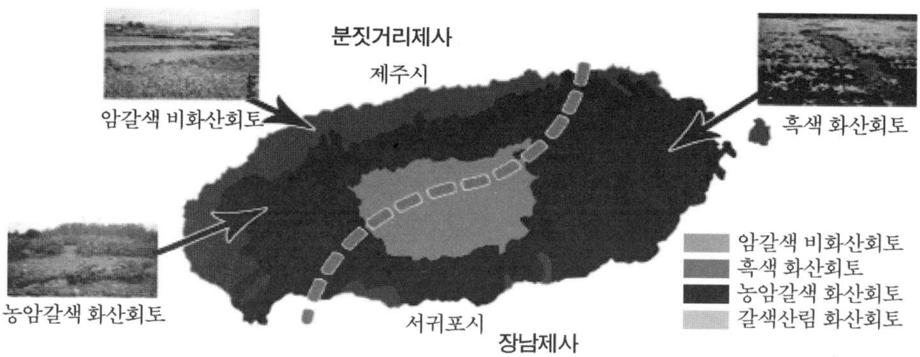

6. '돌의나라', '바람의나라'라는 삶의 여건이 엮어낸 독특한 민속

낮은 지붕과 집줄, 바람막이인 풍채, 바람을 거르는 울담과 올렛담

등 건축구조는 제주섬의 환경과 조화롭게 살아가기 위한 방편이 되었다.

또한 돌을 이용한 다양한 축조물, 생활용구와 놀이문화가 존재하며, 독특한 농경 · 어로문화가 형성되었다.

전통초가와 올렛담

바람을 이용한 불림질

원담에서의 고기잡이

놀이의 일종인 듬돌 들기

[사진 4-25] 돌과 연계된 독특한 농경 · 어로 문화

7. 독특한 매장문화와 벌초

제주지역은 묘를 만들고 산담을 두르는 독특한 매장문화가 목축문화의 영향으로 형성되어 있다.

산담은 마소와 병충해가 묘지로 침입하는 것을 막고 새 풀이 돋는 것을 돕기 위한 들불놓기 시 불이 묘지 안으로 번지지 못하도록 하는 기능도 지니고 있었다.

오름 자락이나 농경지 내에 자리한 산담 경관은 제주섬의 또 다른 경관요소이며 매해마다 조상의 묘를 찾아 벌초를 하는 성묘문화가 지금도 이어지고 있다.

농경지 안의 산담

산담 군락

벌초

[사진 4-26] 돌과 연계된 매장문화

제 8 절 제주밭담의 위협과 보존 관리 방안

1. 제주밭담의 위협요인들

1) 농업의 기계화

밭담이 둘러진 농경지에서의 기계사용에 불편이 따르고, 특히 곡선 형태인 밭담 가까이는 기계의 접근이 어렸다.

2) 과학영농의 도입과 재배작물의 변화

비닐하우스 시설, 화학비료의 도입 등 과학영농과 그에 따른 재배작물의 변화로 밭담 기능에 무관심이 증대하였다.

3) 토지정리사업의 확대

도시화의 확산과 농로 확·포장 등에 따른 토지정리사업이 전도적으로 확대되면서 밭담 훼손이 증가하였다.

4) 감귤산업의 정착

감귤산업 정착은 밭담 대신 방풍수를 심도록 했으며, 이후 방풍수를 제거하고 밭담을 현대식으로 쌓게 하는 계기가 되었다.

5) 돌 가공기술 발달에 따른 원형 훼손

토지구획정리 등에 따라 밭담이 재축조되면서 원형을 훼손하고 틈새가 없는 현대식 밭담 축조에 따른 밭담 제거 및 원형훼손 사례가 증가하였다.

감귤산업이 성장하면서 과원 밭담들은 재축조된 사례가 많으며 그 원형이 훼손되고 있다.

경지정리사업 후 낮아진 밭담 모습. 하지만 농작물 해수피해 등 문제가 발생하고 있다.

[사진 4-27] 훼손된 제주밭담

앞으로도 새로운 다양한 사회·경제적 요인들이 제주밭담의 존립을 위협하게 될 것이다. 때문에 제주밭담의 세계중요농업유산 등재는 이러한 위협들로부터 제주밭담을 보호해야 한다는 인식을 확산시키는 중요한 열쇠가 될 것이다.

뿐만 아니라, 등재에 따른 치밀한 제주밭담 보호계획과 적절한 활용계획이 수반된다면 제주밭담은 제주농업을 지키는 버팀목으로서 영원히 제주 농업인과 함께하게 될 것이다.

2. 밭담 보존 관리를 위한 다양한 노력들

1) 제주밭담의 '국가중요농어업유산' 등록

정부는 2013년 제주밭담의 가치를 인정하여 국가중요농어업유산으로 등록하고 밭담 보전을 위한 다양한 후속사업을 착수하였다.

2) 제주특별자치도의 자체 관련계획 수립

제주특별자치도의 토양관리보전계획, 경관보전중기기본계획, 경관관리계획 등의 수립・시행은 밭담 경관 보존에 직・간접적으로 긍정적인 영향을 미치게 된다.

3) 제주특별자치도의 '친환경농업시범도' 선언

2008년 4월 국제농업행사인 세계작물학대회에서 제주지역을 '친환경농업시범도'로 선포하였고, 이는 제주지역을 고품질 안전한 농산물 생산과 환경보전을 위한 지속가능한 농업을 추진하기 위한 것으로 제주밭담의 지속가능성에 긍정적으로 기능할 것이다.

국가중요농어업유산 지정 언론보도

경관관리계획과 토양보존계획서

[사진 4-28] 밭담 보존 관리를 위한 추진 노력들

4) 밭담 보존과 관련이 있는 제도의 시행

제주형 밭농업직불제, 친환경농업 직불제, 경관보전 직불제, 조건불리지역 직불제 등의 시행은 밭농업지역인 제주에서 농업의 지속가능성을 바탕으로 밭담 보전에 영향을 미치고 있다. 특히, 제주밭담이 국가중요농어업유산으로 등록됨으로써 향후 밭담의 보전을 위한 다양한 구체적인 사업이 전개될 것이다.

5) 밭담 보존을 위한 다양한 연구사업의 시행

밭담 보존과 관련한 다양한 연구사업이 전개되어 왔으며, 사진전 등 문화활동도 이루어져 왔다.

3. 농업유산 제주밭담 보전지역의 지정

1) 밭담 보전 기본전략의 하나로 밭담 보전지역 지정

지정기준으로 ① 밭담이 집중적으로 조성되어 있는 지역, ② 주변지역에 다양한 생물자원이 분포하고 있는 지역(특히 곶자왈지역과의 관련성), ③ 현행법에 의해 경관이 관리되고 있거나 경관관리의 필요성이 높은 지역, ④ 유네스코 세계자연유산지역, 생물권보전지역, 세계지질공원 지구와 연계될 수 있는 지역, ⑤ 보전과 아울러 향후 활용성을 고려하여 접근성이 양호한 지역으로 한다.

2) 제주밭담 보전지역 권역구분

위와 같은 조건에 부합하는 지역 가운데 세계자연유산지구를 핵심권역, 중산간지대를 완충권역, 기타 지역 가운데 특별관리권역 등 지정·관리한다.

핵심권역은 세계자연유산지구는 공유지로서 관리가 용이하고 지구관리계획에 의해 친환경농업 등이 이루어지므로 효율적인 밭담 관리가 가능하다.

완충권역은 중산간지대에서 농업이 이루어지는 지역으로 밭담 보전에 용이하다.

특별관리권역은 해안에서 중산간지대에 이르는 지역 가운데 밭담 경관이 우수한 군락지를 특별관리지역으로 지정하여 관리한다.

[그림 4-11] 제주밭담 보전지역 권역 구분

4. 제주밭담 관리계획의 수립

제주에 적합한 농업여건과 고유한 문화경관을 후손에게 물려주고 적절히 활용할 수 있도록 하기 위한 밭담 관리계획을 수립한다.

1) 비전: 제주밭담의 지속가능시스템 구축
2) 목표: 밭담 보전을 통한 농가소득 보전 및 지역경제 활성화
3) 3대과제: ① 밭담가치 인식 확산, ② 자발적 참여 동기 부여 및 인센티브, ③ 제도적 지원
4) 6대전략: ① 전략적 홍보 전개, ② 밭담 보전 위한 거점 육성, ③ 밭담 보전지원 자원조직화, ④ 직접지원 제도 구축, ⑤ 밭담

정보기반 구축, ⑥ 성과평가체계 확립

[그림 4-12] 제주밭담 보전·관리계획 개요

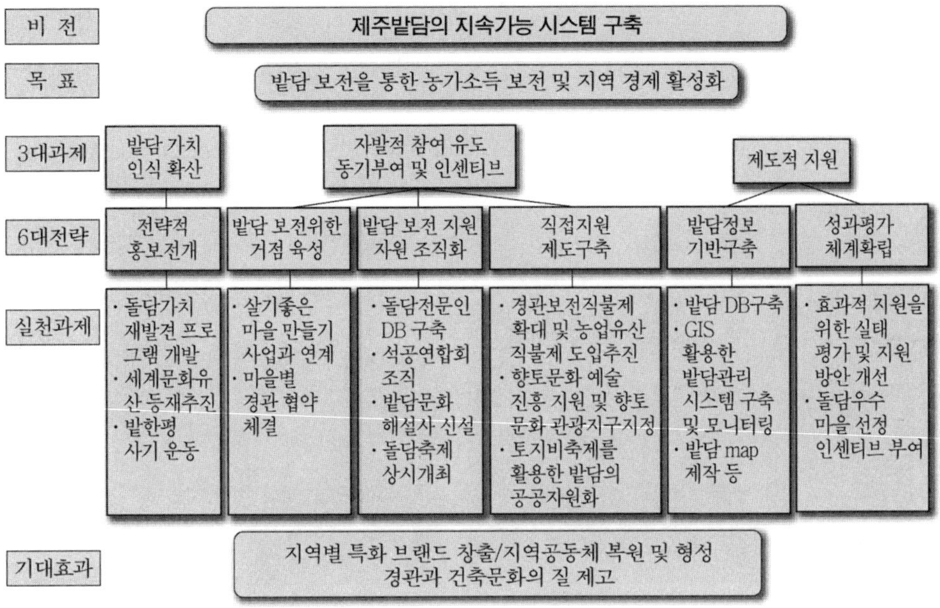

5. 제주밭담 보존·활용을 위한 Action plans

제주밭담 보전·관리계획에 따른 실천과제를 위한 6대 전략별 실천 프로그램을 보면 다음과 같다.

1) 전략적 홍보 전개: National Trust(공공신탁)형 '밭 한 평 사기운동' 전개, 밭담·돌담 가치 재발견 프로그램 개발과 이를 위한 (가칭)제주농업유산지원센터 설립, 제주돌문화공원 등 돌문화 관련 관광지와 연계한 홍보프로그램 개발·운영 등

2) 제주밭담 보전을 위한 거점 육성: 살기 좋은 마을 만들기 사업과 연계, 농어촌 경관협약제 도입 등

3) 제주밭담 보전 지원자원 조직화: (가칭) '제주특별자치도 석

공연합회' 조직화 지원, 제주밭담·돌담 축제 상시 개최 등

4) 직접지원제도 구축: 경관보전직불제 확대 시행, '농업유산직불제' 도입 추진, 밭담 보전지역의 향토문화관광지구 지정, 토지비축제도를 활용한 제주밭담의 공공자원화 등

5) 제주밭담 정보기반 구축: GIS를 활용한 제주밭담 지도 제작, 3~5년마다 훼손율 등 모니터링 실시 등

6) 성과평가체계 확립: 성과평가체계 구축 및 관리·지원체계에 반영 등

제주인들은 제주밭담의 가치를 인식하고 이를 보존하고 적절하게 활용하는 데 최선의 노력을 다해나갈 것이다.

[사진 4-29] 제주밭담의 가치를 보여주는 모습

제 5 장 세계중요농업유산제도와 사례

제 1 절 세계중요농업유산제도(GIAHS)의 개요

1. 정의

국제연합식량농업기구(FAO)에서는 전통적 농업제도, 생물다양성, 문화적 다양성 등이 부적절한 개발 전략 등으로 위협받고 있다는 인식하에 2002년 세계중요농업유산제도(Globally Important Agricultural Heritage Systems, GIAHS)를 도입하였다.

세계중요농업유산은 농업유산에 대한 인식제고를 위하여 세계적으로 그 지역의 사회나 환경에 적응하면서 몇 세기에 걸쳐 발달하고 형성되어 온 농업적 토지 이용, 전통적인 농업과 관련되어 육성된 문화, 경관, 생물다양성 등 중요한 지역을 차세대에게 계승하는 것을 목적으로 하고 있다.

세계중요농업유산은 지역사회의 지속가능한 발전에 대한 필요성과 열망과 함께 지역사회와 환경이 상호 적응을 통해 형성된 세계적으로 중요한 생물다양성이 잘 유지되고 있는 토지이용시스템과 경관의 개념으로 규정된다. 즉, 지역공동체가 그 지역의 사회적, 문화적, 자연적 환경과 관계를 맺고 적응하면서 형성한 농업과 관련된 유산 중에서 특히 생물다양성이 풍부하여 생동감이 넘치며 진화하는 농업시스템을 가진 경관으로 규정하고 있다.

세계중요농업유산은 농업활동이 이루어지는 농업시스템에 의하여 생물다양성이 보존되며, 이에 의해 식량의 안전한 공급이 확보되며, 지역사회를 유지하는 등의 기능을 가지고 있다. 이러한 차별성 때문에 농업유산제도가 유네스코의 세계문화유산제도와 별도로 운영되고 있는 것이다. 2013년 12월 현재 남아메리카, 아프리카, 아시아에 11개국에 25개 지역이 GIAHS로 선정되어 있다.

〈그림 5-1〉 국내외 유산관련 제도의 비교

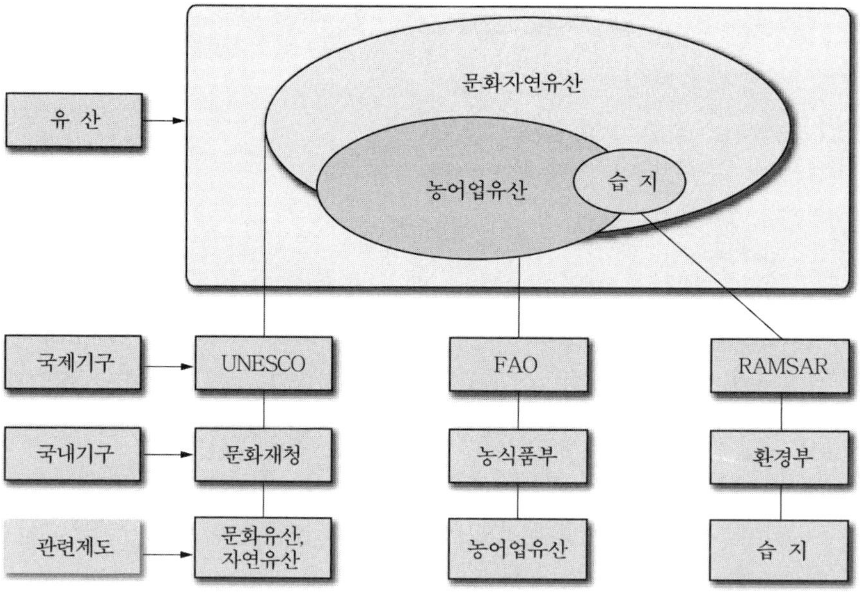

2. 등재 절차

세계중요농업유산으로 인증을 받기 위한 대상의 조건은 독창적인 농업제도 및 생태경관지역, 농업과 관련된 수려한 경관, 농업생물다양성의 보전지역, 고유한 농사지식체계의 적응지역이어야 한다. 위 대상의 조건에 충족되면 세계중요농업유산으로 등재될 기회가 마련되어진다.

신청절차는 해당국가의 승인필요 여부에 따라 크게 두 가지로 나누어진다. 즉 해당국가의 승인절차 없이 개인 또는 단체, 기관이 직접 FAO에 제출하는 방법(1안)과 반드시 해당국가의 승인을 받은 후 FAO에 제출하는 방법(2안)으로 구분되어 있다. FAO는 제출된 제안서를 바탕으로 검토를 하고, 필요한 경우에 따라서는 현장실사를 실시하고, GIAHS 운영위원회에서 승인후 등재된다.

〈그림 5-2〉 세계중요농업유산 인증절차

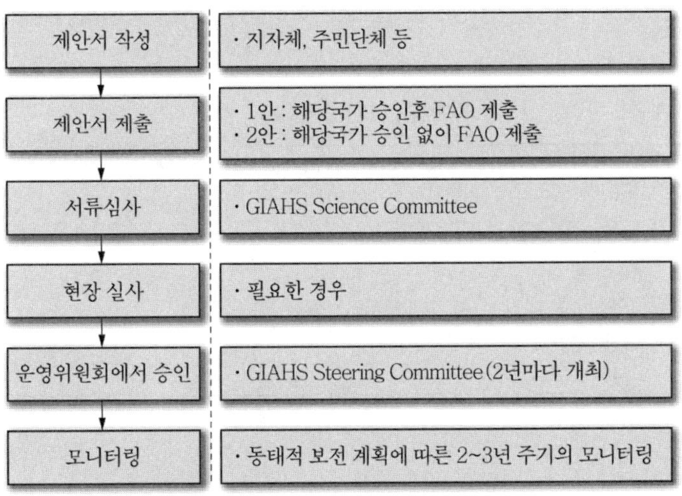

GIAHS 인증을 위한 제안서 제출방법으로 두 가지 방법이 제시되고 있는데, 첫 번째 방법은 해당국가 승인 없이 FAO에 직접 제출하는 방안으로 해당지역의 농업생물 다양성, 수준 높은 전통농업시스템 보유, 아름다운 농업경관 보유, 전통적 토지와 수자원 관리 지식, 기술 보유 등 잠재적 특징 등을 조사·파악한 후에 GIAHS 동태적 보전계획을 포함한 제안서를 작성하고, 해당 관청을 통해 GIAHS 제안서[1]를 FAO에 제출하고, GIAHS 동태적 보전 계획(Dynamic Conservation Plan)을 위한 포괄적인 실행계획을 수행하는 절차를 거치게 된다.

두 번째 방법은 우선적으로 해당국가 승인을 결쳐 FAO에 제출하는 방법이다. 첫 번째 방법처럼 GIAHS 신청을 위해서는 해당지역이 농업생물 다양성, 수준 높은 전통농업 시스템 보유, 아름다운 농업경관 보유, 전통적 토지와 수자원 관리 지식, 기술 보유 등 잠재적 특징을 조사하고 GIAHS 동태적 보전계획을 포함한 제안서를 작성한다. 해당지역의 원주민과의 갈등, 소유권 문제가 야기될 가능성이 있을 경우에는 사전에 해당지역의 이해관계자들 간에 합의가 필요하다. 해당국가에서 GIAHS 동태적 보전 계획과 제안을 심사(공증)한 후에 해당국가의 담당부처에서 승인(공증)된 제안서를 FAO에 제출하는 방식이다.

〈표 5-1〉 세계중요농업유산제도의 인증 대상과 절차

인증대상	·독창적인 농업제도 및 생태경관지역 ·농업과 관련된 수려한 경관지역	·농업생물다양성의 보전지역 ·고유한 농사지식체계의 적응지역
인증절차	·GIAHS로서의 잠재적 특징 분석, 파악 ·제안서 작성(동적 보전 계획 포함) ·FAO에 제안서 제출(선택 1, 선택 2) ·서류심사, 현지답사(FAO본부) ·GIAHS 인증심의회에서 결정(2년마다 개최)	

1) 제안서에는 농업유산 명칭, 소재지, 지형, 기후, 인구 등의 일반적 특징뿐만 아니라 GIAHS의 특징, 중요성에 대해서 기술해야 한다. 제안서 양식은 FAO GIAHS 홈페이지에서 제공하고 있다.

3. 세계중요농업유산 등재지역

세계중요농업유산은 2005년 GIAHS Pilot project로 칠레의 Chilo Agriculture, 페루의 Andean Agriculture, 중국의 Rice-fish Agriculture, 필리핀의 Ifugao Rice Terraces, 알제리와 튀니지의 Oases of Maghreb 5개 지역을 시범지역으로 선정하여 세계중요농업유산제도의 가능성을 검토하게 된다. 이 기간 동안 세계농업유산의 지정기준과 절차 등이 검토되고 세계농업유산제도의 가능성과 제도의 실행방안이 마련되었다. 2010년에는 파일럿 프로젝트를 마감하고 세계농업유산제도가 본격화된다. 이후 등재지역수가 크게 증가하고 세계농업유산의 등재기간도 축소되어 세계중요농업유산제도가 활성화된다.

세계중요농업유산은 2013년 11월 현재 11개국 25개 지역이 등재되었으며 19개국의 32개 지역이 후보지역로 등록되어 있다. 등재 지역 분포를 살펴보면, 중국, 일본 등 아시아 국가에서 17개 지역이 등재되어 전체의 절반을 넘고 있다. 그 밖에 아프리카 지역이 6곳, 남아메리카 지역이 2곳 등재되어 있으며, 유럽, 중미 아메리카, 오세아니아 지역에서의 등재 사례는 아직 없는 상황이다.

현재 아시아지역에 편중된 세계중요농업유산을 다른 대륙으로 확산하기 위해 노력하고 있으며, 2013년 5월에 일본 이시카와현에서 개최된 인터내셔널포럼에서도 GIAHS의 확산을 위해 공동노력하기로 선언문도 채택한 상황이다.

우리나라의 2개지역(청산도 구들장논과 제주 밭돌담)도 2013년 5월에 인터내셔널 포럼에서 사례발표를 하고 GIAHS 제안서를 제출하여 후보지역으로 등재되어 있다.

〈그림 5-3〉 세계중요농업유산 등재 지역

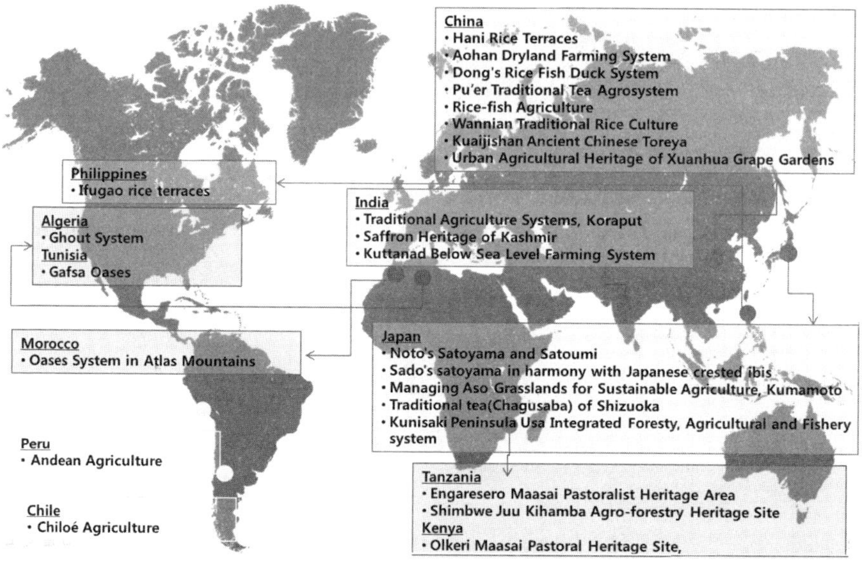

〈표 5-2〉 세계중요농업유산의 특징

국명	GIAHS 등록명	특징	면적(ha)
칠레	Chiloe농업	- 감자, 망고, 딸기의 고유종 보유 - 200여종의 감자 품종 보유	10,616
페루	Andean농업	- 잉카문명 전통 감자 원산지 - 해발 2,800~4,500m 경지에 방목	30,798
필리핀	이푸가오족의 다랑이논	- 유네스코 세계유산 등록지 - 다랑이논에서 전통적 경작 - 생물다양성	68,416
인도	가시미르의 사프란 농업 유산	- 세계최대급의 가족농업 - 사프란 재배지역의 문화와 경관	5,500
	Koraput 전통농업시스템	- 빈곤지역이면서 340종 이상의 벼 품종 보유	2,702,000
탄자니아	Shimbwe Juu Kihamaba 아그로포레스토리 유산	- 킬리만자로 산맥의 유기순환형 농업	619
케냐	마사이족 목축시스템, 고원생태시스템	- 마사이족의 전통적 고원 목축	104,550 93,148
튜니지아	Gafsa 오아시스	- 수 천년 역사의 오아시스 농업	700

		- 다양한 작물의 관계시스템	
중국	논양식어 농법	- 20여 종류의 재래품종 벼를 재배하면서 논에 물고기 양식	461
	운남성 하니 다랑이논	- 1,000년 역사의 다랑이논 - 지역 생태계와의 조화에 의한 천수답	70,000
	전통 벼농사 농법	- 봄의 냉수 관계 등 지역의 특수한 자연 환경에 적응한 다양한 재래품종 보유	200
	전통방식의 논에서의 양식	- 물고기와 오리를 조합한 자연순환농법	-
	아오방의 건조지 농업시스템	- 8000년 역사의 건초지 농업시스템	8,294
	운남성 전통적 茶園농업시스템	- 세계최대급의 차원(차밭)	187,000
알제리아	사하라사막의 오아시스 시스템	- 지역 특성을 살린 전통적 관계시스템에 의해 다양한 작물 재배	1,700
모로코	아토라스산맥의 오아시스 시스템	- 전통문화의 유지와 전통적 관계시스템 농업	2,156
일본	노토의 사토야마, 사토우미	- 논의 생태계 유지 보전 - 300종이 넘는 철새 중계지	186,600
	사도의 사토야마	- 따오기와의 공생을 위한 농업시스템	85,500

〈표 5-3〉 세계중요농업유산 등재지역 사례

[일본] Sado's satoyama in harmony with crested ibis		[일본] Noto's Satoyama & Satoumi	
[탄자니아] Engaresero Maasai Pastoralist Heritage Area		[중국] Wannian Traditional Rice Culture	
[중국] Hani Rice Terrace		[중국] Rice fish agriculture	
[알제리] Ghout System		[필리핀] Ifugao rice terraces	

[칠레] Chiloe agriculture		[페루] Andean agriculture	
[탄자니아] Shimbwe Juu Kihamba Agro-forestry Heritage Site		[중국] Kuaijishan Ancient Chinese Toreya	
[인도] Saffron Heritage of Kashmir		[케냐] Olkeri Massai Pastoralist heritage site	
[일본] Managing Aso Grasslands for Sustainable Agriculture, Kumamoto		[일본] Traditional tea-grass integrated system in Shizuoka	
[일본] Kunisaki Peninsula Usa Integrated Forestry, Agriculture and Fisheries System		[인도] Kuttanad Below Sea Level Farming System	
[중국] Aohan Dryland Farming System		[중국] Dong's Rice Fish Duck System	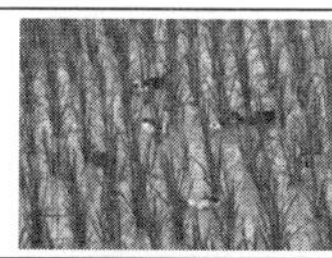
[튀니지] Gafsa Oases		[모로코] Oases System in Atlas Mountains	
[인도] Traditional Agriculture Systems, Koraput		[중국] Pu'er Traditional Tea Agrosystem	
[중국] Xuanhua Traditional Vineyards System			

제 2 절 GIAHS 사례 소개

1. 일본 사도시 사례

1) 사도시의 개요

사도는 일본해 중앙에 위치함 섬으로, 니가타(新潟) 현(縣)에서 약 60km 떨어져 있다. 섬의 크기는 약 855km^{2}이며, 280km에 달하는 해안 지대는 다채롭고 아름답다.

코쿠푸가와(國府川) 강이 섬 중앙을 흐르고 있으며 이 강의 분수령에는 벼를 재배하는 쿠니나카(國仲) 평야가 북쪽으로 오사도(大佐渡) 산과 남쪽으로 코사도(小佐渡) 산 사이에 펼쳐져 있다.

〈그림 5-4〉 사도시 위치

섬의 대부분이 준국립공원이나 현(縣) 국립공원으로 지정되어 있다. 사도 섬은 최근 방생한 따오기[2]가 하늘을 날아다니고 북쪽의 오사도

2) 따오기(Wild Japanese crested ibis)는 국제적으로 보호받고 있는 조류로

산의 향나무림이 바다 산들바람에 흔들리고 있는, 풍부하고 아름다운 자연 환경으로 축복 받은 곳이다.

2010년 인구조사에 따르면, 사도 섬의 인구는 62,724명이었으며 매년 1,000명의 인구가 감소하고 있다. 노령 거주자(65세 이상)의 비율이 36.8%로 니가타 현에서 5번째로 높고 일본 전체 평균 23.1%보다 훨씬 높게 나타났다.

2004년, 10군데 지방자치제 구역이 통합하여 사도시를 구성하였으며, 사도시는 전체 섬을 포괄한다. 통합 이후, 사도 섬은 '생태섬 사도(Eco-Island Sado)' 정책을 추구해 왔으며, 이는 주민과 따오기의 공존과 온실 가스 감소에 대한 적극적인 노력을 통한 생물다양성 보전을 촉진하였다.

농지는 전체 6,000ha이며 이 중 4,000ha가 섬 중심의 내륙 평야지대에 위치하며 사도 섬의 언덕과 계곡은 벼논, 농지, 삼림, 연못, 수로로 가득 차 있고, 농업은 벼, 채소, 가축을 주요 품목으로 하며 다양하게 행해지고 있다. 온류의 영향으로, 섬의 생태계는 남쪽 지역과 북쪽 지역의 요소를 모두 포함하고 있다. 사도 섬의 벼 재배는 일본 야오이 시대에 시작되었으며 1700년의 역사를 자랑한다. 에도 시대의 사도 킨잔(金山) 금광 개막 이후 인구 증가로 새로운 농지의 개발이 이루어지면서 많은 전통 예술과 문화 활동을 꽃피우게 되었다.

2) 사도시의 세계농업유산 인증 배경 및 경위

(1) 인증 배경

사도 섬은 아름다운 사토야마(里山)의 경관을 보유하고 있으며 이곳에서 인간들은 자연과 조화를 이루며 오랫동안 살아 왔다. 에도 시대의 사도 킨잔 금광 개발과 함께, 섬의 인구는 100,000명까지 증가하였고 이와 더불어 자연스럽게 식량(쌀)의 수요도 급증하여 섬의 산간부까지 논으로 개간할 수밖에 없었고 농업용수 확보를 위해 1,100여

일본어로는 'トキ(도끼)'라고 불림

개의 저수지가 만들어졌다. 오랜 시간을 걸쳐 논은 사도지역의 소중한 농업자원으로 자리 잡았으며 이러한 계단식논과 저수지 등은 훌륭한 농촌경관을 창출하고 있다. 또한 계단식 논은 생물다양성이 유지되는 것을 도왔으며 이로 인해 따오기의 마지막 서식지가 된 것이라 볼 수 있다.

고대부터 일본 사람들은 아름다운 깃털 때문에 따오기를 소중히 여겼다. 에도 시대에는 정부에서 제정한 보전 정책으로 평민이 따오기를 사냥하는 것이 금지되었으며, 이는 따오기가 일본 전역에 걸쳐 생존하는 결과를 낳았다. 하지만, 메이지 시대 중반 무렵부터 따오기 사냥 제한이 해제되고 나서 깃털과 고기를 얻기 위한 따오기의 남획이 이루어졌으며 이는 따오기 개체의 급격한 감소를 가져왔다.

니가타 현에서는 1926년 따오기가 멸종되었다고 보고된 바 있었으나 사도 섬에서 두 마리의 따오기가 1931년 발견되었다. 이러한 발견이 계기가 되어 사도섬에서의 따오기 보전이 시작된 것이다. 1934년 따오기가 국립 천연 기념물(living national monument)로 공표되었을 때 약 100마리의 개체가 살아 있는 것으로 추정되었으나 1959년 즈음 이후로 그 수는 급감하였다. 이로 인해, 사도 지역 주민은 농약(따오기의 먹이가 되는 생물도 죽일 수도 있는)을 사용하지 않는 벼 재배, 따오기의 먹이가 될 수 있는 미꾸라지의 투입 등, 따오기의 먹이사슬을 복원, 유지하려는 노력을 기울여 왔으며 그 결과 따오기의 개체 손실을 막을 수 있었다.

그러나 50년에 걸친 노력에도 불구하고, 따오기의 개체 감소는 계속되었고, 1981년 포획 사육을 위해 따오기를 포획했을 때에는 야생에 총 5마리의 개체가 남아 있었다. 일본 야생에서 따오기가 사라진 적이 있는 것이다.

농약 사용과 농지 재개발이 따오기의 개체 감소의 원인일 수도 있지만, 따오기 개체의 심각한 감소는 농약 사용과 농지 재개발이 본격적으로 시작된 1950년대 이전부터이며 농약이 사용될 때 즈음에는 따오기의 개체 수가 20마리로 떨어졌으며, 자연적인 번식을 하기에는 개체 수가 너무 적었던 것이 따오기의 궁극적인 “야생 멸종”의 주요 요인으로 믿어진다.

1960년대와 1970년대, 생태계와 먹이 장소를 잃으면서 따오기의 서식 환경이 더 나빠진 것은 의심할 여지가 없다. 남아 있던 개체들은 대 규모 삼림의 벌목으로 인한 보금자리 손실, 농약 사용으로 먹이가 되던 종의 감소, 농지 재개발로 인한 습지 감소, 쌀의 초과 생산을 줄이기 위한 계단식 논의 유기 등에 영향을 받았다.

따오기의 주요 먹이 장소인 논이 먹이 종의 개체군을 유지하는 것은 중요하다. 논은 자연 복원 노력이 집중되는 곳이기도 하다. 그러나 이러한 논들을 유지해야 하는 논 농업 체계는 쌀 가격의 장기적인 하락과 과잉 쌀 생산을 줄이려는 국가 정책에 영향을 받아왔다. 결과적으로, 매우 적은 농민만이 남게 되었고 버려지는 벼논은 증가하였다. 동시에, 도로와 관개 체계를 유지하려는 마을에 기반을 둔 노력은 사라지면서 이런 유지 노력은 중요한 국면을 맞게 되었다.

게다가, 논의 기능 중 하나인 생물다양성을 유지하는 논의 능력은 꾸준히 쇠퇴해 왔다. 이것은 시간제 농민들이 부족한 인력과 다른 제약 조건을 직면하면서, 화학 비료와 농약을 사용하는 것과 같이 적은 노동력을 요하는 재배 기술을 사용하였기 때문이다. 현재 일본 전체 농업이 생물다양성을 보존하고 유지하기 위한 도전에 직면하였다고 말할 수 있을 것이다.

이러한 이유와 더불어, 사도 섬의 따오기의 지속적인 생존은 지금까지 확립한 야생 동물 보호구역과, 관심 있는 시민들이 유지시켜 온 생물서식공간(서식지)만을 통해서는 확보될 수 없기 때문에, 논에 살고 있는 생물들을 육성하고 논이 따오기의 먹이 장소 역할을 할 수 있도록 쌀 생산 촉진을 위한 다양한 노력이 행해지고 있다.

따오기를 위한 먹이 환경을 재건하고 유지하기 위해서, 미꾸라지나 벌레와 같이 논 안이나 논 주변에서 먹이가 되는 종의 서식지와 이들의 번식 조건을 지원하는 기술과 따오기의 사냥을 쉽게 도와주는 기술에 관한 연구가 진행되었다. 그리고 특정 지역에서 앞서 행해지던 수답(wet-field)에서의 벼 재배 기술도 "생물 다양성을 육성하는 농업 기술"로 전체 지역에 장려되고 있다.

"따오기를 지지하는 생물다양성과 공존하는 섬 창출"에 대한 섬 전체의 노력, 특히 이런 종류의 재배 기술은 생물다양성 보전뿐만 아니라, 지속가능하고 친환경적인 재배 기술 확산과 농민 소득 향상과 같은 다른 많은 편익으로 실현되었다.

(2) 인증 경위

이러한 노력은 환경과 경제가 서로를 지지하는 모범 사례로 장려되어 왔으며, 일례로 2010년 나고야에서 열린 제 10차 생물다양성협약 당사국총회(The 10th meeting of the Parties to the Convention on Biological Diversity, COP10)와 같은 국제무대에 소개되기도 하였다.

세계중요농업유산 인증을 위한 사도시의 도전은 단순히 다음 세대를 위한 가치 있는 생물다양성을 보존하는 토지 이용 체계와 사도 농업의 아름다운 경관에만 기반을 둔 것이 아니다. 세계중요농업유산에 대한 사도 섬의 참여는 환경, 역사, 다양한 전통 예술, 사도의 농업과 깊게 연관되어 있는 문화(또한 이들을 육성시키는 주민과 지역 마을과도 연관이 깊은)를 지속가능하게 하고자 함에 있다.

사도시가 세계중요농업유산에 인증되기까지의 경위를 보면, 2011년 1월에 세계중요농업유산 신청기념 포럼을 개최하여 지역주민들에게 세계중요농업유산제도에 대한 설명과 사도의 경우 무엇이 세계적으로 흥미를 불러일으킬 수 있을까라는 논제를 가지고 환경성, 지역대표, 국제 연합대학, 농정국 등 다양한 관련 주체들이 모여 의견을 나누었다.

〈표 5-4〉 사도시의 세계중요농업유산 인증 전후의 주요 경위

연 도	월	내 용
2010년	9월	국제연합대학으로부터 추천 의향 - 사도가 세계중요농업유산으로 충분히 가능하다는 의견을 국제연합대학이 북릉농정국에 전달 - 북릉농정국이 니가타현, 사도시에 설명
	9~10월	북릉농정국, 니가타현, 사도지 3자 의견교환 - 세계중요농업유산 지정 목적, 대상, 과제 등에 대해 논의
	11~12월	인증신청준비 - 신청서 작성
	12월	GIAHS사무국에 신청 및 국제생물다양성협약 총회에서 신청 공표
2011년	1~5월	지역주민들에 홍보 - 세계중요농업유산 신청기념 포럼개최 - 세계중요농업유산 등재를 위한 의견교환회
	6월10일	북경에서 사도시장이 제안내용 발표
	6월11일	정식적으로 GIAHS에 인증
	6월15일	국제식량농업기관(FAO)사무국장 등 사도시 시찰
	6월16일	인증식
	7월	지역주민의견교환회(4회)
	12월	세계중요농업유산 추진포럼 개최
2012년	1월	필리핀 세계중요농업유산 시찰
	7월	생물다양성 국제농업회의(ICEBA2012) 개최

2011년 5월에는 세계중요농업유산 인증에 앞서 의견교환회를 가져 사도시장이 신청제안내용을 소개하고 의견을 듣는 자리를 만들었으며, 2011년 6월 10일에 북경에서 사도시장이 직접 제안내용을 발표, 다음 날인 6월 11일에 정식으로 세계중요농업유산으로 인정받았다.

2012년 1월에는 세계중요농업유산으로 인정된 필리핀 이푸가오 다랑이 논을 시찰하였으며 7월에는 생물다양성 국제농업회의를 개최하였다.

3) 사도시의 세계농업유산 등재 요인

사도지역이 세계중요농업유산에 인정할 수 있었던 요인으로서는 지속 가능한 생물다양성을 복원, 보전하고 있다는 것과 자연을 보호하고 생물다양성을 육성하기 위해 친환경농업을 확대했다는 것을 들 수 있다. 또한 오랜 기간 동안 유지되어 온 지역공동체의 풍습, 문화의 계승, 그리고 마지막으로 관련 주체들 간의 연계협력을 들 수 있다.

(1) 생물다양성과 생태시스템: 생물다양성의 보전 체계 구축

사도시는 생물다양성을 보전하고 복원하기 위해 우선적으로 생물다양성 지리정보시스템(Geographic Information System)을 구축하였으며(〈그림 5-5〉), 이로 인해 따오기의 먹이 장소에 대한 생물다양성 보전과 먹이 장소 개선에 대한 기술 효과성을 평가할 수 있게 되었다. 특히 사도시는 논에 서식하는 생물다양성에 힘을 쏟고 있으며 현재 사도시의 논에는 미꾸라지, 올챙이 등 약 60여종의 생물종이 서식하고 있는 것으로 알려지고 있다.

생물다양성에 대한 유용성을 지역주민들에게 알리고 생물다양성을 보전하기 위한 운동으로 연 2회 6월과 8월 사도시 전역에 걸쳐 '생물 조사하는 날'을 정해 농업인, 어린이 등 지역주민이 농경지에 서식하고 있는 생물체를 관찰, 조사 하고 있다. 특히 지역의 초등학생 40여명으로 구성된 생물체 조사단을 구성 연중 조사를 실시하고 있다.

〈그림 5-5〉 사도시 생물다양성 지리정보시스템 모식도

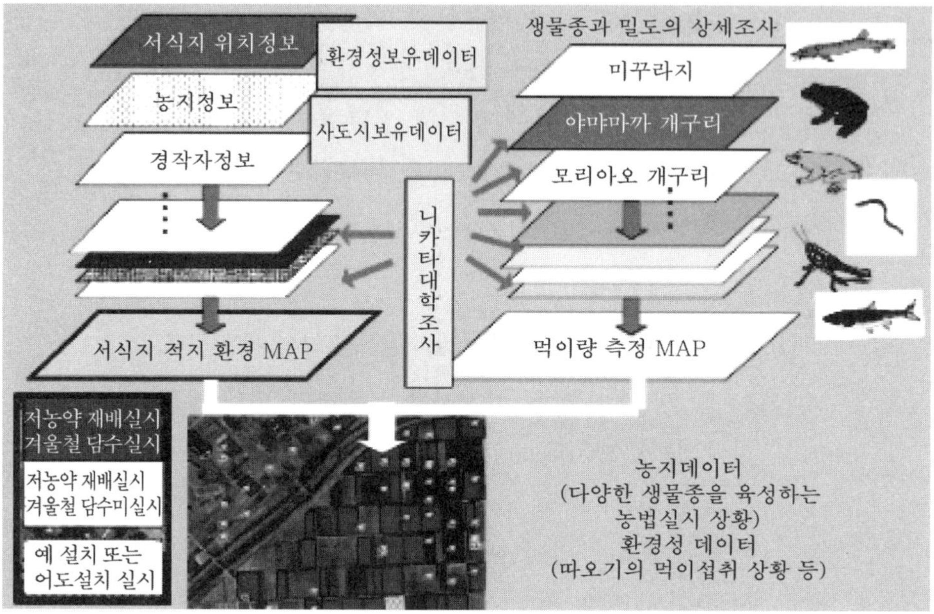

(2) 경관, 토지, 수자원의 관리: 자연농법(친환경농법)의 확대

사도시는 2008년부터 '따오기와 함께 공존하는 고향만들기 인정제도 (朱鷺と暮らす郷づくり認定制度)'를 도입 친환경적 논 농업을 확대하고자 노력하고 있다. 이 인정제도는 생물다양성 확보를 위한 에(え, 江)[3]의 설치, 논의 생태계 보호를 위한 논과 용수로 간의 어도 설치, 겨울철 논의 생태계 유지를 위한 동기담수(冬期湛水), 그리고 따오기의 먹이 확보를 위한 비오톱 설치를 하고 있다.

3) 논의 일부이며 논에 서식하는 생물이 살 수 있는 공간을 말함

에(江)의 설치

동기담수

어로설치

비오톱 설치

[사진 5-1] 따오기와 함께 공존하는 고향만들기 인정제도

논 가장자리에 설치하는 에(え, 江)는 논의 물을 빼는 시기에도 미꾸라지, 올챙이 등 논에 서식하는 생물체를 위해 물이 없어지지 않을 정도의 깊이로 만들어 생물체의 서식환경을 조성해 주는 역할을 한다. 논과 용수로 간에 설치하는 어도는 논과 용수로와의 통로를 만들어 논에 서식하는 생물체가 논과 용수로 사이를 자유롭게 이동할 수 있는 기능을 가지고 있다. 논은 수확 후 겨울철에는 물을 담수하지 않고 빼는 것이 일반적이나 사도시의 경우 겨울철에도 물을 빼지 않고 담수하여 4계절을 통해 논의 생물체가 서식할 수 있는 환경을 만들어 주고 있다. 또한 논의 주변에 설치해 놓는 비오톱은 생물체가 연중 안심하고 서식할 수 있는 장소를 만들어 줌으로써 따오기의 먹이 확보에 중요한 역할을 하고 있다.

이러한 따오기와 함께하는 친환경적 농업을 확대 보급하기 위해 사도시는 독자적으로 소득보상제도를 마련, 추진하고 있다. 소득보상 제도를 받기 위해서는 기본적으로 ① 사도시에 주소가 있는 경영체, ②

사도시 내에서 관행농법에 비해 5할 이상 저화학농약, 저화학 비료로 재배하면서 주식용 쌀을 생산, ③ 국가의 농업자 호별 소득보상 제도의 조성대상자의 경우에 해당돼야 한다. 보상단가는 10a당 동기관수가 1,000엔, 에의 설치 2,000엔, 어도의 설치 4,000엔이다. 이와는 별도로 논의 생물체 조사를 할 경우에도 4,000엔이 지급된다.

2008년에 256농가가 참여 427ha를 시작으로 2011년에는 693농가 1,320ha가 인정받았으며 이 면적은 사도시의 전체 논 면적의 약 20%에 해당 된다.

〈표 5-5〉 따오기와 함께 공존하는 고향만들기 인정제도 추진 현황

연도	참여농가	인정총면적(ha)	동기관수 면적(ha)	에의 설치 면적(ha)	어도설치 면적(ha)	비오톱설치 면적(ha)
2008	256	427	361	73	0.9	1.1
2009	510	863	775	195	0.9	1.5
2010	651	1,188	1,093	329	17	1.7
2011	693	1,320	1,176	440	34	2.0

(3) 사회조직과 문화: 지역공동체에 의한 전통예능 계승

사도지역에는 전통예능의 보고로 알려질 정도로 다양한 민속예능이 오늘날까지 전승되고 있다. 특히 노우(のう:能)[4]라는 전통예능이 다수 남아 있으며 최근에도 각 마을의 노우무대에서 각종 노우가 공연되고 있다. 특히 분야인형, 셋쿄인형, 노르마인형은 국가중요무형 민속문화재로 지정되어 있으며, 오니다이코는 사도에 밖에 없는 진귀한 고전 예능으로 사도지역 각지의 제례행사에서 공연되고 있다.

4) 노우(のう:能)는 일본 남북시대부터 내려오는 전통예능(연극)임.

노우(能)

오니다이코

[사진 5-2] 사도시의 전통예능

또한 사도시에서만 볼 수 있는 전통예능으로 구루마모내기(車田植)를 들 수 있다. 구루마모내기는 1979년 국가 중요무형 민속문화재로 지정되었으며 전통농업 예능의 하나로 매년 5월 중순에 모습을 볼 수 있고 구루마 모내기 보존회 보호단체가 있어 아직까지 그 풍습이 이어지고 있다. 구루마모내기 방법은 모내기하는 이른 아침, 모판에서 3개의 소쿠리 모를 꺼내 놓고 술, 음식과 함께 논의 신에게 제를 올린 후 술을 논에 뿌린 후 모내기를 시작하면 논 주인은 3명의 여자에게 각각 한 소쿠리의 모를 주고 모를 전달받은 3명의 여자는 소쿠리의 1/2를 가지고 원을 그리며 논의 중앙부까지 심고, 나머지는 다시 논 가장자리로 나오면서 심는데 일본어의 노(の)자 모양으로 심는 독특한 일본의 오랜 농경 풍습이라 할 수 있다.

[사진 5-3] 사도의 구루마모내기(車田植)

사도시의 지역(마을)공동체 재활성화 및 전통예능의 계승을 위한 목표로 비영리 단체를 포함한 지역 공동체 내외부의 다양한 조직과의 협동 체계를 구축, 지역공동체의 역량 강화 및 지속가능한 생물다양성 보전 농업과의 연계를 통한 차세대 농업인 육성으로 정했다.

이러한 목표 달성을 위해 사도 재활성화 도전 프로젝트(Sado Revitalization Challenge Projects)와 공동체 지원 모델 프로젝트(Community-Support Model Projects)를 추진하고 노력하고 있다.

또한 공동체 보조금 프로젝트(Community Subsidy Project)와 번영 공동체 지원 프로젝트(Prosperous Communities Support Project)를 통해 지역의 전통예술(예능)의 보존과 전승을 위한 활동을 하고 있다.

(4) 파트너십: 관련주체들 간의 긴밀한 연계 협력

사도시의 생물다양성 보전, 지역공동체 재활성화, 휴경지 복원을 위해서는 지역 기업의 사회책임 경영에 기반을 둔 연계와 협조가 불가피하다. 현재 산림과 논의 복원 활동은 '따오기 브랜드 인증 쌀'의 판매로 지원되고 있으며 활동의 일부는 기업의 사회책임 경영과 같은 경로를 통해 기업으로부터, 혹은 개인으로부터의 기부로 이루어지고 있다.

또한 다양한 연계협력 활동은 인적자원개발, 생물다양성 보전, 지역공동체 재활성화와 관련하여 니가타대학, 도쿄농업대학과 이루어지고 있으며 앞으로도 사도시 전체를 환경교육 현장으로 활용하기 위해 다양한 대학들과 연계협력을 추구할 계획이다.

[사진 5-4] 따오기 브랜드 도시락

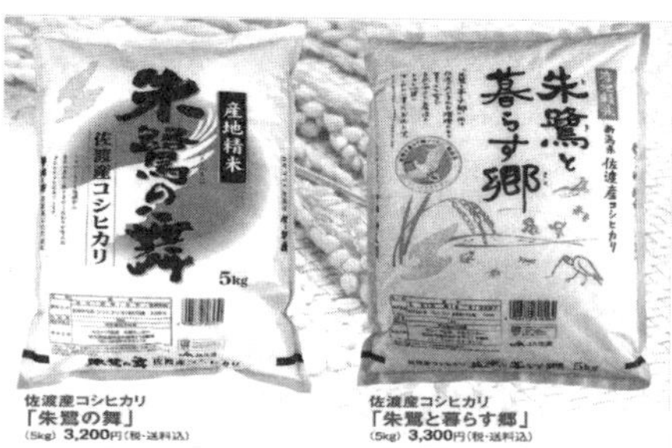

[사진 5-5] 따오기 브랜드 인증 쌀

〈표 5-6〉 GIAHS 인정기준에 의한 사도 사례의 특징 요약

구분	기준	사도
Ⅰ. 시스템의 고유특성	1. 현저한 특징	생물다양성의 보전체계 구축(생물다양성지리정보시스템) 따오기와 함께 공존하는 고향만들기 인정제도: 에, 어도 설치, 비오톱, 동기담수 소득보상제도 전통예능: 오니다이코 구루마모내기
	2. 지속성의 역사	사토야마
	3. 세계적중요성	따오기의 자연복원
Ⅱ. 정황성	1. 대표성	-
	2. 외부의 위협	-
	3. 정책 및 개발적 용성	환경직불제
Ⅲ. 프로젝트 수행성	1. 프로젝트통합성	니가타대학, 도쿄농업대학과 연계협력 활동 따오기 브랜드 인증 쌀의 판매로 기업의 사회책임경영으로 기업 또는 개인으로 기부
	2. 공동펀드의능력	-
	3. 프로젝트 접근성	재활성화 도전 프로젝트, 공동체 지원모델 프로젝트, 번영 공동체 지원 프로젝트

2. 일본 노토반도 사례

1) 노토반도의 개요

2011년 6월 이사카와현(石川縣)의 나나오시(七尾市), 와지마시(輪島市), 스즈시(珠洲市), 하쿠이시(羽咋市), 시카마치(志賀町), 나까노토마치(中能登町), 아나미즈마치(穴水町), 노토초(能都町)의 8개 기초자치단체를 대상으로 한 '노토의 사토야마(里山), 사토우미(里海)'가 니가타현의 사도시와 함께 일본에서 처음으로 세계농업유산으로 인정되었다.

노토반도는 일본 혼슈(本州)중앙부에 위치하며 동해의 최대 반도이

다. 남북으로 약 100km, 동서로 약 30~50km이며 반도의 대부분이 이사카와현에 속한다.

〈그림 5-6〉 노토반도 위치

노토반도는 2100여 년이 넘는 기나긴 역사와 문화를 자랑한다. 고고학 조사에 따르면 노토 반도에 최초로 거주한 사람들은 수렵과 채집활동을 했으며, 노토 반도에 농업이 도입된 시기는 1300여 년 전인 나라(奈良)시대로 거슬러 올라간다.

지난 천여 년을 거치면서 노토 반도에 정착한 사람들은 자신이 깃들어 사는 자연 환경에 맞춰 진화해 왔다. 그 덕분에 오늘날 노토 반도에는 원시 애니미즘, 자원 이용에 관한 권리가 세습되던 봉건 시대의 풍습, 서양의 사고방식에 영향을 받은 현대의 법과 규제가 공존하면서 자연관, 자원 이용에 관한 권리에 관한 견해에 영향을 미친다. 신도와 불교에 바탕을 둔 전통적 관습도 여전히 노토 반도 전역에 퍼져 있는 지역 사회에 만연해 있다.

구체적으로 예를 들면 파종 축제, 추수 축제, 어부와 해변 주민의 수호신에게 감사드리는 고유의 지역 축제인 기리코(kiriko), 노토 지역에서만 볼 수 있고 유네스코 인류무형문화유산 대표목록(UNESCO Representative List of Intangible Cultural Heritage of Humanity)

에 등재된 모내기 및 추수 축제인 오쿠 노토 아에노코토(Oku-noto Aenokoto) 등을 들 수 있다.

노토 반도는 농업 지대가 산지와 매우 가까워서 농업 활동뿐 아니라 임업 활동과 어업 활동이 동시에 이뤄지는 전형적인 일본 농촌의 축소판이다. 넓은 계곡 사이사이로 언덕과 들판이 점점이 흩어져 있어 녹색 회랑을 이루고, 해안에는 화산암이 흩어져 있는 전형적인 반도 지형인 노토 반도는 사토야마(2차림, 농장, 초지, 농경지, 목초지, 저수지, 운하로 구성된 육지 지형)와 사토우미(해변, 바위해변, 조습지, 해조류 서식지로 구성되는 해안 지형)로 알려진 사회 생태적 시스템을 잘 관리해온 특징을 지닌다.

2) 노토반도의 세계농업유산 인증 배경 및 경위

노토반도는 지역에 뿌리내린 사토야마·사토우미가 밀집된 지역이며 '노토반도의 사토야마 사토우미'의 등재는 그 종합적인 힘이 평가받은 것이다. 노토반도의 농림수산업과 그와 관련된 사람들의 삶의 모든 것이 '세계농업유산'으로써 인정된 것이다.

또한 2010년 10월, 아이치현 나고야시에서 개최된 '생물다양성조약 제10회 체결국회의(COP10)'에서 'SATOYAMA이니셔티브'의 추진이 채택되는 등 최근 사토야마(SATOYAMA)와 관련해 국제사회의 관심이 높아진 것도 세계농업유산 인정의 배경이 되었다고 할 수 있다.

【참고: 'SATOYAMA이니셔티브'】

사람의 삶과 생물다양성을 지키기 위해서는 원생적인 자연환경만이 아닌 사토야마와 같이 농업이나 임업 등 사람이 이용함으로써 형성·유지되어 온 환경의 보전도 중요하다. 'SATOYAMA이니셔티브'는 그러한 이차적 자연환경에 생물다양성의 보전과 지속가능한 이용의 양립을 목표로 일본정부가 제창하였다. 이시카와현은 국제연합대학 등과 함께 국제적인 사업을 진행해나가기 위한 조직 'SATOYAMA이니셔티브 국제파트너십(IPSI)'의 창설 멤버이다.

노토반도가 세계농업유산으로 인정된 배경에는 2010년 6월 국제연합 대학 주최로 열린 <사토야마와 세계농업유산>이라는 워크숍이 가장 큰 계기가 되었다. 이 행사에 국제연합 식량농업기구, 농림수산성, 이사카와현, 가나자와대학이 참가 노토반도에 펼쳐진 사토야마, 사토우미를 세계농업유산으로 신청하자는 의견을 모았다.

그 후, 이사카와현 노토반도지역의 8개 자치단체로 이루어진 노토지역 GIAHS추진협의회를 2010년 11월에 설립하여 본격적인 인정을 위한 준비를 시작하게 되었다. 인정 준비과정에 이시카와현은 물론 국제연합대학, 가나자와대학, 농림수산성이 협력해 주었으며 이러한 협력 덕택에 추진협의회 설립 후 얼마 지나지 않은 2010년 12월에 세계농업유산으로 인정 신청을 할 수 있었다.

〈표 5-7〉 노토반도의 세계중요농업유산 인증 전후의 주요 경위

연도	월/일	내용
2010년	6월 5일	- 국제연합대학이 <사토야마와 세계농업유산> 워크숍을 이사카와현 가나자와시에서 개최 - 워크숍에 국제연합 식량농업기구(FAO), 농림수산성, 이사카와현, 가나자와대학이 참가
	11월 30일	- 이사카와현 노토지역의 8개 자치단체가 모여 노토지역 GIAHS추진협의회를 설립
	12월 17일	- 노토지역 GIAHS추진협의회가 이사카와현, 국제연합대학, 가나자와대학의 추천을 받아 농림수산성의 협력으로 노토의 사토야마·사토우미라는 명칭으로 세계농업유산 인정 신청
	12월 19일	- 이사카와현 가나자와시에서 개최된 <국제생물다양성 클로징이벤트>에서 다니모토마사노리 이사카와현 지사가 신청경위와 인정 의의에 대해 설명
2011년	6월 10일	- 중국 베이징에서 개최된 <세계농업유산 국제포럼>에서 노토의 사토야마·사토우미에 대해 프레젠테이션 실시
	6월 11일	- 정식적으로 GIAHS에 인정
	6월 17일	- 이사카와현 와지마시에서 노토의 사토야마·사토우미 세계농업유산 등재 오프닝 이벤트 개최(인정식) - 세계농업유산 활용실행위원회 발족

2011년 6월 중국 베이징에서 열린 〈세계농업유산 국제포럼〉에서 노토반도의 사토야마·사토우미에 대해 보고를 했으며 정식적으로 세계농업유산으로 인정받게 되었다.

3) 노토반도의 세계농업유산 인정 요인

노토반도가 세계중요농업유산에 인정될 수 있었던 요인으로는 크게 여섯 가지가 있다. ① 생물다양성이 보존된 전통적인 농림어법과 토지이용, ② 사토야마·사토우미가 품고 있는 다양한 생물자원, ③ 우수한 사토야마·사토우미 경관, ④ 훌륭한 자원들을 계승해 나아가야 할 전통적인 기술, ⑤ 오랜 역사의 농경문화와 제례, ⑥ 사토야마· 사토우미의 이용 보전 기술이다.

(1) 생물다양성이 보존된 전통적인 농림어법과 토지이용

햇볕으로 벼의 이삭을 말리는 '하자호시(はざ干し)'나 해녀의 물질 등 전통적인 농림어법이 지금까지도 계승되고 있다. 또한 산의 사면을 이용한 계단식 논이나 골짜기를 이용한 곡지 논이 있고 농업 용수원으로써 2,000개가 넘는 봇물 등이 연속적인 모자이크 모양으로 펼쳐져 있다. 또한 생태계가 연속적으로 유지되어 있으며, 절멸위기에 놓인 희소종을 포함한 생태계 생물들의 서식지이자 생육장소이다.

[사진 5-6] 전통적 농업토지 이용

(2) 사토야마·사토우미가 품고 있는 다양한 생물자원

사프 물방개(シャープゲンゴロウモドキ), 호쿠리쿠 도롱뇽(ホクリク

サンショウウオ), 이카리몬 길잡이(イカリモンハンミョウ) 등의 희소종을 포함한 다양한 생물이 생식, 서식하고 있으며 300종 이상이나 되는 철새가 확인되고 있다. 또한 나카지마채(中島菜) 등의 '노토 야채'나 노토다이나곤 팥 등을 비롯한 재래품종의 재배도 활발하게 진행되고 있다.

[사진 5-7] 다양한 생물자원

(3) 우수한 사토야마 · 사토우미의 경관

일본 서해에 면한 급경사지에 펼쳐진 '시로요네(白米)의 센마이다'(와지마시)를 비롯한 계단식 논이나 곡지논, 지붕 이기, 검은 기와 · 하얀 벽으로 된 집들, 일본 서해의 강한 해풍으로부터 가옥을 지키는 '마가키'라 불리는 대나무 울타리 등은 일본의 농산어촌의 원래 모습이라고도 일컬어지는 경관이라 할 수 있다.

[사진 5-8] 사토우미 경관

(4) 계승해 나아가야 할 전통적인 기술

일본에서 유일하게 노토에만 남아 있는 '아게하마 식(式)'이라 불리는 제염법이나 사토야마의 관리·보전과 밀접하게 연관되어 있는 '숯구이', 일본을 대표하는 전통공예 '와지마 칠기' 등의 전통적인 기술이 계승되고 있다.

[사진 5-9] 전통적 기술과 공예

(5) 오랜 농경문화와 제례

풍어와 풍작을 기원하며 '기리코' 또는 '봉등'이라 불리는 높이 수 미터에서 수십 미터에 이르는 신등이 마을을 행진하는 '기리코 마쓰리'를 비롯하여, 밭의 신에게 감사를 하는 제사로써 2009년에 유네스코의 무형문화유산으로도 등재된 농경의식 '아에노코토' 등 농림수산업과 관련이 깊은 문화·제례가 계승되고 있다.

[사진 5-10] 농경문화와 제례

(6) 사토야마 · 사토우미의 이용보전 활동

'노토의 사토야마 사토우미'를 후대에 전해주기 위하여 계단식 논의 오너 제도나 농가민박 등, 사회의 변화에 발맞춘 새로운 도시주민과의 교류에 착수한 점도 높은 평가를 받았다. 또한 농림어업 종사자, 행정, 지역주민, 대학 등의 고등교육연구기관 등이 서로 연계하여 인재의 육성, 농림수산업의 부흥, 생물다양성보전에 앞장서고 있다.

[사진 5-11] 사토야마 이용보전 활동

〈표 5-8〉 GIAHS 인정기준에 의한 노토반도 사례의 특징 요약

구분	기준	노토반도
Ⅰ. 시스템의 고유특성	1. 현저한 특징	전통예능: 기리코축제, 아에노고또 사토야마(2차림, 농장, 초지, 농경지, 저수지, 운하로 구성된 육지의 지속가능한 생태시스템) 사토우미(해안, 바위, 조습지, 해조류서식지 등으로 구성된 해안의 지속가능한 생태시스템) 사토야마, 사토우미 유지를 통한 생물다양성 수호 하자호시, 해녀의 물질 등 전통적 농림어법 계승 300여 종의 철새 서식
	2. 지속성의 역사	사토야마, 사토우미 전통예능의 지속성
	3. 세계적중요성	-
Ⅱ. 정황성	1. 대표성	-
	2. 외부의 위협	-
	3. 정책 및 개발적용성	향토산업의 발굴 및 육성
Ⅲ.	1. 프로젝트통합성	FAO, 농림수산성, 국제연합대학, 가나자와대학과

프로젝트 수행성		연계협력 활동
	2. 공동펀드의 능력	-
	3. 프로젝트 접근성	생물다양성조약 제10회 체결국회의에서 사토야마이니셔티브 추진(2010년) 국제연합대학 주최의 사토야마와 세계농업유산워크숍(2010년)

3. 시사점

세계 중요 농업유산제도(GIAHS)의 의의는 여러 측면에서 찾아볼 수 있지만 무엇보다도 전통적 농업기술과 전통적 생활양식이 갖고 있는 가치에 대한 재발견, 재평가라 할 수 있다.

사례 분석을 통해 알아보았듯이 세계중요농업유산에 인정되기 위해 가장 중요한 포인트는 그 지역만의 전통적 농업시스템과 그것과 어우러진 생활시스템을 계승, 유지하고 있어야 한다는 점이다. 이러한 전통적 농업시스템과 생활시스템을 계승, 유지해 오면서 자연스럽게 형성된 다랑이논, 고원처럼 우수한 농업경관 역시 빼 놓을 수 없는 포인트 이다.

또한 그 지역의 지형, 기후, 풍토에 서식하는 생물종이 희귀성과 다양성을 보유하고 있어야 하며, 전통적 농업·생활시스템에 의해 자연스럽게 보전, 보호되어야 한다는 것이다. 마지막으로 중요한 점은 인간의 먹을거리에 대한 지속성 확보차원에서 작물의 토착종(재래종)을 오랜 역사에 걸쳐서 보전해 왔다는 것도 간과해서는 안 되는 포인트라 할 수 있다.

전술에서 살펴본 일본의 두 지역의 경우는, 아프리카, 남미, 중국지역과는 달리 전통적 농법, 생물다양성면에서는 다소 미흡한 부분이 있지만 농업유산에 대한 지역주민들의 자발적인 계몽, 보전 활동을 하고 있다는 점과 지역주민, 행정, 지역대학 등 관련 주체들과 밀접한 네트워크를 구축하고 있다는 점이 특징이라 할 수 있다. 우리나라와 사회적 환경, 경제적 환경, 지역주민 정서 등 유사한 면이 많은 일본의 사례는 우리나라가 향후 세계중요농업유산에 인정받기 위해 他山之石으로 삼아야 할 점이 많다고 볼 수 있다.

현재, 우리나라의 경우 세계중요농업유산에 대한 인식과 홍보가 매우 부족한 상태이다. 다른 유산(문화적 유산, 자연유산 등)과 달리 실제적으로 농업활동, 농촌생활을 영위하면서 계승, 유지해야 한다는 점을 지역주민과, 행정 공무원 등 관련주체자들은 명확히 인지할 필요가 있다. 또한 우리나라 농어촌지역에 잠재되어 있는 훌륭한 유산자원들을 발굴하여 세계중요농업유산으로 인정받을 준비를 늦춰서는 안된다.

제 6 장 농어업유산의 보전과 활용

제 1 절 정책의 개요

1. 농어업유산과 농어촌지역개발

70년대, 80년대를 거치면서 우리나라의 농정의 방향은 농업에서 농촌으로 확대 추진되었고, 새마을운동 등과 같은 노력과 함께 농어촌공간 정비 및 개발을 통한 지역활성화를 도모하고자 하는 목적의 다양한 농어촌지역개발사업이 추진되어 왔다. 그러나 이러한 개발지향적인 정책들은 농촌공간의 근대화를 도모하였다는 평이 있는가 하면 오히려 농어촌지역의 다면적 기능을 살리지 못하고 고유의 정체성을 상실한 결과를 나았다는 비판의 목소리가 높은 것도 사실이다.

한편, 근래에 들어 세계적인 지역개발정책의 큰 흐름을 보면 지역의 유산을 어떻게 활용하느냐가 뜨거운 이슈로 등장하고 있다. 2003년에 EU회원국의 지역개발 관련부처 장관회의(CEMAT)에서 채택한 유럽농촌유산가이드는 농촌지역의 지속가능한 개발을 위하여 농촌문화유산을 자원으로 하는 개발계획의 중요성과 원리를 채택한 바 있다.

일본의 경우도 지역에 거주하는 사람들의 생활 또는 생산 및 당해 지역의 풍토에 의해서 형성된 경관을 문화적 경관으로 지정하고 보호하는 제도를 운용하고 있다. 일본의 문화적 경관에는 농업, 방목, 어업, 물 관리 등의 농림어업활동에 관련된 경관들이 포함되어 있고 이들을 활용하여 지역개발을 활발히 추진하고 있다.

물론, 우리나라의 경우도 2000년 이후의 농촌개발방식은 과거의 농업 중심적이고 도・농간 생활환경의 격차해소에서 농촌이라는 장소가 보유하고 있는 차별화된 자원을 활용하여 발전을 모색하는 이른 바 장소지향적(the place-based approach)발전전략으로 전환을 시도한 바 있다.

농촌마을종합개발사업 등의 정부부처별 다양한 사업을 수행하는 과정에서 일부 지역의 경우 농어업유산을 활용하는 체험관광프로그램의 개발을 통하여 도시민의 방문을 유도하여 소득증대 등의 효과를 거두고 있는 사례도 나타나고 있다. 그러나 농어업유산의 보전이 관광자원이나 지역특산물 등의 형태로 상품화하여 소득을 올리는 일에 치중하다보니 유산이 가진 그 외의 다양한 가치를 제대로 활용하지 못하여 농어업유산을 지역발전의 동력으로 본격적으로 활용하는 데까지는 이르지 못하였다.[1]

돌이켜보면 농촌의 현대화과정에서 유산의 보존이 지역개발과 대립적으로 간주되던 때도 있었다. 그러나 농어업유산은 다른 문화재와는 달리 자연과 인간의 상호작용과 인간의 적응적 과정을 중시하는 특성이 있다는 점에서, 유산의 보전은 지역발전에 활용될 여지가 크므로 대립적이기보다는 보완적으로 보아야 하는 영역이 더 크다고 할 수 있다.[2] 그러므로 유산이 지역발전의 엔진역할을 수행할 수 있도록 이

1) 참여정부에서는 '역사문화마을조성사업'이라는 농어업・농어촌 유산과 직접적인 관련성이 있는 사업이 시도된 바 있으나, 보전이 주민의 재산권행사에 불이익을 줄 수 있다는 인식의 확산 등으로 주민의 자발적인 참여를 이끌어내지 못함에 따라 성과를 거두지 못하는 사례가 나타났다.

를 잘 활용하는 방향에서 지역정책을 수립하는 것이 바람직하다고 할 수 있다.

즉, 농어촌지역개발정책에 있어 과거와 같은 개발지향적인 정책의 틀을 벗어나 앞으로는 농어업유산과 같은 다양한 가치를 재평가하고 이를 활용하여 농어촌의 정체성을 유지·발전시킬 수 있는 보전지향적 개발이 필요하다고 할 수 있다.

2. 농어업유산정책의 목적

지역개발의 세계적 동향이 개발에서 보전으로 전환되는 가운데 지역발전의 동인으로 농어업유산의 발굴 및 보존을 새롭게 인식하는 경향이 증대되고 있다. 농어업유산을 지역발전의 동인으로 활용하기 위해서는 먼저 농어업유산이 어떤 이유 때문에 지역발전에 긍정적으로 기여하는지에 대한 분명한 인식이 필요하다.

농어업유산의 지역발전에 대한 기여는 농어업유산의 특징으로부터 찾을 수 있다. 다른 문화재와 달리 농어업유산은 인간과 자연의 상호작용, 즉 인간의 환경에 대한 적응적 과정에서 형성된 것이라는 특수성을 가지며, 이로부터 농어업유산의 인간에 대한 기여를 찾아볼 수 있다.

대부분의 농어업유산은 과거에 식량생산을 위하여 고안된 농어업시

2) 그런데 역사적 유산의 보존을 위하여 보호구역의 지정을 통하여 공공에 대한 규제를 하는 것은 지정된 재산의 경제적인 가치를 증가시키는 것인가 또는 감소시키는 것인가에 대한 논쟁이 있을 수 있다. 이에 대하여 문헌들은 역사적인 유산의 보존(preservation), 회복(rehabilitation), 복원(restoration)은 그러한 유산을 보유하고 있는 지역의 경제적인 효과나, 역사지구의 재산가치에 대하여 매우 긍정적인 영향을 미치는 것으로 보고하고 있다(Sacit Hadi Akdede·Emre Can, 2010; p.135). 우리나라 전남 완도에 청산도의 경우, 2007년 전통과 자연 생태를 슬기롭게 보전하면서 느림의 미학을 기반으로 인류의 지속적인 발전과 진화를 추구하는 '슬로 시티(slow city)'로 지정된 이후, 관광객이 급격히 증가하고 있다. 2006년에 비하여 2007년 관광객이 다소 감소하였으나, 2008년 이후 가파르게 관광객이 증가하고 있으며, 2010년에는 199,912명, 2011년에는 32만명을 돌파하였다

스템과 관련된 것으로 이것은 그 시대를 살던 농민들이 생존을 위하여 선택한 최선의 결과물이다. 여기에는 지역민이 그들이 처한 열악한 조건을 극복하기 위한 자연과 더불어 살아가는 지혜, 그리고 의지와 노력이 담겨 있다.

즉, 농어업유산에는 조상들의 생활양식, 삶의 지혜, 전통 문화와 관습, 생물다양성 등이 그대로 남아 있다. 시간의 경과와 더불어 이러한 농어업유산의 특수성이 오늘날 새롭게 주목받게 됨에 따라 이것이 지역발전의 동력으로 활용될 가능성이 열리게 되었다. 이러한 특성을 갖는 유산은 열악한 환경조건 때문에 현대적 농법이 적용되기 어려웠던 지역에서 주로 발견된다.

대표적인 것으로 다랑이 논, 다락 밭, 구들장논 등을 들 수 있는데,[3)] 이와 같은 종류의 농어업유산은 농어촌 경관의 유지, 생물다양성의 보존 및 자치제고, 브랜드가치의 제고, 고용창출 및 관광자원으로서의 활용, 지역공동체의 유지 등의 복합적 기능을 통하여 지역발전에 기여할 수 있고, 이러한 기능을 유지・발전시키는 것이 바로 농어업유산정책을 추진하는 목적이라 할 수 있다.

구체적으로 농어업유산정책은 중요한 농어업유산을 국가에서 지정하여 관리함으로써 농어업 유산과 생물다양성을 보전함과 더불어 이를 조화롭게 활용하여 농어촌의 활성화와 국민의 삶의 질을 향상시키는데 목적이 있다.

3. 농어업유산정책의 기능

농어업유산정책을 추진함으로써 기대 가능한 기능으로는 농어촌 경관의 유지 기능, 생물다양성의 보존 및 가치 제고 기능, 브랜드가치의 제고 기능, 고용창출 및 관광자원으로서의 활용 기능, 지역문화 창달

3) 한국농어업유산은 이들 중에서 아직도 그 명맥이 이어져 오면서 현재까지도 생산 활동이 이루어지고 있는 곳을 대상으로 한다고 정의한 바 있다.

과 지역공동체의 유지 기능 등을 들 수 있다.

1) 농어촌 경관의 유지 기능

농어업유산은 농촌의 경작지를 보존하는 기능을 통하여 농촌의 경관을 유지하는 기능을 갖는다. FTA 체결이후 효율성의 논리에 입각하여 농촌의 전통적 경작지가 상당부분 훼손되었다. 전통적 농업생산은 효율성의 측면에서 보면 보전이 아니라 정리대상이기 때문이다.

과거에는 산간지역의 논이나 밭에서 전통적 방식에 의해 다양한 작물의 경작이 이루어졌으나 근래에 들어 이 가운데 상당한 부분이 다른 용도로 전환되었다. 이러한 변화는 농촌의 전통적 경관을 훼손하는 데에 일조하였다.

그런데 산간지역의 농업을 유산이라는 관점에서 보면 이에 새로운 가치를 부여하는 것이 가능하게 되므로 보전의 가능성이 높아진다. 어업의 경우도 마찬가지다. 많은 귀중한 갯벌이 간척사업으로 사라졌다. 이것 역시 유산이라는 관점에서 평가될 경우 더 큰 가치를 부여받게 되므로 보존될 이유를 가지게 된다.

이와 같은 이유로 농어업유산의 보전이 가능하게 될 경우 이는 식량기반으로서의 농경지를 유지하는 기능을 할 뿐 아니라 그 자체로 아름다운 경관을 조성하는 효과를 지닌다. 이는 또한 지역의 관광자원으로서 활용되어 지역민의 관광소득증대에 일조하게 되어 지역발전에 기여할 수 있다.

2) 생물다양성의 보존 및 가치 제고 기능

농어업유산이 다른 유산과 다른 특징은 높은 수준의 생태시스템을 요구하는 데에 있다. 이러한 특징을 갖는 농어업유산은 그 자체로 관광자원인 동시에 미래의 자산이며 또한 식품의 안정성을 확보하는 데에도 기여한다.

한때는 생물다양성의 가치가 식량증산이라는 제일 가치에 밀려 일종의 사치로 간주되기도 하였다. 즉 개발 년대에는 생물다양성의 가치 제고가 소득증대와 상충되는 관계에 있는 것처럼 인식되어 이를 제고하기 위한 노력이 미미하였다. 그러나 소득의 증대와 더불어 도시민의 농촌에 대한 수요가 증가함에 따라 이제는 생물다양성의 증대가 곧 소득의 증대라는 인식이 일반화되어 가고 있다.

일반적으로 후진국에서는 생물다양성의 중요성에 대한 인식이 부족한 데 비하여 선진국으로 갈수록 이에 대한 인식이 증가하는 경향이 있다. 그 이유는 아무래도 사회가 선진화될수록 자연환경과 친환경생산물에 대한 수요가 증가하기 때문으로 생각된다.

생물다양성은 희귀 동식물종의 보존이라는 측면과 식품의 안정성 확보라는 측면에서 그 중요성을 인식할 수 있다.

먼저 희귀한 동식물종은 미래에 막대한 가치를 창출할 수 있다는 점에서 이의 보존이 중요하다. 예를 들어 다국적 제약회사들은 생물유전자원을 이용하여 의약품을 생산함으로써 막대한 경제적 이윤을 창출하고 있다. 우리 정부에서도 농업유전자원정보센터를 설립하여 분야별(식물, 미생물, 버섯, 가축, 곤충 등)로 농업유전자원의 효과적인 관리·활용을 도모하고 있다. 농어업유산은 미래에 인류의 안전과 생명을 보호할 수 있는 희귀한 동식물종의 보호를 가능하게 한다는 점에서 이의 보존은 매우 중요하다.

다음으로 농어업유산의 보전은 생물다양성의 보존 및 가치제고와 더불어 식품의 안정성을 높이는 데에 기여한다는 점에서 중요하다. 오늘날 생산의 효율성을 높이기 위하여 농업 활동에 투입되는 각종 유해 생산요소들은 식생활의 안정성을 크게 위협하고 있다. 그리고 유전자 변형 등으로 인해 식품의 안정성 역시 검증되어 있지 않은 실정이다. 언제 닥칠지 모르는 식량의 안정성에 대비하기 위하여 전통적 생산방식과 전통품종을 일정 부분 유지해 두는 게 필요하다.

지역에 있는 농어업유산은 이상과 같은 중요성을 갖는 생물다양성의 보전을 가능하게 한다는 점에서 국가적으로 매우 중요한 자원이다.

지역차원에서도 농어업유산이 갖는 생물다양성을 강조하여 지역발전에 활용할 수 있다. 일본의 사도나 노토에서는 생물다양성을 강조한 지역개발 프로그램을 마련하여 효과적으로 운영하고 그 결과를 적극 홍보하여 이 지역을 세계농업유산에 등재하는 데 성공함으로써 지역발전을 촉진시키는 데에 성공하였다.

3) 브랜드가치의 제고 기능

한 지역을 대표하는 농어업유산은 그 지역의 브랜드 가치를 높이는 기능이 있다. 특히 지역의 농어업유산이 국내·외적으로 대표성을 가질 경우 그 지역의 브랜드가치를 높이는 데에 기여하게 된다. 국내적으로 대표성을 갖는 유산은 한국농어업유산으로 등재될 수 있으며 더 나아가면 세계농업유산으로 등재될 수도 있다. 이때는 농어업유산이 국내외에 지역의 브랜드를 알리는 데 크게 기여할 수 있다.

지역의 농어업유산이 가지는 대표성을 잘 브랜딩할 경우 여기에서 생산된 생산물은 다른 지역의 생산물에 비하여 높은 가격을 받을 수 있게 되어 이는 지역민의 소득증대에 기여하게 된다.

예를 들어 우리나라 예산의 경우 황새농법에 의한 친환경 쌀은 일반 쌀에 비하여 30%의 프리미엄을 받고 있으며 일본의 사도시 역시 따오기 농법으로 가격상의 상당한 프리미엄을 얻고 있다. 또한 친환경 생산물로 잘 브랜딩된 지역의 특산물은 오너십 제도를 통하여 소비자와 직거래하는 방식으로 지역민의 소득증대에 기여할 수 있다. 완도군 청산도의 경우는 구들장논에서 생산된 쌀을 오너십 제도를 통하여 판매하고 있다.

4) 고용창출 및 관광자원으로서의 활용 기능

이상에서 설명한 농어업유산의 기능 1)~3)은 모두 지역으로 도시민을 유치하는 데에 기여하는 요소들이다. 다른 문화재도 관광객을 유치하는 효과를 갖지만 농어업유산은 특히 도시민의 인간성 회복에 기여한다는 측면에서 특징이 있다.

소득의 증가로 여가에 대한 수요가 증가함에 따라 도시민의 농촌에 대한 관심이 증가하고 있다. 특히 도시생활에서 상실된 자기 정체성을 찾기 위하여 도시민들이 농촌을 방문하는 일이 잦아졌다. 농어업유산은 이러한 도시민의 수요에 부응할 수 있는 요소를 가지고 있다. 즉 전통적인 농어업활동, 생물다양성, 그리고 농촌의 전통적 문화는 도시민의 인간성회복에 도움이 되는 요소들이다.

특히 농어업유산은 유적이나 기념물과 같은 과거의 흔적으로서의 문화재와 달리 지금도 농어업활동이 지속되고 있다는 점에서 생명력을 가진 유산이다. 즉 농어업유산은 다른 문화재와 달리 수려한 경관을 창출하며, 농업생태시스템과 문화시스템이 작동하고, 생동감이 넘치는 진화하는 생명체와 같다. 이러한 특징을 갖는 유산에서의 체험은 도시민의 정체성 회복에 도움이 될 수 있다. 따라서 농어업유산을 활용한 농경문화체험과 같은 다양한 프로그램은 도시민을 유치하는 데에 유용할 수 있다.

그리고 이상과 같이 농어업유산의 관광자원으로서의 활용, 전통적이고 친환경적 생산 활동을 통한 경관의 유지 및 생물다양성의 보존, 그리고 브랜드 가치의 제고에 따른 지역 산출물의 생산 증가 등은 결과적으로 지역에 고용의 증대를 가져옴으로써 지역민의 소득증가에 기여하게 된다.

5) 지역문화의 창달과 지역공동체의 유지 기능

전통적으로 우리 농촌의 소농구조는 농촌의 문화를 형성하고 공동체를 유지하는 데에 기여하여 왔다. 하지만 농업개방이후 농업의 기계화, 대단위 영농화가 이루어짐으로써 소농구조가 와해되고 이에 따라 농촌 공동체가 해체되는 조짐이 나타났다.

소농에 기초한 농어업유산은 지역사회의 공통적 생산 및 생활기반이 되며, 지역주민들에게는 공통적인 커뮤니케이션의 장을 제공하는 기능을 지니고 있다. 농어업유산의 보존으로 이러한 기능이 활성화될 경우 이는 와해되어 가는 우리의 농촌공동체를 유지하는 데에 기여할 수 있을 것이다.

더욱이 지역의 농어업유산이 국가적 대표성을 얻어서 한국농어업유산으로 등재될 경우 이는 그 지역에 살고 있는 지역민의 자긍심을 높이고 소속감을 강화함으로써 지역민의 정체성 확립과 지역문화의 창달에 도움이 될 수 있다. 이로 인하여 지역민의 이농이 방지되고 타 지역으로부터의 인구유입이 초래되면 농어업유산의 보전이 농촌이 처한 고령화, 생산인구감소 등과 같은 현안을 해결하는 데 크게 도움이 되어 결과적으로는 농촌공동체의 유지와 이에 따른 지역발전에 기여할 수 있다.[4)]

〈그림 6-1〉 농어업유산의 보전과 농어촌지역발전

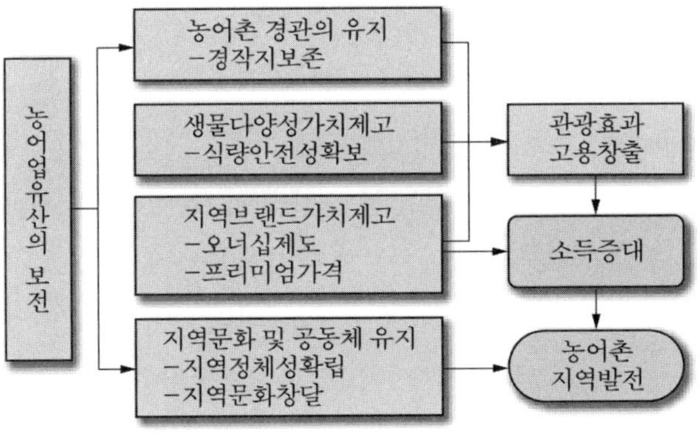

4. 농어업유산정책의 기본방향

오늘날 도시민들의 농촌에 대한 문화적 욕구가 증대되고 있다. 농촌

4) 이 외에도 농어업유산은 국가적 차원에서 민족 자긍심 및 정체성 발견, 교육적 가치 등에 기여할 수 있겠으나 여기서는 지역에 국한하여 설명하였다.

도 이러한 요구에 부응하여 변화해야 한다. 이 같은 맥락에서 향후 지역개발정책에서는 농어업유산을 지역발전의 동력으로 적극 활용할 필요성이 있다.

농어업유산이 발굴되었다고 해서 지역발전이 자동적으로 실현되는 것은 아니며, 그것을 생산적으로 활용할 때 지역발전을 이룩할 수 있을 것이다. 그러므로 앞으로는 지역의 농어업유산을 발굴하는 데 그치지 않고 이를 지역개발정책의 중심으로 가져와 이를 적극 활용하는 데에 정책의 무게 중심을 둘 필요성이 있다.

지역발전정책에서 농어업유산을 발전의 동력으로 활용하기 위해서는 다음과 같은 점을 고려해야 할 것으로 생각된다.

첫째, 농어업유산은 규제보다는 활용에 무게를 두는 것이 바람직하다. 농어업유산의 원형 훼손을 막기 위해서는 최소한의 규제는 필요하다. 그러나 농어업유산의 특성을 고려할 때 농어업유산의 활동을 유지하는 것이 곧 이를 보전하는 것이므로 규제보다는 활용에 중점을 두는 정책이 필요하다. 특히 농어업유산을 지역발전의 동력으로 활용하기 위해서는 이를 생산적으로 활용하여야 할 것이다. 농어업유산의 생산적 활용을 위해서는 단순히 산출물의 판매이외에 농어업유산이 가지는 도시민을 위한 관광자원으로서의 기능, 전통농경체험의 장으로서의 기능 등을 적극 활용하는 것이 필요하다. 그래야 농어업유산이 지역민의 소득증대에 기여하게 되어 결과적으로 지역발전의 동력원이 될 수 있을 것이다.

둘째, 농어업유산의 활용은 자체의 생존력을 강화하는 방향으로 전개되는 것이 바람직하다. 도시민의 친환경생산물에 대한 수요의 증가에 따라 농어업유산에서 생산되는 산출물이 가격상의 프리미엄을 받을 수 있는 여지가 증가하게 되었다. 이러한 인센티브는 농어업유산지역의 생산을 자극하여 궁극적으로는 농어업유산의 보전에 기여하는 작용을 한다. 이와 같이 유산지역의 생산 활동을 촉진시키는 시스템의 작용은 농어업유산의 자생능력을 제고시킨다는 점에서 강조될 필요성이 있다.

또한 도시민의 농어업유산의 산출물에 대한 오너십 제도는 유산의 자생력을 제고시키는 데기 기여할 수 있다. 정부의 지원은 이와 같은 농어업유산의 자생력을 제고시키는 시스템을 생성·유지하는 방향으로 이루어지는 것이 바람직할 것이다.

셋째, 농어업유산이 가지고 있는 생물다양성의 가치를 더욱 강조하는 지역정책의 수립이 바람직하다. 개발 년대에는 식량증산에 제일의 가치를 두다보니 화학비료, 농약 등이 과다 투입되어 생태계가 파괴되어 생물다양성이 훼손되었다. 즉 이 시기에는 식량증산이 제일 목표로 강조되는 과정 속에서 생물다양성의 보존이라는 목표는 관심 밖으로 밀려났다.

그러나 지금과 같은 경제성숙단계에서는 식품의 안전성과 품질향상에 대한 욕구가 증대됨에 따라 자연친화적인 농법이 각광을 받게 되었다. 그러므로 이제는 안전한 식량생산을 위하여 생물다양성의 보존이 불가피한 선택이 되었다. 즉 식량증산과 생물다양성의 보존이 상충관계가 아니라 보완관계에 놓이게 되었다.

따라서 향후 지역개발정책에서는 농어업유산이 갖는 생물다양성의 기능을 더욱 강조할 필요성이 있다. 이와 더불어 개발시대에 사라졌던 샛강, 습지, 갯벌 등을 복원하는 사업 등을 병행하는 것이 필요하다. 지역의 농어업 생태계가 건강해지면 이를 상징적으로 나타내기 위하여 일부 지역에서 보듯이 생태계의 맨 상위에 위치하는 생물종을 복원하는 작업이 하나의 전략이 될 수 있다. 이는 지역의 브랜드 가치를 높여서 결과적으로 지역발전에 기여할 수 있을 것이다.

넷째, 농어업유산이 지닌 문화적 다양성을 존중하고 보존하며 새로운 가치창출을 장려하는 형태의 정책이 바람직하다. 농경문화로서의 농업시스템은 지역의 자연환경 및 지형·지세에 적응하기 위해 나타나는 독특한 농경기술과 함께 농사일정과 관련된 각종 농업행사, 예컨대 축제, 제래 의식 등이 포함되며, 농업시스템의 원활한 작동은 그 지역사회가 가지고 있는 다양한 형태의 사회조직(친족, 지역텃세, 정착지, 그룹, 정치조직 등), 문화(세계관, 언어, 가치, 권리, 지식, 심미관 등), 생산양식, 노동배분, 기술 및 경험 등에 크게 의존한다.

즉, 농어업유산은 그 지역사회의 독특한 문화를 반영하고 있고, 이는 지역의 정체성을 대변하는 중요한 열쇠가 된다는 측면에서 이러한 문화적 다양성을 인정하고 문화적 가치를 제고하는 정책이 필요하다.

다섯째, 지역정책에서 농어업유산이 가지는 복합적 기능을 통합적으로 고려하는 것이 바람직하다. 농어업유산은 특성상 다원적이고 복합적 기능을 가지고 있는데 이들을 통합적으로 고려할 경우 농어업유산의 보전 및 이용 가치가 높아지게 되어 농어업유산이 지역발전의 동인으로 활용될 수 있는 가능성이 증가한다. 다시 말해서 농어업유산의 안전한 식량공급기능, 생물다양성의 보존기능, 경관의 유지 및 관광자원으로서의 기능, 지역문화의 창달과 지역공동체의 유지 기능 등이 다원적으로 작용하여 지역민의 소득증대와 지역사회의 결속을 강화하는데 기여하므로 지역발전의 동력으로서 농어업유산을 활용할 때는 농어업유산의 이와 같은 복합적인 기능들을 통합적으로 고려하는 것이 필요하다.

이상과 같은 점에 유의하여 지역정책의 수립 시에 그 지역의 농어업유산만이 갖는 독자적인 매력을 찾아내고, 이를 잘 부각시켜 지역의 개성을 창조해 낼 경우 농어업유산이 지역발전의 동력으로써 작용할 수 있을 것으로 생각된다.

제2절 정책체계

1. 농어업유산의 지정

1) 지정대상

농어업유산으로 지정할 수 있는 대상은 ① 농어촌 다원적 자원 중 100년 이상의 전통성을 가진 농어업유산으로서 보전·유지 및 전승할 만한 가치가 있는 것, ② 보전·유지·활용할 만한 가치가 있는 특별한 생물다양성 지역을 말한다.

국가농어업유산은 일정한 형태가 있는 유형적인 것을 대상으로 하되, 유형적인 것과 무형적인 것이 복합된 것 또는 유형·무형적인 것과 마을·산·강 및 경관이 복합된 것을 하나의 국가농어업유산으로 지정할 수 있다. 이 경우 유산이 속하는 핵심지역과 주변지역을 구분하여 지정할 수 있다.

2) 지정기준

농어업유산으로 지정받기 위해서는 ① 농어업유산이 차별성, 역사성 등 고유의 특성을 갖추고 있을 것, ② 농어업유산의 지역적·분야별 대표성이 있을 것, ③ 농어업유산의 소유자(이하 '소유자'라 한다)가 있을 경우에는 그 소유자와 지역주민을 대표할 수 있는 단체(이하 '주민협의회'라 한다)의 자율적인 참여와 동의가 있을 것, ④ 건전한 미풍양속을 유지할 수 있고, 공공의 이익에 적합할 것 등의 사항을 충족하여야 한다.

3) 지정신청

농어업유산으로 지정받고자 하는 자는 국가중요농어업유산신청서에 농어업유산 설명서, 농어업유산 소유자의 동의서, 농어업유산이 소재하는 지역 등의 자료를 첨부하여 특별자치시장·시장·군수 또는 자치구의 구청장(이하 '시장·군수'라 한다)에게 제출한다.

신청을 받은 시장·군수는 제4조 제2항의 지정기준에 따라 조사한 후 그 결과를 첨부하여 시·도지사를 경유하여 농식품부장관에게 국가농어업유산의 지정을 요청하여야 한다.

4) 지정절차

농식품부장관은 국가농어업유산의 지정신청을 받은 경우에는 해당 업무 담당자와 외부전문가 및 신청대상의 소재지를 관할하는 시·도지사가 추천하는 공무원으로 예비조사반을 구성하여 신청한 농어업유산에 대한 서면조사 및 현장조사를 실시할 수 있다.

조사한 결과 농어업유산이 해당 기준을 모두 충족한다고 판단한 경우에는 구성된 농어업유산심의위원회에 국가농어업유산의 지정을 위한 심의를 요청하여야 한다.

농어업유산심의위원회의 심의 결과 부적합한 것으로 의결된 경우에는 지체 없이 그 사유를 신청인에게 알려주어야 한다. 다만, 그 부적합한 사항이 보완할 수 있다고 인정되는 경우에는 보완기간을 정하여 신청인으로 하여금 보완하도록 한 후 재심의할 수 있다.

농식품부장관은 농어업유산심의위원회의 심의 결과 찬성으로 의결된 경우에는 국가농어업유산으로 지정하고, 그 결과를 신청인에서 알려주고 관보에 고시하여야 한다.

5) 지정취소

국가농어업유산으로 지정된 경우에도 ① 국가농어업유산 지정 신청자가 국가농어업유산의 지정취소를 요청한 경우, ② 국가농어업유산의 지정기준 중 유산의 가치성이 현저히 훼손된 경우 등의 사유가 있을 경우에는 국가농어업유산의 지정을 취소할 수 있다.

국가농어업유산 지정의 취소를 요청할 경우에는 주민 1/2 이상이 서명한 동의서 또는 주민협의회 위원 2/3 이상이 서명한 동의서를 첨부하여 국가중요(농업·어업)유산 지정취소 신청서를 농림수산식품부장관에게 제출하여야 한다.

농식품부장관은 국가농어업유산 지정 취소사유가 발생한 경우에는 농어업유산심의위원회에 국가농어업유산의 지정 취소를 위한 심의를 요청하여야 한다.

국가농어업유산이 지정 취소된 경우에는 이를 관보에 고시하고 해당 신청인에게 통지하여야 한다.

국가농어업유산의 지정이 취소된 농어업유산은 지정이 취소된 날로부터 5년 이내에는 재지정할 수 없다.

2. 농어업유산심의위원회

1) 위원회의 설치

국가농어업유산의 지정 등과 관련된 사항을 심의하기 위하여 농식품부장관 소속으로 농어업유산심의위원회(이하 '심의위원회'라 한다)를 설치한다.

심의위원회는 위원장 및 부위원장 각 1인을 포함하여 20명 이내의 위원으로 구성하고, 위원장은 위원 중에서 호선하고 부위원장은 위원장이 위원 중에서 지명한 사람으로 한다.

심의위원회의 위원은 당연직과 위촉직으로 구분하며, 당연직 위원은 ① 농식품부 농촌정책국장, ② 농촌진흥청 국립농업과학원 농업환경부장, ③ 한국농어촌공사 농촌개발처장으로 한다.

심의위원회의 위원 중 위촉직 위원은 농어업 유산과 관련된 전문적인 지식이 있거나 경험이 풍부한 자 중에서 농식품부장관이 위촉하고,

위촉직 위원의 임기는 2년으로 하고 연임할 수 있다.

심의위원회의 사무를 처리하기 위하여 심의위원회에 간사를 두되, 간사는 농식품부 소속 공무원 중에서 위원장이 임명한다.

2) 위원장 및 심의위원회의 직무

위원장은 심의위원회를 대표하고, 그 업무를 총괄한다. 부위원장은 위원장을 보좌하며, 위원장이 부득이한 사유로 직무를 수행할 수 없을 때에는 그 직무를 대행한다.

심의위원회는 ① 농어업유산의 국가농어업유산 지정에 관한 사항, ② 국가농어업유산의 지정취소에 관한 사항, ③ 국가농어업유산의 세계중요농업유산 등재 신청에 관한 사항, ④ 국가농어업유산의 지정기준·절차·명칭의 제정 및 변경에 관한 사항, ⑤ 조사위원회의 구성 및 운영에 관한 사항, ⑥ 그 밖에 국가농어업유산 및 세계중요농업유산의 보전·관리·활용 등에 관하여 농식품부장관이 심의·의결을 요청한 사항 등을 심의·의결한다.

3) 심의절차

위원장은 심의사유가 발생한 날로부터 30일 이내에 심의위원회를 소집한다. 다만, 필요한 경우에는 상반기와 하반기에 각 1회씩 위원회를 소집하여 심의 안건을 일괄 심의할 수 있으며, 심의 안건이 없을 때에는 소집을 생략할 수 있다.

심의위원회는 재적위원 과반수의 출석으로 개의하고, 출석위원 2/3 이상의 찬성으로 의결한다.

4) 조사위원회

위원장은 국가농어업유산 선정심의와 관련해서 신청 유산의 적합성 및 이의신청의 적합성 등을 조사하기 위하여 심의위원회의 의결에 의해 조사위원회를 구성·운영할 수 있다.

조사위원회는 심의위원회 위원 중에서 해당 유산지정 심의대상에 대한 전문성을 가진 3~5인의 위원으로 구성한다. 다만, 해당유산과 이해관계가 있는 자는 조사위원이 될 수 없다.

조사위원회는 해당 유산을 조사함에 있어 필요한 경우 해당 유산 관할 지방자치단체 및 중앙행정기관의 소속기관에 조사대상 지역 공무원의 지원을 요청할 수 있다.

조사위원회는 해당 유산의 조사·분석이 필요하다고 판단하는 경우 관련 전문기관에 의뢰하여 조사·분석을 수행할 수 있다.

조사위원회는 조사가 완료된 후 30일 이내에 조사결과보고서를 심의위원회에 제출하여야 한다.

기타 이 기준에서 정하지 않은 조사위원회의 구성·운영에 관하여 필요한 세부사항은 심의위원회에서 정할 수 있다.

3. 국가농어업유산의 관리

1) 보전 및 활용계획

국가농어업유산으로 지정된 유산을 관할하는 시장·군수는 국가농어업유산의 체계적인 보전과 효율적 관리 및 활용을 위하여 지정일로부터 1년 이내에 국가농어업유산의 보전·활용 및 관리계획(이하 '관리계획'이라 한다)을 수립하여야 한다.

관리계획 수립 시에는 ① 역사와 전통에 바탕을 둔 보전·관리방안, ② 농어촌의 활성화와 다원적자원의 가치 증진 또는 국민의 삶의 질 향상을 위한 활용방안, ③ 제도적, 재정적 여건을 종합적으로 고려한 재원투자방안, ④ 국가농어업유산이 소재하는 지역의 주민협의회와의 협력방안 등의 사항이 포함되어야 한다

2) 관리주체

국가농어업유산은 원칙적으로 소유자가 포함된 주민협의회가 관리한다. 다만, 유산의 특성상 자율적 관리의 어려움 등으로 주민협의회의

요청이 있을 경우에는 농식품부장관은 해당지역을 관할하는 시장・군수 또는 관련 학회, 기관, 단체 등 전문기관에 관리를 위임・위탁할 수 있다.

주민협의회가 관리할 경우에는 관할하는 시장・군수와 주민협의회 사이에 자율관리협약을 체결하여야 한다.

3) 복원 및 수리

국가나 지방자치단체가 국가농어업유산을 복원・수리하고자 할 경우에는 사전에 소유자(소유자가 있을 경우)와 주민협의회의 동의를 얻어야 한다.

국가농어업유산의 복원 및 수리 시에는 ① 가능한 유산의 전통 구조・양식을 변형시키지 않을 것, ② 유산은 일률적인 복원・수리를 지양하고 원형고증을 우선적으로 고려할 것, ③ 새로운 재료・부재 사용은 부득이한 경우에만 사용할 것, ④ 유산은 주변 환경이나 경관 등과 조화롭게 유지되도록 하여야 할 것 등의 원칙을 준수하여야 한다.

4) 활용

농식품부장관이나 시장・군수는 농어업인의 소득증대나 농어촌의 활성화 또는 국민의 복지 및 삶의 질 향상을 목적으로 필요한 경우에는 국가농어업유산을 활용하는 사업(이하 '유산사업'이라 한다)을 할 수 있다.

유산사업을 하고자 할 경우에는 ① 국가농어업유산으로서의 품격과 가치를 훼손하지 말 것, ② 현상이나 내용을 왜곡하거나 변형・멸실시키지 말 것, ③ 국가 및 지역 공동의 이익에 부합할 것, ④ 소유자와 주민협의회의 동의가 있을 것 등의 원칙을 준수하여야 한다.

5) 모니터링 및 실태조사

농식품부장관은 현상 파악과 활용방안 마련 등을 위하여 년 1회 이상 국가농어업유산에 대한 모니터링을 실시하여야 하며, 모니터링은 관련 전문기관에 위탁하여 시행할 수 있다.

국가농어업유산을 관할하는 시장・군수는 반기 1회 이상 정기적으로 국가농어업유산에 대한 실태조사(이하 '정기조사'라 한다)를 실시하여야 하고, 필요한 경우에는 추가조사를 실시 할 수 있다.

정기조사를 실시하고자 할 경우에는 ① 국가농어업유산의 구조적 안정성 및 훼손여부, ② 국가농어업유산에 영향을 줄 수 있는 형상・환경 등 주변의 변화상태, ③ 안내판, 경고판 등 보호 및 홍보시설의 상태, ④ 기타 유산의 관리운영에 관한 제반사항 등의 사항을 조사하여야 한다.

6) 조사결과 조치

시장・군수는 조사 후 소유자와 주민협의회와 협의를 통해 국가농어업유산의 보전에 필요한 ① 유산의 안전에 영향을 줄 수 있는 요소나 원인의 제거, ② 구조가 취약하거나 붕괴우려가 있는 지역의 인원통제 및 응급조치, ③ 기타 유산의 외부 청결유지 등의 조치를 하여야 한다.

시장・군수는 국가농어업유산의 보전 및 관리 등을 위하여 자체적인 조치가 어렵다고 판단할 경우에는 시・도지사를 경유하여 농식품부장관에게 그 현상과 조치가 필요한 사항 등을 보고하여야 한다.

7) 예산지원 및 관리 기록

농식품부장관은 국가농어업유산 및 세계중요농업유산의 보전・관리・활용과 심의위원회・조사위원회의 조사・운영비용 및 국가농어업유산과 관련된 교육・홍보 등을 위하여 예산을 지원할 수 있다.

시장・군수는 유산의 보전・관리를 위하여 현황, 조사결과, 복원 및 수리내용 등에 관한 내용을 별지 제5호의 국가중요농어업유산 관리기록부에 기록하여 기록일로부터 5년간 보관하여야 한다.

〈그림 6-2〉 농어업유산정책의 체계

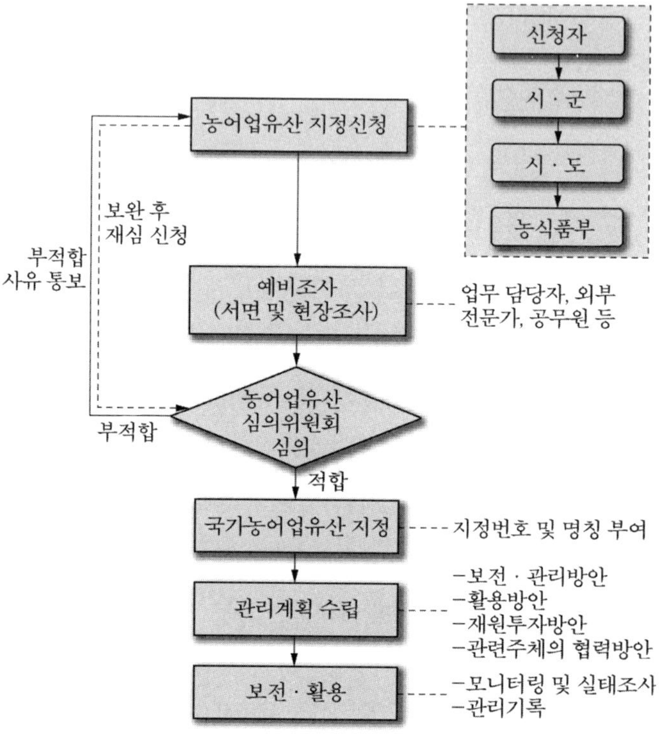

제 3 절 농어업유산 관리 및 활용방안

1. 관리 · 활용의 개념

관리(管理)의 사전적 의미는 일정한 목적을 효과적으로 달성하기 위해 인적 · 물적 다양한 요소를 적절히 결합하여 그 운영을 지도 · 조정하는 기능 또는 그 작용을 의미한다. 관리의 내용적 범위는 계획,

활동, 통제이며 이 요소들의 반복적 순환활동(Management Cycle)에 의해 운영된다.

활용(活用)의 사전적 의미는 본래 그것이 지닌 능력이나 기능을 잘 살려 사용하는 행위라고 정의하고 있다. 따라서 이 정의에 따르면 활용은 기본적으로 대상물의 능력이나 기능을 훼손하지 않는 것을 전제로 기능적 효율을 증대시키는 행위를 의미한다.

이와 같은 개념은 어떤 시기의 현존하는 상태를 그대로 유지하기 위하여 더 이상의 변화를 최소화하도록 통제하는 보존(保存, Preservation), 내·외부의 형태가 손괴되는 것으로부터 지키는 의미의 보호(保護, Protection), 내·외부의 형태뿐만 아니라 거기에 포함된 내용을 안전하게 잘 살핀다는 보전(保全, Conservation)과 다른 의미를 갖는다.

〈그림 6-3〉 관리·활용의 개념

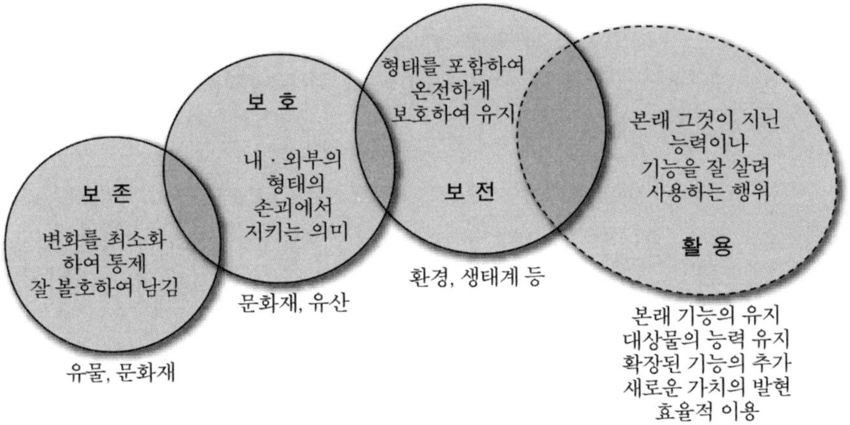

2. 관리구역 지정기준

1) 농어업유산 관리의 기본방향

지역 내 광범위하게 분포하고 있는 농어업유산의 관리·활용을 위해서는 주민, 전문기관 및 단체가 협력하여 유산의 차별성, 역사성 등 맥락적(context) 접근방법에 의한 체계적인 조사·연구를 실시함으로써 농어업유산의 효율적 관리를 위한 기반을 조성할 필요가 있다. 농어업유산의 효율적 관리를 위한 세 가지 기본방향을 아래와 같이 제시한다.

첫째, 농어업유산의 보전을 기반으로 한 관리가 필요하다. 농어업유산은 농업자원 뿐 아니라, 농업기술(농법), 농업역사, 생물다양성, 농업문화 등 농어촌 지역의 다원적 가치를 포괄하고 있기 때문에 이를 지속적으로 보존·관리하는 기준과 원칙이 요구된다.

둘째, 농어업유산의 활용을 위한 관리가 필요하다. 기 추진된 문화유산과 관련된 타 부처 정책사업 및 지원제도의 운영을 살펴보면 보존 및 관리활동은 비교적 체계적으로 진행되는 반면, 문화유산의 활용을 위한 다양한 활동은 다소 미흡한 것으로 나타난다. 따라서 지키고 보존하는 관리뿐 아니라 관광, 체험, 교류, 홍보마케팅 분야의 농어업유산 활용을 통한 관리가 필요하다.

셋째, 농어업유산 관리를 통해 농어촌지역의 활성화를 도모할 필요가 있다. 최근 농어촌 지역은 유휴공간의 증가, 생산농가의 감소, 인구감소 및 노령화로 인해 지역의 활력이 다소 약해지고 있는 추세이다. 농어업유산 지정과 관리 및 활용을 통해 농어촌지역의 활력과 새로운 가치창조를 위한 관리가 요구된다.

2) 역사·문화적 측면의 관리범위

농어업유산은 긴 시간 동안 다양한 농어촌 지역의 역사문화환경들이 특정 공간에 누적되어 온 것이므로, 다양한 시기의 농어업 자원, 농업기술시스템, 생물다양성, 농어업 활동 등을 포괄하는 범위가 되어야 한다.

또한, 지정된 농어업유산을 일률적으로 관리하는 것이 아니라 유산의 특성이나 형태, 중요성 등을 고려하여 관리범위를 위계적(Hierarchy)으로 구조화하여 관리한다. 예를 들어 농어업유산이 밀집되어 있는 "핵심관리지역"과 "주변관리지역"을 구분하여 관리범위를 설정할 수 있다.

- 핵심관리지역은 농어업유산 중에서 체계적인 관리가 필요하다고 판단되는 경우에 농어업유산심의위원회의 심의를 거쳐 농어업유산이 소재하는 부지와 직접적 영향을 미칠 수 있는 부지를 중심으로 핵심관리지역을 지정하여 규정된 규제와 다양한 활동을 지원·장려할 수 있다.
- 주변관리지역은 핵심관리지역과 함께 그 주변지역이 체계적인 관리가 필요하다고 판단되는 경우, 역시 농어업유산심의회의 심의를 거쳐 핵심관리지역경계를 기준으로 일정한 주변지역을 주변관리지역으로 지정할 수 있으며, 이 지역에서의 행위가 농어업유산에 영향을 미치는지 여부를 검토하여 행위제한과 다양한 활동을 지원·장려할 수 있다.

3) 경관적 측면의 관리범위[5)]

농어업유산의 공간적 관리범위는 역사적 실체만이 아니라 면적으로 농어업경관을 조성할 수 있도록 지역의 경관적 측면을 고려하여 설정하여야 한다. 농어업유산이 입지할 수 있었던 지형적 조건으로서의 자연경관과 주변지역의 토지이용 등과의 경관적 조화를 고려해 공간범위를 설정한다.

별도의 농어업유산 관리를 위한 지정범위를 면적제한으로 두지 않

5) 고도보전을 위한 역사문화환경 관리방안, 문화재청, 2007, p. 106인용

으며 유형물로서 농어업유산 자원과 더불어 농법, 농경문화, 전통축제, 기타 전통방식의 농어업환경 등을 포함한 문화적 경관 일체를 관리범위로 본다.

관리범위는 농어업유산 안에서 밖을 보는 경관과 밖에서 농어업유산을 보는 경관으로 구분하여 마을전체를 조성할 수 있어야 하며, 농어업유산과 인공건조물, 농어업유산과 가로경관, 농어업유산과 자연경관이 조화를 이룰 수 있는 경관적 네트워크 조성이 가능한 범위여야 한다.

4) 지역활성화 측면의 관리범위

농어업유산 지역은 현 주민들이 생활하는 삶터이자 일터로서 농어업유산의 고유가치 보전과 더불어 생활문화환경·행태 등과 연계하여 이를 지역활성화 계기로 활용할 수 있도록 관리범위를 설정한다.

농어업유산이 지속적인 생활공간으로서의 매력을 갖출 수 있어야 농어업유산의 경쟁력을 높일 수 있기 때문에 지역주민의 내발적 지역가꾸기 활동이 정착될 수 있도록 지속적인 관심과 지원이 필요하다.

이는 농어업유산이 독립적인 객체로서 지역에 작용하는 것이 아니라 주민의 생활공간과 행태가 상호 조화된 유기체적인 생명력을 가진 농어업유산 조성을 의미하며, 조성된 농어업유산이 지역의 고부가가치를 창출하는 주요자원으로 활용할 수 있도록 종합적인 공간관리 측면의 관리범위 설정이다.

3. 관리(보전·활용)계획

1) 기본원칙

농어업유산 관리계획은 농어업유산의 체계적인 보전과 효율적 관리 및 활용을 위하여 지정일로부터 1년 이내에 관할하는 시장·군수가 수립한다.

관리계획 수립은 주민협의회가 중심이 되도록 하되 농어업유산과 관련이 있는 행정, 전문가, 관련 기관 및 단체 등 가능한 많은 수의 주체가 참여하여 국가농어업유산의 보전·활용 등에 대한 지역사회의 공감대를 형성하고 이를 계획에 반영하도록 한다.

또한, 관리계획은 역사와 전통에 바탕을 둔 보전 및 관리 방안, 농어촌의 활성화와 다원적 기능의 가치 증진 또는 국민 삶의 질 향상을 위한 활용방안, 주민협의회와 지역의 협력방안, 기타 제도적, 재정적 여건을 종합적으로 고려한 재원투자방안 등을 포함하여야 한다.

2) 계획수립 방법

관리계획을 수립하기 위해서는 주민협의회 구성 및 운영, 전문가 자문 및 컨설팅, 주민교육 및 연구회 운영, 연구포럼의 구성 및 운영 등의 방법을 활용할 수 있으며 구체적인 내용은 다음과 같다.

첫째, 주민협의회의 구성 및 운영을 통하여 관련 주민 및 다양한 주체의 참여를 유도하고 의견을 수렴하여 관리계획을 수립하도록 한다.

주민협의회는 관리계획의 수립 및 실제 농어업유산 관리주체의 역할을 담당하는 핵심 조직으로, 계획의 내용이 지속적이고 안정적으로 추진될 수 있도록 하는데 노력을 기울여야 한다.

주민협의회의 구성은 국가농어업유산 소유자를 포함한 관련 지역주민 및 관련 전문가, 공무원 등을 중심으로 자유롭게 구성하되 50% 이상을 민간으로 구성하고 협의회장은 민간에서 역임하도록 한다. 기존의 연구회, 작목반, 영농법인, 반상회, 농촌지역개발사업 추진위원회 등의 조직이 존재한다면 이를 확대하여 주민협의회로 구성할 수 있으며, 향후 농어업유산과 관련된 사업추진 및 다양한 활동을 위해서는 주민협의회의 법인화를 추진하는 것이 바람직하다.

둘째, 지역의 실정을 잘 알면서 국가농어업유산의 보전·활용에 전문적인 지식과 관심을 갖고 있는 전문가를 섭외하여 컨설팅 및 자문 등을 추진하며 전문적이고 상세한 내용이 관리계획에 반영되도록 한다. 계획수립 및 보완 과정에서 다양한 주체의 의견을 전문가와 논의하면서 실천 가능한 대안을 모색하고 계획서에 반영되도록 한다.

셋째, 농어업유산의 보전·활용에 직·간접적으로 참여하는 지역주민과 주민협의회 구성원을 중심으로 각종 교육 및 프로그램을 운영하여 계획수립 및 실제 사업추진에 대한 역량강화를 도모할 필요가 있다.

또한, 주민협의회 및 관련주체로 구성된 연구회를 조직하여, 농어업유산의 보전·활용 등의 관리방안에 대한 심도 깊은 논의와 학습을 진행하고 그 결과가 관리계획에 반영되도록 한다.

넷째, 농어업유산의 보전·활용과 관련된 공무원, 교수 및 전문가, 관련단체 등으로 구성된 연구포럼을 운영하고, 관리계획의 수립 및 보전·활용 등의 활동이 원활히 추진되기 위한 자문 및 멘토 역할을 담당하도록 한다.

즉, 연구포럼 운영을 통하여 다양한 지역주체의 참여로 농어업유산과 관련한 문제를 함께 고민하고 해결하는 장을 마련하고, 결과가 관리계획에 반영되도록 한다.

3) 계획의 주요 내용

관리(보전·활용)계획은 일반적으로 현황 및 문제점, 비전 및 추진전략, 세부계획, 투자계획 등의 틀을 참고하여 작성하되, 농어업유산의 특성과 지역의 상황을 고려하여 자유롭게 구성할 수 있다.

현황 및 문제점은 농어업유산이 소재한 지역의 입지현황과 인구, 농업, 환경생태, 역사문화, 경관, 주민역량 등의 일반현황과 농어업유산의 현황을 파악하여 기술하고, 특히 농어업유산을 둘러싼 관리(보전·활용)의 측면에서의 문제점과 계획과제 등을 도출하도록 한다.

이러한 현황 및 문제점을 바탕으로 비전과 추진전략을 설정한다. 비전은 해당 지역 또는 마을이 농어업유산 관리(보전·활용)의 통해 나가고자 하는 미래상 및 비전을 종합·압축하여 하나의 문장으로 표현하되 필요에 따라 비전을 달성하기 위한 구체적인 목표를 함께 설정하도록 한다. 그리고 설정된 비전과 목표를 달성하기 위한 좀더 구체적인 방향을 부문이나 전략으로 나누어 제시한다.

〈그림 6-4〉 관리(보전·활용)계획의 주요 내용

현황 및 문제점	일반현황	– 농어업유산이 소재한 지역의 위치, 행정구역 및 규모, 생활권 등의 현황 – 인구수, 가구수, 인구구조, 최근 5년간 인구변화 등 인구현황 – 농업 : 토지자원, 농특산물, 농업문화, 농업경관 등 – 환경생태 : 산림, 하천, 저수지, 산림, 하천, 저수지, 늪지, 동·식물자원 등 – 역사문화 : 유·무형문화재, 기념물, 민속자료, 전통문화 및 활동, 마을행사, 기타 문화·복지 프로그램 등 – 경관 : 자연경관, 인공경관, 농업경관 등 – 소프트웨어 : 인적자원(리더, 재능보유자 등), 공동체(경제조직 포함) 현황 및 활동, 체험프로그램, 마을이미지 등 – 기타 역량 : 마을기금, 주민교육 참여 실적, 마을개발 추진 실적, 도농교류 추진실적, 방문객 수 등
	농어업 유산 현황	농어업유산의 특징을 경관, 생물다양성, 농업시스템, 대표성, 역사성이라는 측면에서 현황을 기술
	문제점 및 계획과제	– 농어업유산의 관리(보전·활용)의 문제점 – 농어업유산 관리(보전·활용)에 관한 주민의견 조사 및 분석 – 농어업유산 관리(보전·활용)계획의 방향 및 계획과제 도출
비전 및 추진전략	비전 및 목표	– 비전 : 해당 지역 또는 마을이 농어업유산 관리(보전·활용)의 통해 나가고자 하는 미래상 및 비전을 종합·압축하여 하나의 문장으로 표현 – 목표 : 설정된 비전을 달성하기 위한 구체적인 목표를 설정
	추진전략	설정된 비전과 목표를 달성하기 위한 좀 더 구체적인 방향을 부문이나 전략으로 나누어 제시
세부계획		역사와 전통에 바탕을 둔 보전 및 관리 계획 – 해당 농어업유산을 둘러싼 역사적 정체성과 지역의 전통·문화 등을 고려하여 농어업유산을 보전하고 관리할 수 있는 계획을 수립 농어촌의 활성화 계획 – 농어업유산을 활용한 농어촌의 지역사회 활성화 계획 수립 다원적 기능의 가치 증진 또는 국민 삶의 질 향상을 위한 활용계획 – 농어업유산이 갖고 있는 다양한 기능과 가치, 국토 유지·보전과 국민의 삶의 질 향상의 측면에서의 활용계획 수립 주민협의회와 지역의 협력계획 – 농어업유산을 효율적으로 관리(보전·활용)하기 위한 지역주민(주민협의회) 및 지역사회(자율관리협약 등)의 협력계획 수립
투자계획		제도적, 재정적 여건을 종합적으로 고려하여 농어업유산 관리(보전·활용)에 필요한 예산을 연도별·부문별로 투자계획을 수립

또한, 문제점과 계획과제, 비전 및 전략이라는 논리적 틀 안에서 세부계획을 작성하도록 하며, 세부계획에는 역사와 전통에 바탕을 둔 보전 및 관리 계획, 농어촌의 활성화 계획, 다원적 기능의 가치 증진 또는 국민 삶의 질 향상을 위한 활용계획, 주민협의회와 지역의 협력계획 등이 반영되도록 한다.

마지막으로는 제도적, 재정적 여건을 종합적으로 고려하여 농어업유산 관리(보전·활용)에 필요한 예산을 연도별·부문별로 투자계획을 수립하도록 한다.

4. 관리

1) 조사 및 연구

농어업유산의 체계적인 보전을 위해서는 무엇보다도 농어업유산을 둘러싼 종합적인 조사와 이를 바탕으로 하는 체계적인 연구가 필요하다.

농어업유산의 조사는 유산의 효율적 관리와 지정을 위한 기초적인 작업으로 해당지역 주민협의회, 행정, 전문가 및 시민단체 등이 협력하여 추진하며, 지역에서 오래전부터 전해져 오는 이야기와 다양한 고증자료를 활용하여 농어업유산의 분포범위와 현황 등을 조사하고 기록한다.

특히, 농어업유산 관련 농업기술(농법)에 대한 체계적 조사 및 자료구축, 생물다양성 조사, 농어업유산의 역사·문화적 고증을 분석하고 증명하는 일련의 조사·연구를 진행하고, 결과를 정리하여 기록화 및 데이터베이스화하는 작업을 진행한다.

이러한 농어업유산의 조사 및 기록을 통하여 보전 가치가 있는 농어업유산의 보호를 위한 국가 혹은 지역 차원의 정보 구축 및 공유 기반을 조성하고, 구축된 자료는 농어업유산의 지정과 세계중요농업유산(GIAHS) 등재 외 시간적·환경적·사회적 요인에 의해 노후 및 훼손된 유산을 복원 관리하는 기초자료로 활용한다.

〈그림 6-5〉 농어업유산 조사 및 연구 개요

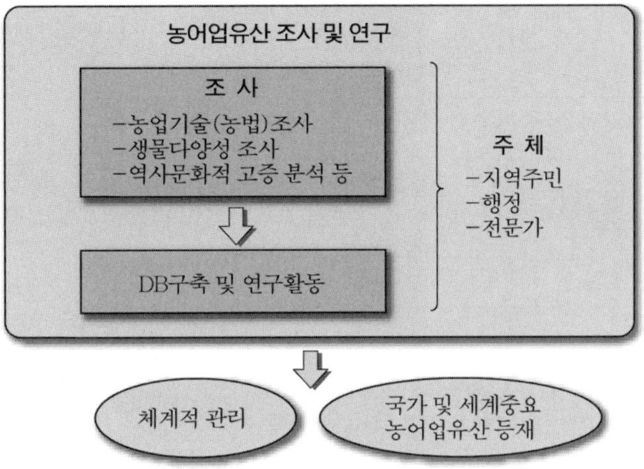

2) 정비 및 관리

농어업유산의 조사 및 연구를 바탕으로 필요한 경우 복원(복구) 및 환경개선의 노력이 기울이고 이를 바탕으로 한 지속적인 관리방안을 마련한다.

즉, 노후 및 훼손이 진행된 농어업유산의 경우 진행되는 다양한 원인을 상세히 파악하여 이의 진행을 막거나 다시 복원하기 위한 실제적인 노력과 정비를 진행하고, 단 이 경우에는 당초 농어업유산이 갖는 정체성이 상실되지 않도록 주의하여야 하며, 훼손의 정도와 복구의 수준을 감안하여 정비가 이루어져야 한다.

〈표 6-1〉 농어업유산 정비수준 및 적용 사례(일본 오바스데(姨捨) 계단식 논)

정비수준	정비내용	적용농법	경작의 주체
Ⅰ 전통적 형태보전	전통 구획형태 및 배치의 보전 - 두둑의 형상변경 금지 - 현재 관개방식의 계승 - 도로 및 수로의 형상 보전	전통농업의 계승	자원 봉사자 및 지원자
Ⅱ 경관보전형 정비	경관을 중시하고 전통구획을 기본으로 하는 정비 - 2~3개 논을 통합하는 정비, 도로(비포장)의 신설, 수로정비 가능 - 소형기계의 이용 가능한 형태	경관에 지장이 없는 농업의 실현	자원 봉사자 및 지원자
Ⅲ 농업지속형 부분정비	부분적 정비 - 2~3개 논의 통합 가능 - 도로의 신설·개량, 수로정비 등 가능	현재 일반화되어 있는 농법의 실현 - 기계이용에 의한 경작(도로에서 구획으로 진입 가능한 구획 형성)	토지 소유자 일부 자원 봉사자
Ⅳ 농업지속형 전면정비	전면적 정비 - 안전성 및 유지관리 노동의 효율화 - 경사지에 적합한 등고선구획에 의한 정비 - 구획의 전면적 개선	현재의 기계화 체계에 대응	토지 소유자·임대 등에 의한 경작자 등

특히, 농어업유산의 보호의 시급성이 요구되는 경우에는 지역의 관련주체의 협의하에 관리(보호)구역 설정 및 체계적 관리가 이루어질 수 있도록 하고, 농어업유산 중 절대 보존해야 하거나 복원해야할 가치가 있는 중요유산의 경우에는 협의매수를 추진하여 공공재산으로 관리함으로써 농어업유산의 공익가치를 지키고, 농어업인이 유지해온 사유재산 권리를 보상한다.

효율적 관리를 위해서는 행정시스템(조직)의 구성과 체계적인 관리지침의 마련 및 적용이 필요하고, 농어업유산의 가치인식 및 확산을 위한 지속적인 주민교육 프로그램 운영 및 주민 스스로의 보전관리 활동을 장려한다.

마을만들기를 비롯한 다양한 주민참여 활동에 의해 농어업유산이 내발적으로 관리될 수 있도록 지역 내 산재되어 있는 다양한 분야의 지역공동체를 구조화하여 주민관리공동체(주민협의회)를 구성하고, 관리자 교육을 통해 지역리더 및 주민이 적극적으로 농어업유산의 관리 활동에 참여할 수 있는 기반을 마련하고, 농어업유산 관리계획 수립 등의 실질적인 사업에 참여함으로써 공동체가 활성화될 수 있도록 유도한다.

특히, 주민관리공동체의 이해 부족 및 전문성 부족을 대비하여 관련 전문가나 단체와의 협력·지원을 통해 이를 보완하고 개선할 수 있는 기반을 조성하고, 전문가 네트워크 구축을 통해 지역 내 발생하는 보존과 개발의 갈등 조정, 농어업유산과 주변 환경의 훼손 등의 문제점들을 합리적·효율적으로 조정해 나가는데 적극 활용한다.

또한, 농어업유산의 관리를 위해 소유자에게는 농어업유산의 유형과 지정범위에 따라 세재혜택 및 보조금을 지급하며, 보조금은 농어업유산의 보전과 관리를 위해 소요되는 비용의 일정 비율을 지급한다.

보조금의 지급비율은 사업의 구분, 종류, 범위 및 역사적 가치의 정도에 따라 정해진 조례에 의해 보조금을 지급하고, 논농사직불금, 경관보전직불제를 참고하여 농어업유산보전직불금의 지불형태를 강구한다.

농어업유산은 정기적으로(매 2~3년마다) 훼손 정도를 모니터링하고 이를 바탕으로 보전, 관리 및 점검, 지원수단 등의 계획을 마련하며, 보다 나은 관리를 위해서는 세부지표를 바탕으로 철저히 평가하여 우수 관리지역에 인센티브를 제공하는 등 지역(마을)간의 경쟁을 유도하여 농어업유산의 체계적인 관리를 촉진한다.

〈그림 6-6〉 농어업유산 정비 및 관리 개요

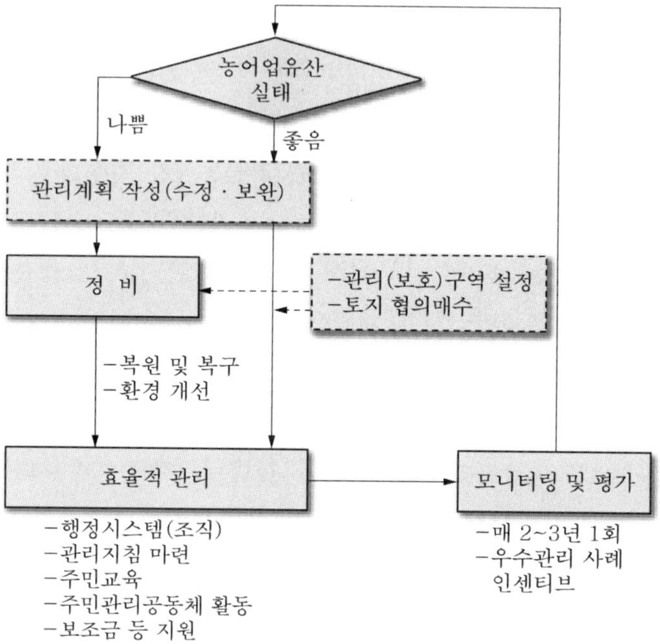

5. 활용

1) 홍보 및 교류활동

농어업유산의 보전관리 활동과 함께 농어업유산이 지니고 있는 다양한 가치를 발견하고 이를 확산시켜 농어업유산의 중요성과 가치를 증진시키는 것은 농어업유산의 활용에 중요한 과제이다.

즉, 농어업유산의 의의와 중요성, 다면적 기능, 잠재적인 가치 등을 재발견하기 위한 체계적인 연구수행과 다양한 주체가 참여하는 워크숍 및 컨설팅 등의 학습과 의견수렴이 필요하고 이를 통하여 농어업유산의 가치를 재조명하도록 한다.

재조명된 농어업유산의 가치에 대해 무엇보다 우선은 지역주민이 이해하고 공감대를 형성하는 것이 필요하며, 이를 점점 지역과 국가, 전 세계로 확산시키도록 한다.

구체적으로는 주역주민이 참여할 수 있는 체험 및 학습프로그램 운영을 시작하여 전 국민이 공감하고 참여할 수 있는 다양한 캠페인 등으로 확대 추진한다. 예로 보전가치가 있는 농어업유산의 보전·활용에 필요한 기금 모금 활동이 시민들의 자발적인 기부와 기증에 의해 활성화되는 시민운동으로 발전시키는 등의 방법이 있을 수 있다.

또한, 관련단체 등과 교류할 수 있는 행사, 이벤트, 팸투어 등을 기획하고 국제·내 컨퍼런스 및 워크숍 개최, 해외지역과의 교류를 통한 기술 증진, GIAHS 지정 등 다양한 국내 및 국제 교류활동 등을 추진함으로써 농어업유산의 가치에 대한 인식을 광범위하게 확산시킴과 동시에 이를 지역활성화에 중요한 밑거름으로 활용한다.

2) 새로운 가치창출

농어업유산을 보존하고, 관리하는 수준에서 확대하여 보전의 테두리 안에서 농어업유산의 가치를 새롭게 창출하여 지역 활성화로 이어지는 포괄적인 활용이 필요하다.

우선, 농어업유산은 관련된 역사, 문화, 사회적 기억(이야기) 등의 콘텐츠 발굴을 통해 이를 스토리텔링 함으로써 농어업유산의 새로운 인문/사회적 가치로 재정립될 수 있다. 이는 지역 고유자원을 활용하는 마을가치 증진과 함께 지역 이미지 재고 및 지역브랜드 개발로 이어질 수 있고, 이를 통하여 농업 소득증대 및 농외 소득창출의 성과를 기대할 수 있다.

둘째, 문화관광 측면의 관광자원화 방안을 도입할 필요가 있다. 농어업유산과 접목 가능한 지역 고유의 콘텐츠를 관광자원화 함으로써 구체적인 지역활성화 사업을 발굴토록 한다. 또한, 농어업유산을 활용한 생태·문화체험 프로그램 운영 등 관광자원화 사업과 연계하여 관리공동체가 자원의 특성에 맞는 마을기업, 사회적기업, 협동조합 등으로 발전 운영될 수 있다.

한편, 농어업유산을 매개로 거주하고 있는 지역주민은 활용주체로서, 다양한 실행사업을 운영 및 관리할 수 있는 역량 육성을 통해 유산 활용의 기틀을 마련할 수 있다. 이를 위해서는 농어업유산의 다양한 연계/활용을 위해서는 지역주민의 성숙한 인적역량과 더불어, 관련정책 및 운영관리 측면의 전문성이 확보되어야 한다.

이에 농어업유산 공동체(주민조직)를 대상으로 기초에서 전문역량 강화를 위한 교육, 공동체 활동, 전문가 과정 등의 도입이 필요하다.

〈표 6-2〉 농어업유산의 가치창출 예

구분	세부내용
부대시설 설치 및 활용	- 관찰도로 및 관찰공간 설치 - 안내 표지 및 관련 조형물 설치 - Photo Spots 발굴 및 조성
콘텐츠 발굴 및 브랜드 개발	- 스토리텔링북 발간 및 배포 - 브랜드 개발 및 홍보 - 판촉물 및 BI 디자인 패키지 개발 - 관련 지역특산품 및 가공식품 개발 및 판매
관광프로그램 개발 및 운영	- 관광가이드 교육 프로그램 개발 및 운영 - 체험관광 스마트폰 어플 개발 및 배포 - 관광패키지 개발 - 축제 개최
기타 농외소득 창출	- 오너제도 운영 및 기금 마련 - 재능기부 및 도농교류 추진

3) 활용사례(전남 완도군 청산도)

(1) 농어업유산의 관광자원화 활용

농어업유산의 관광자원화는 농어업유산의 고유 가치와 특징이 훼손되지 않는 범위에서 지역 내 잠재자원(자연생태자원, 경관자원, 인문·역사자원, 문화예술자원 등)과 융합하여 외부 방문객에게 제공하는 관광프로그램으로 활용할 수 있다.

전남 완도군 청산도는 2007년 아시아 최초 슬로시티로 지정된 이후 섬 방문 관광객의 꾸준한 증가와 더불어 전통 농업분야의 체험학습 관광객을 대상으로 농업유산 관광프로그램을 개발하여 운영해 왔다.

농어업유산으로 가치가 있는 청산도 구들장논을 활용한 기반시설(HW)로는 청산면 양중리 423-1번지 일원에 구들장논 체험장을 조성하여, 외부 방문객에게 구들장논의 조성원리를 소개하고 있다. 또한 체험프로그램(SW)운영 사례로 가을축제 기간 내 허수아비 만들기 체험행사를 시범적으로 운영하였다.

또한 타부처 사업과 연계되어 조성된 상서리 마을에 위치한 구들장논 전시관은 구들장논의 시초 마을인 덜리마을에 대한 소개, 구들장논의 모형, 구들장논의 생물다양성 지표종 긴꼬리투구새우를 전시하고 있다.

〈표 6-3〉 청산도의 관광자원화 활용사례

구분	사진	내용
농어업유산 체험 기반시설 조성 청산도 구들장논의 학습체험장		청산면 양지리에 위치한 구들장논 2필지를 활용하여 전시 목적으로 조성 구들장논의 소개 및 스탬프 찍기 체험활동을 위한 기반시설을 갖추고 축제프로그램과 연계하여 시범운영
농어업유산 활용 체험프로그램 개발 구들장논 계절 체험 프로그램		전통방식의 농어업자원 복원을 통한 체험 프로그램 개발 체험프로그램의 활성화를 위해 슬로우 걷기 축제, 청산휴가 어울림 한마당 등의 지역축제와 연계운영
농어업유산 전시·관람시설 조성 청산도 구들장논 및 긴꼬리투구새우		국립공원관리공단의 명품마을 조성사업과 연계하여 구들장논 전시관 조성 구들장논의 조성원리를 설명하는 모형, 분포현황 전시 생물다양성 지표종 긴꼬리투구새우의 전시 및 관람

(2) 농어업유산 자료구축 및 지역주민 역량강화 활동

농어업유산 지정 이후 이를 관리하고 활용하는 주체는 지역주민에 의한 활동이 전제되어야 한다. 이를 위해서는 농어업유산에 대한 인식에 기반한 관리·보존 전문역량이 마련되어야 한다.

전남 완도군 청산면은 농어업유산의 가치재발견을 위한 민·관·학 공동세미나(2011년 11월)를 계기로 구들장논의 농어업유산 가치를 정립하기위한 정량적·정성적 조사활동을 지속적으로 추진해 왔다.

정량적 조사활동으로 청산도 주요 농경지 분포 구간에 해당하는 5개 마을(부흥리, 양지리, 상서리, 중흥리, 청계리)의 구들장논 물리적 분포현황을 지역단체(청산농협)와 민간전문가 공동으로 추진하였고, 이를 통해 구들장논의 경작지와 휴경지 현황을 데이터화하였다.

〈표 6-4〉 구들장논 기초 자료구축 및 주민 역량강화 활동 사례

구분	사진	내용
농어업유산 지정을 위한 조사활동 구들장논의 물리적 분포현황을 정량화		구들장논의 농어업유산 가치를 계량화하기 위한 기초조사 수행 청산농협·민간전문가 공동조사를 통해 청산도에 분포하는 구들장논 현황 파악 조사자료 데이터베이스를 통해 향후 관리 및 활용계획의 기초 마련
농어업유산 지역 의견교환회 개최 구들장논의 정성적 유산가치 정립		농어업유산의 역사성, 농법, 농업문화에 대한 지식기반을 조사하고 정리 경작농가 주민, 청산면사무소, 청산농협, 민간전문가 공동으로 개최하였으며 농업유산 대표성, 역사성, 물리적 구조에 대한 실증적 자료를 구축함
농어업유산 주민 협의조직 구성 유기농업을 위한 주민조직 구성		구들장논이 분포하고 있는 5개 마을의 경작농가 주민이 구성원으로 참여 구들장논 보전, 무농약·친환경 농업을 민·관 협약을 통해 약속 농어업유산 지정 이후 주민협의체 조직으로서 다양한 활동 기대

정성적 조사활동으로 행정(완도군 청산면), 지역단체(농협, 해설가

모임), 주민(5개 마을 이장 및 주민), 전문가가 공동으로 참여한 의견 교환회를 개최하여 구들장논의 역사성, 물리적 구조에 대한 자료를 구축하였다.

농어업유산 관리 및 활용을 위한 주민조직화는 유기농업 실현 선포식을 통해 민·관 협약을 체결하여 주민활동 기반을 조성하였다.

(3) 농어업유산의 가치를 확산하는 교류·홍보활동

농어업유산의 관리 및 활용을 위한 외부기관과의 협력적 교류네트워크 체계를 구축함으로써 농어업유산 가치의 외부확산 및 홍보활동이 중요하게 추진될 필요가 있다.

이는 농어업유산의 가치를 지역 내에서만 공유하는 것이 아니라 외부로 확산시킴으로써 공감대를 형성하고, 외부의 전문역량을 보유한 단체 및 기관의 참여, 나아가 일반인의 관심과 참여를 유도하는 활동으로 의미가 있다.

〈표 6-5〉 청산도의 교류네트워크 구축 사례

구분	사진	내용
농어업유산 관련 민·관 공동세미나 청산도 구들장논 농업유산 가치의 공유		청산주민, 전문가, 행정관계자 간 농어업유산의 가치 재발견 공감대 형성 청산도 구들장논의 유산가치를 외부 관계자 및 전문가와 공유하고, 향후 창조적으로 활용하기 위한 논의
구들장논 도시민 전승운동 구들장논 경작활동 지원 및 생산물의 배송활동	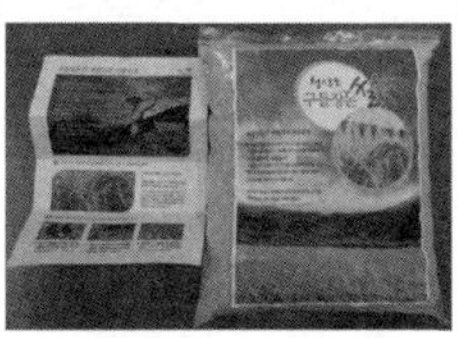	청산면 양지리 구들장논 경작농가, 청산농협, 전문가 그룹이 공동을 추진한 구들장논 전승운동 도시민 유치를 통해 1구좌에 5만원 후원기금을 받아 구들장논 경작 생산물(마늘, 쌀)을 두 차례 배송하였고, 구들장논의 유산가치를 대외적으로 홍보
농어업유산 전문가, 주민 간 교류 증진 구들장논 경작농민 간담회 개최		2012년 4월 청산도 슬로우걷기 축제 기간 중 주민·외부 전문가 공동 간담회 개최를 통해 교류활동 수행 구들장논의 체계적인 보전·관리활동의 필요성 전파와 주민참여 방안 논의

구들장논을 보유한 완도군 청산면에서는 행정기관, 학계 전문가, 주민이 참여한 공동 세미나를 통해 농어업유산에 대한 인식을 공유했고 이를 통해 농어업유산의 관리와 활용을 위한 기본방향 및 아이디어를 도출하였다.

농어업유산의 외부 교류네트워크 프로그램으로 도입된 「구들장논 재발견과 전승운동」은 지역 외부 도시민을 상대로 홍보하고 참여할 수 있는 창구로서 의미가 있는데, 1구좌 5만원의 전승운동 참여기금을 통해 구들장논 생산물(마늘, 쌀), 소식지, 청산도 숙박 할인혜택을 제공하였다.

(4) 해외 농어업유산 선진사례 벤치마킹

전남 완도군 청산면은 농어업유산의 관리 및 활용에 대한 벤치마킹을 위해 관련제도를 먼저 도입하고 운영 중인 일본의 선진사례를 살펴보고 국내 도입 가능한 주요사항을 점검하였다.

세계중요농업유산(GIAHS)에 2011년 6월 인정된 일본 이시카와현 노토반도의 「사토야마・사토우미」는 청산도와 유사하게 해안지역으로 농업과 어업의 다양한 유산적 가치를 보유하고 있는 곳이다.

노토반도의 「사토야마・사토우미」는 오랜시간 산간지역과 해안지역에서 농경문화 및 생활문화가 접목된 양식으로 대표적인 와지마시의 다랑이논(센마이다)의 보존과 활용이 지속적으로 운영되고 있다.

다랑이논(센마이다)와 더불어 지역의 전통문화인 기리코 축제, 농업생산물의 전통건조기법 하자보시, 옛 건축양식의 쑨나노사토, 전통농가민박 운영 주민협의체의 활동을 통해 농어업유산의 지속적 관리와 활용프로그램을 도입하여 운영하고 있다.

〈표 6-6〉 청산도의 유휴자원 연계·활용 사례

세계농업유산 탐방		
노토반도 사토야마·사토우미 현지시찰		2011년 6월 세계농업유산(GIAHS)로 인정된 일본 니가타현 노토반도의 사토야마 사토우미 사례 현지시찰 담당행정(이시카와현 창성실) 방문을 통해 농어업유산의 관리와 활용에 대한 추진체계 및 운영여건 파악
		노토반도 와지마시 해안에 위치한 다랑이논(센마이다) 현장방문을 통해 농업경관의 활용사례 학습 매년 다랑이논 오너제도, 캔들축제 등의 활용프로그램을 통해 농어업유산의 지속적 운영관리 벤치마킹
		청산도 느린섬여행학교(폐교→숙박시설)와 유사한 리모델링 사례를 통해 농어업유산 체험객을 위한 숙박 및 시설기반 조성의 필요성 공유 사회적기업과 연계하여 주민이 주도적으로 운영·관리하는 방안모색 필요

6. 관련 주체별 역할

1) 공공(행정)

농식품부는 농어업유산 신청에 의한 지정을 주관하며, 농어업유산지정심의회 설치를 통해 농어업유산의 지정 및 해제, 세계중요농업유산 등재 신청 등의 사항을 결정한다.

또한 해당부처는 농어업유산의 현황파악과 활용방안 마련 등을 위해 연 1회 이상 농어업유산에 대한 모니터링을 실시한다.

「지방자치단체」는 해당지역 주민과 행정, 전문가로 구성된 주민협의회를 구성하고, 농어업유산의 체계적인 보존과 효율적 관리 및 활용을 위하여 농어업유산의 보존·활용 및 관리계획(이하 관리계획)을 수립한다.

또한 행정은 주민협의회와 공동으로 농어업유산 관련 민원 및 지원

신청을 접수하고, 관련 행정부서간 업무협조 등 농어업유산 관리계획의 집행에 따르는 일련의 공공업무를 수행하는 역할을 한다.

2) 주민(농어업유산 주민협의회)

「주민협의회」는 농어업유산 지역의 주민대표, 농어업유산 관리자로 구성된 주민대표단체로서 농어업유산의 관리운영 및 발전을 위한 주민의 다양한 의견을 수렴하여 공공과 협의하도록 한다.

주민협의회는 지역주민들의 발의 및 동의를 거쳐 농어업유산을 활용한 행사의 기획과 진행을 담당하도록 하고, 주민간 의견수렴을 통해 주민자율협약서를 작성하고 이를 자율적으로 실천할 수 있도록 선도하는 역할을 담당한다.

〈그림 6-7〉 농어업유산 관리운영주체 구성 및 주요기능

관리운영주체		주요 기능
농어업 유산 담당 행정	농식품부	· 농어업유산 지정 및 해제 결정 · 농어업유산지정심의회 설치 및 운영 · 농어업유산에 대한 모니터링
	지방자치단체	· 농어업유산의 보존 · 활용 및 관리계획 수립 · 농어업유산의 정기점검 · 농어업유산 관련 민원 및 지원신청 접수, 행정부서간 업무협조 등
농어업유산 주민협의회		· 관리계획에 따른 주민발의 사항 논의 및 결정 · 농어업유산 관련 주민대표로서의 주민의 의견 수렴 및 공공협의 · 농어업유산 보전 · 관리를 위한 조사연구, 전문 관리자 양성, 유산의 복원 · 수리 및 활용 등 전반적 관리활동 · 주민자율협약서 작성 및 실천을 위한 선도
농어업유산 전문가그룹 (관련학회, 기관, 단체)		· 농어업유산의 발전을 위한 관련 전문가그룹 · 주민협의회의 조사연구 활동 등 전문적 활동 지원 · 농어업유산 관리 및 활용 관련 자문(모니터링)

상황이었다. 이에 농어업유산제도의 필요성에 대한 논의가 시작되었고, 국내외 관련 제도와 유사한 정책수단들을 탐색하는 과정에서 세계식량농업기구(FAO)의 세계농업유산 제도의 존재를 확인하게 되고 이를 참고하여 우리나라 농어업유산제도를 마련하게 된다. 국가농어업유산제도의 마련은 청산도 구들장논의 재발견 이후 1년 6개월여 만에 매우 빠르게 제도가 만들어진 보기 드문 사례이다. 그만큼 농어업유산제도의 필요성과 당위성이 컸다는 반증인 것이다.

농어업유산제도 도입이후 2013년 11월 현재까지의 추진경과는 다음과 같다.

- ◦2012년 6월~9월 시·군 지자체 국가중요농업유산 지정신청, 총 64개 제출
- ◦2012년 10월 시·군에서 제출한 64개 유산 후보 서면심사(20개 선정)
- ◦2012년 11월 농어업유산제도 지자체 담당공무원 연찬회(청산도)
- ◦2012년 11월 서면심사로 선정된 20개 유산 후보 현지실사(13개 선정)
- ◦2012년 12월 농식품부 『농어업유산 지정관리 기준』 고시[4)]
- ◦2013년 1월 국가중요농어업유산 심의위원회[5)] 개최 및 국가중요농어업유산 제1호 완도 청산도 구들장논, 제2호 제주 밭돌담 선정
- ◦2013년 1월 한국다랑이논 연구회를 확대 개편하여 한국농어촌유산학회(KRHA, Korea Rural Heritage Association) 창립
- ◦2013년 1월 세계농업유산(GIAHS) 등재준비위원회[6)] 발족

---

4) 농식품부에서 농어업유산제도의 법적 근거 마련을 위해 「농어업유산 지정관리 기준」을 11월에 공고하여 관계부처 협의 및 법제처 심사 등을 거쳐 농림수산식품부 고시 제2012-285호로 2012. 12. 6 고시하였다.

5) 농어업유산 지정 관리 기준 고시에 따라 2012년 12월에 농식품부 농촌정책국장을 비롯한 16명의 관련 전문가로 구성되었다.

6) 농식품부는 국가중요농어업유산으로 선정된 「전남 완도군 청산도 구들장논」과 「제주 흑룡만리 돌담밭」을 세계중요농업유산(GIAHS)으로 등재하기 위한 후속작업에 곧바로 착수하기 위해 농어업유산 심사위원회와는 별도로 11명의 관련 전문가로 세계농업유산 등재준비위원회를 구성하고 5차례에 걸친

◦ 2013년 4월 한국농어촌유산학회 창립총회 및 창립기념세미나 개최
◦ 2013년 5월 FAO 세계농업유산(GIAHS) 인터내셔널 포럼[7] 참석(일본 이시카와현)
◦ 2013년 6월 FAO 세계농업유산(GIAHS) 담당자 등재후보지 현장실사[8]
◦ 2013년 6월 INWEPF(International Network for Water and Ecosystem in Paddy Fields) 논농업에서의 농업유산 국제워크숍 개최(농어촌연구원)
◦ 2013년 8월 한·중·일 세계농업유산 워크숍 개최(제주도)
◦ 2013년 8월 청산도 선언 - 한·중·일 농업유산연구협의회(ERAHS, East Asia Research Association for Agricultural Heritage Systems) 창립 선언
◦ 2013년 10월 한·중·일 농업유산연구협의회(ERAHS) 1차 Working Group 회의(중국 북경)
◦ 2013년 10월 2013년 시·군 지자체 국가중요농어업유산 지정신청(총 24개 제출)
◦ 2013년 10월 일본 다랑이논 학회와 교류(제주도, 청산도)
◦ 2013년 11월 FAO 아시아·태평양 지역 세계중요농업유산(GIAHS)

현지실사와 검토회의 등을 통해 세계농업유산 등재신청서와 인터내셔널 포럼에 발표할 자료 등을 준비하였다.

7) 2013년 5월 28일부터 6월 1일까지 이시카와(石川)현 나나오(七尾)시에서 제3차 세계농업유산 인터내셔널 포럼이 개최되었으며, 우리나라에서는 농식품부 담당사무관, 완도군수를 비롯한 17명의 대규모 대표단이 참석하여 청산도 구들장논과 제주 밭돌담에 대한 사례를 발표하였다. 이를 통해 우리나라의 두 지역은 세계농업유산 후보지역으로 인정받게 되었고, GIAHS 등재를 추진중에 있다.

8) 일본에서 세계농업유산 인터내셔널 포럼이 끝난 직후에 바로 FAO의 세계농업유산 담당자 2명(FAO GIAHS 프로그램의 전임 Global Coordinator인 Dr. Parviz Koohafkan과 현재 Technical Officer인 Ms. Mary jane dela cruz)을 초청하여 6월 3일부터 6일까지 청산도와 제주도의 세계농업유산 후보지 현장을 방문하였다.

워크숍(태국 방콕)

농어업유산제도 도입이후 국가중요농어업유산 제1호와 제2호가 선정되고 2013년 5월 FAO 세계농업유산(GIAHS) 인터내셔널 포럼에 참석하여 우리나라의 국가중요농업유산인 완도 2014년 7월 1일(Traditional Gudeuljang Irrigated rice terraces in Cheongsando)과 제주 돌담밭(Jeju Batdam Agricultural system) 두 지역의 사례를 발표하여 세계농업유산 등재후보지역(potential sites)으로 등재되고, 세계농업유산 인정을 위한 등재작업을 본격적으로 추진하게 된다.[9)]

청산도 구들장논과 제주 밭돌담은 세계농업유산 등재를 위한 신청서 제출과 현장실사[10)]를 마치고 FAO 세계농업유산 운영위원회(steering committee)의 최종 심사가 진행중에 있으며, 조만간에 세계농업유산으로 인정받을 것으로 예상된다.

세계농업유산 등재를 위한 농어업유산과 관련된 대외적인 협력도 활발히 추진되었다. 한·중·일 농업유산 워크숍개최, INWEPF 논농업유산 워크숍, 한·중·일 농업유산연구협의회 창립, 일본 다랑이논 학회와의 교류 등 농업유산 관련 국제적 협력이 급격히 늘어나면서 동아시아, 아시아·태평양 지역, FAO 본부 등으로 협력채널이 다양화되면서 세계적 흐름 속에서 농업유산 관련 협력이 추진중에 있다.

청산도 구들장논과 제주 밭돌담이 세계농업유산으로 등재되는 과정에서 국내외적으로 많은 회의와 협의과정을 통해 많은 전문가들과 행정, 주민들 간의 논의와 협력과정을 거쳤으며, 이 과정에서 많은 시사

---

9) GIAHS 인터내셔널 포럼에 사례발표를 하게 되면 대상지역은 후보지역으로 등재되는 것이 일반적인 관례이므로 청산도 구들장논과 제주 밭돌담은 세계농업유산 후보지역으로 등재되게 된다.

10) 당초 FAO 담당자의 현장방문은 FAO의 공식적인 현지실사를 대비한 사전 방문으로 추진하였으나 FAO 담당자가 이 방문을 세계농업유산 등재를 위한 공식적인 현지실사로 인정하면서 예상보다 조속한 현지실사를 마치게 된다. 현지실사 과정에서 몇 가지 수정사항을 권고받기도 하였지만 청산도 구들장논과 제주도 밭돌담이 세계농업유산으로 손색이 없음을 FAO 실무담당자들로부터 확인받게 된다.

점을 얻을 수 있었다.

개발과 보전의 조화를 통한 지속가능한 농업, 농촌 사회의 유지를 위한 농촌개발의 패러다임 변화가 필요함을 확인할 수 있었고, 농어업유산자원을 활용한 농촌지역활성화의 가능성을 발견하고 이를 위해 주민들과의 협력을 통한 지속가능한 보전 및 관리방안의 마련이 필요한 시대적 상황의 변화를 확인할 수 있었다.

농어업유산제도를 도입하는 실행하는 과정에서 많은 과제 또한 도출되었다.

농어촌지역의 고령화, 과소화 현상의 심화속에서 농어업유산의 지속가능한 보전, 관리 방안의 마련이 긴요한 실정이며, 점차 사라져 가는 농어업유산이 훼손되고 소멸되어 가기 전에 발굴하는 작업도 서둘러야 할 상황이다.

농어업유산으로 선정된 지역의 무분별한 난개발을 방지하고 지속가능하고 아름다운 농어촌공간의 유지, 보전을 위한 토지이용 및 공간관리 방식의 제도화도 서둘러야 할 과제이다.

향후 국가 중요농업유산의 세계농업유산 등재를 위해 체계적인 조사연구를 통해 세계중요농업유산의 등재기준, 추진절차의 변화와 동향 파악이 지속적으로 이루어져야 하며 세계중요농업유산으로 등재될 가능성이 있는 농어업유산에 대해서는 체계적인 발굴과 연구를 통해 집중적인 관리가 필요하다.

농어업유산은 농어촌 지역발전의 새로운 성장동력이 될 수 있으며 다른 지역과 차별화된 지역의 고유자산으로 가치가 매우 크므로 농어업유산과 지역개발 정책을 연계하여 추진하여야 한다. 따라서 농어업유산은 규제보다는 활용중심의 제도로 활성화시켜야 하며, 사라진 유산의 복원과 보전 및 활용작업도 중요하다.

제2절 농어업유산 향후 정책방향

국가중요농어업유산제도의 도입과 세계농업유산의 등재를 준비해온 2~3년 동안의 기간 동안 국내외적으로 많은 변화와 발전이 있었으며, 아직도 국내외적으로 많은 변화가 이루어지고 있는 상황이다. 따라서 농어업유산과 관련된 국내외적 변화에 대응하여 향후 농어업유산의 정책방향을 재정립할 필요성이 있다.

2012년 마련된 국가중요농어업유산의 지정기준은 FAO의 세계농업유산 등의 지정기준에 대한 분석결과를 바탕으로 마련하였으며, 유산의 가치성(현저한 특징, 역사성, 대표성), 파트너십(협력가능성, 주민참여성), 효과성(지역브랜드 가치향상, 주민의 소득향상, 생물다양성 향상)의 세 가지 기준을 모두 만족할 경우에 농어업유산으로 지정하도록 하였다. 이 기준은 그러나 2010년 말 세계농업유산의 지정기준이 식량과 생계 안보, 생물다양성과 환경생태계 기능, 지식체계와 적응 기술, 문화와 가치체계 및 사회조직, 현저한 경관과 토지·물자원의 관리 특징의 5가지[11] 기준으로 변경되면서 우리나라의 농어업유산의 지정기준에 대해서도 재검토가 필요하다. 다만 세계농업유산과 국가중요농업유산의 차별화를 통한 유산제도 유형화를 기반으로 유형별 지정기준을 차별화하는 방안이 우선적으로 검토된 후에 국가중요 농어업유산의 지정기준을 변경하는 방안이 고려되어야 한다.

농어업유산제도는 현재 도입초기 단계로 농어업유산만을 대상으로

11) FAO의 5가지 GIAHS 인정기준은 1) Food and livelihood security, 2) Biodiversity and ecosystem functions, 3) Knowledge system and adapted technologies, 4) Culture, value systems and social organizations (Agri-Culture), 5) Remarkable landscapes, land and water resource management features의 5가지 기준으로 이전의 기준보다 농업유산의 특성을 구체적으로 나타내는 것으로 변화되었다.

하고 있지만, 향후에는 농어촌유산을 포괄하는 제도로 확대개편이 이루어져야 한다. 세계농업유산제도를 참고하여 우리나라의 농어업 유산제도가 2012년 도입되었으나, 중장기적으로는 농어촌유산도 포괄하여 농어업·농어촌 유산제도로 확대하는 방안이 필요하다. 우리 농어촌에는 농어업유산 외에도 농민들의 일상생활과 관련된 다수의 농어촌유산이 존재하고 있으므로, 농어업유산이 어느 정도 발굴된 이후에는 농어촌유산으로 정책대상을 확대하여 국토공간에 남아 있는 역사적인 유산들을 종합적으로 발굴하고, 유형을 나누어서 보전과 활용을 추진하도록 제도 개편이 필요하다. 또한 국가중요농어업유산제도와 세계농업유산제도의 차별화도 필요하다. 또한 농어업, 농어촌 유산제도의 세분화와 함께 국가적 수준에서 중앙정부가 운영할 제도와 시·도 차원에서 지방 농어업·농어촌유산으로 관리하는 제도로 구분하여 접근하는 것도 필요하며, 시·도 단위의 자율적인 농어업유산제도를 통해 국가중요농업유산과는 차별화된 소규모의 농어업, 농어촌 관련 유산의 발굴과 보전작업도 서둘러야 한다.

농어촌 다원적자원 활용사업은 농어업 유산자원을 활용하여 지역의 활력 증진과 지역경제 활성화, 지역주민들의 자긍심 향상, 농어업의 정체성 향상과 농촌지역 활성화를 추진하고자 하는 것이다. 농어업유산으로 선정된 지역을 우선 선정하여 유산의 복원, 주변정비 및 관광편의시설 정비 등을 위해 '13년부터 '19년까지 25개소를 대상으로 국고 287억원의 재정을 투자할 계획[12]을 수립한 상태이지만, 일률적인 예산의 지원보다는 유산의 특성에 따라 차등적인 지원과 지원사업비의 확대 및 연계사업의 발굴도 필요하다.

농어업 유산자원을 발굴하여 사업화하는 것은 세계적인 추세이며, 유산산업(heritage Industry)은 농어촌의 전통자원을 상품화함으로써

12) 농식품부는 농어업유산의 체계적인 보전과 활용을 위해 보전·활용계획을 수립하고 유산의 복원, 주변정비 및 관광 편의시설 정비 등을 위한 농어촌 다원적자원 활용사업을 추진하고 있다. 국가중요 농어업유산으로 선정된 지역에 3년 동안 15억원의 사업비를 지원할 계획이다.

지역의 활력 증진과 지역경제 활성화에 기여하고 지역주민들의 자긍심과 농어업의 정체성 향상에도 유용한 수단이 될 수 있다. 따라서 농어업유산을 체계적으로 발굴·보전하여 농어촌공간의 활성화와 경쟁력 제고를 위한 핵심자원으로 활용하고, 농촌관광과 연계하면 소득증대 및 주민들의 자긍심과 삶의 질 향상에 기여할 수 있을 것이다.

시범사업으로 추진되는 청산도 구들장논과 제주 밭돌담의 경우에는 사업을 시행함에 있어 무엇보다도 국가중요 농어업유산으로 선정된 유산자원에 대한 체계적인 조사와 보전 및 활용방안에 대한 세밀한 계획과 지속가능한 유지관리 방안의 마련이 핵심적으로 고려되어야 하며, 물리적 시설사업보다는 소프트웨어에 집중투자하는 방안이 우선적으로 고려되어야 할 것이다.

농어업유산과 관련된 사업과 예산이 시범사업 형태로 추진되고 있는 상태이지만 유산관련 국내외적 흐름을 고려하면 농어업유산의 보전과 활용을 위한 관련 예산의 확대가 필요하며, 체계적인 보전 및 활용방안에 대한 정부차원의 지원이 긴요한 실정이다.

또한 농어업유산의 지속가능한 보전과 활용을 위한 핵심적 주체인 주민들이 아직 농어업유산에 대한 이해가 부족한 실정이므로 농어업유산으로 지정된 지역의 주민들에 대한 교육이 시급하며 주민들이 참여할 수 있는 체계적인 교육프로그램의 마련 등을 서둘러야 한다. 현재는 행정주도로 농어업유산제도가 추진되고 있으나 농어업유산의 지속가능한 보전과 활용을 위해서는 무엇보다도 유산지역에서 농어업활동을 영위하고 있는 지역주민들과 관계자들간의 협력 프로그램의 마련이 절실하다. 주민과 행정, 전문가가 협력하여 농어업유산의 보전 관리 방안(Conservation Action Plan)을 체계적으로 수립하고 점진적이고 지속가능한 실천방안이 도출되어야 한다.

농어업유산 지정 지역에 대한 보전방안으로 색깔있는 마을만들기와 연계해서 주민주도의 마을만들기 계획을 수립해서 활용하는 방안이 추진될 필요가 있으며, 유산으로 지정된 지역과 주변지역의 토지 소유자 80% 이상의 동의를 받아 토지이용협약제도를 시범적으로 추진하는 방안도 농어업유산의 보전을 위한 유효한 정책수단이 될 수 있을 것이다.

농어업유산에 대한 체계적인 보전과 관리를 위해서는 현재 농식품부 고시 단계인 농어업유산 지정 관리기준을 확대해서 농어업유산을 포함한 농어촌지역의 다원적 자원을 보전하고 관리할 수 있는 별도의 관련법 제정이 필요하다.

또한 농어업유산의 보전을 위한 관련 제도의 정비도 추진되어야 한다. 2002년 국토계획법 도입이후 농어촌공간의 계획적 개발체계를 지향하고 있으나 농어촌공간의 체계적인 보전을 위한 독자적인 제도마련을 위해 관련 법, 제도의 개편이 필요하다. 기본적으로 농어업유산이 산재되어 있는 국토의 농지, 산지의 보존을 대폭 강화하고 농촌공간의 계획적 개발체계에 근거한 농어촌토지이용 및 계획제도의 개편과 농업유산 주변지역은 주민주도의 토지이용협약제도 등 상향식의 공간관리제도를 도입하고 시범적으로 추진할 필요가 있다.

농어업유산제도의 확대 발전을 위해서는 관련 연구단체나 NPO 단체 등을 육성하는 방안도 추진하여 농어업유산 관련 연구자와 지역주민들의 외연확대와 공감대 형성도 추진되어야 한다.

현재까지 진행된 농어업유산의 발굴은 앞서 살펴본 바와 같이 2012년 6월부터 9월까지 진행된 지방자치단체의 신청과 농어업유산 연구를 통해 농어업유산이 발굴되었으나 아직 알려지지 않은 농어업 유산자원에 대한 체계적인 후속 발굴작업이 시급한 실정이다. 특히 향후 세계농업유산으로 등재할 가능성이 있는 농어업유산의 발굴이 우선적으로 고려될 필요가 있다. 아직 미발굴된 유산이 다수 있을 것으로 예상되므로 체계적인 조사·발굴과 농어업유산의 데이터베이스 구축 등 농어업유산의 발굴과 체계적인 보전·관리방안의 마련 등 다양한 후속 연구도 필요하다.

참고문헌

김정섭 · 오현석 역. 2002. 『어메니티와 지역개발』, 새물결

김효정. 2009. "도시문화에서의 전통과 현대",

오형은 · 오현석. 2011. "농촌자원관리는 지속가능한 사회의 초석", 한국농업 · 농촌의 지속가능한 발전전략, 2011 대안농정대토론회 자료집

농림수산식품부. 2010. 『희망을 가꾸는 농촌마을이야기 2』.

____________. 2011. 『희망을 가꾸는 농촌마을이야기 3』

문화재청, 환경부, 국토해양부, 농식품부 2012년 업무보고 자료

예산군. 2010. 황새마을조성사업기본계획.

유학렬. 2011. "청산도 구들장논의 특징과 가치", 청산도 구들장논의 가치 재발견과 활용모색을 위한 세미나 자료집, 한국다랑이논연구회 · 명소IMC

윤원근 · 최식인. 2012. "한국 농어업 · 농어촌 유산발굴과 보전", 2012농업전망대회, 한국농촌경제연구원.

이학수. 2009. 「실전구들&구들발명이야기」. 생각 나눔

정광열 · 조현성 · 김가진. 2010. "영국의 정권교체와 문화정책의 비판", 한국문화관광연구원.

이승구, 샤말레누카. 2008. "산악관광을 통한 지역개발 방향에 관한 연구 - 히말라야 지역을 중심으로", 『산학경영연구』, Vol. 21. No. 2.

류재한. 2006. "문화자원을 통한 지역활성화 전략: 방데의 퓌뒤푸의 사례를 중심으로", 『한국프랑스학 논집』, 제56집: 339-354

조영재 외. 2012. "청산도 구들장논의 분포와 물리적 구조에 관한 연구", 한국농촌계획학회. 18(3): 103 -110

최석호. 2006. "관광의 세계화: 유산관광개발 한영비교사례연구", 『관광학연구』, 30(3): 29-50

한국다랑이논연구회. 2011. "청산도 구들장논의 분포와 물리적 구조에 관한 연구", 2011 제3차 농어촌지역정책포럼자료집, 농림수산식품부 · 한국농촌경제연구원

한숙영 · 김사헌. 2007. 유산과 유산관광의 개념에 관하여, 관광학 연구, 31(3): 209-223

한국농어촌연구원. 2012. "농어촌 자원의 농어업유산 지정을 위한 기준정립 및 관리시스템 개발연구".

강승진. 2013. "세계중요농업유산(GIAHS) 등재를 위한 제주밭담의 과제", 제주발전포럼. 제주발전연구원

고성보 외. 2009. 『제주의 돌담』, 제주대학교 출판부.

제주영상동인. 2013. 돌의 나라 제주

한국농어촌유산학회. 2013. 농어촌정책의 대전환.

長野縣千曲市. 2008. おばすて棚田の文化的景觀保存計劃書

Calvin Jones・Max Munday. 2001. *Blaenavon and United Nations World Heritage Site Status; Is Conversation of Industrial Heritage a Road Economic Development?*, Regional Studies

CEMAT. 2003. *European Rural Heritage Observation Guide*

Confer, J. C., & Kerstetter, D. L. 2000. Past perfect: Explorations of heritage tourism. *Parks and Recreation*, 35(2): 28-35.

G・J Ashworth. 1994. From history to heritage: from heritage to identity: in search of concept and model. In G・J Ashworth and Larkham, P. J.(Eds), *Building a New Heritage*, 13-30. London: Routledge.

G・J Ashworth. 2004. "Conservation as Preservation or as Heritage: Two Paradigms and Two Answers", in A. Cuthbert. *Designing Cities: Critical Reading in Urban Design*. Oxford: Blackwell Publishing

Huynh Hoa Thuy Tien. 2011. 「베트남 호안 주민들의 관광개발 지각차이에 관한 연구」, 세종대 국제대학원 석론

National Trust for Historic Preservation. 2003. *Heritage Tourism Assessment & Recommendation for St.* Augustine, Florida. September, 16: 6-7.

Parviz Koohafkan and Miguel A. Altieri, Conserving Our World's Agricultural Heritage, Globally Important Agricultural Heritage Systems, GIAHS

Sacit Hadi Akdede・Emre Can. 2010. *The Local Economic Effects of Istanbul Fener-Balat Cultural Heritage Rehabilization Program*, 『재정정책논집』, 제12집 제1호, 한국재정정책학회

Smeral, E. 1996. *Importance and development of Austria's alpine tourism industry*. In K.

World Travel and Tourism Council(WTTC). 1999. *Travel and tourism's economic impact*

http://www.moleg.go.kr
http://www.fao.org/nr/giahs
http://www.unesco.or.kr/heritage

찾아보기

[저자 소개]

- 윤원근(협성대학교 교수)
- 최식인(협성대학교 교수)
- 강승진(제주발전연구원 연구위원)
- 박윤호(농어촌연구원 책임연구원)
- 황길식(명소 IMC 대표이사)
- 유학열(충남발전연구원 책임연구원)
- 조영재(충남발전연구원 책임연구원)
- 김진경(서울대 환경계획연구소 연구원)
- 이영옥(충남발전연구원 연구원)

농어업유산의 이해

2014년 7월 1일 중판인쇄
2014년 7월 5일 중판발행

저 자 윤원근 · 최식인 · 강승진 · 박윤호 · 황길식
유학열 · 조영재 · 김진경 · 이영옥
발행인 유 성 열
발행처 **청목출판사**
서울특별시 영등포구 신길로 40길 20
전화 (02) 849-6157(代) · 2820 / 833-6090~1
FAX (02) 849-0817
등록 제318-1994-000090호

파본은 바꾸어 드립니다. 값 17,000원

http : //www.chongmok.co.kr

ISBN 978-89-5565-557-5